電腦之書

The
Computer
Book

作者 —— 西姆森‧加芬克爾（Simson L Garfinkel）
　　　瑞秋‧格隆斯潘（Rachel H. Grunspan）
譯者 —— 戴榕儀、江威毅、孟修然、盧思綸

目次

▍前言

　　電腦科技的發展，可能起源於人類對於了解及操控環境的渴望。最早的人類認知到「數量」的概念後，開始用手數數，並應用於生活中的實體物品。這種簡易的計數方式終究由工具代勞，例如可處理較大數目的算盤，以及可透過壓印式符號儲存資訊的蠟版；而後，人類也開始掌握、控制自然界的能源，像是蒸汽、電力和光，最後更挖掘出量子領域的驚人潛力，因而促成運算技術持續發展；隨著時間演進而出現的新裝置，也讓我們越來越容易儲存及搜尋現代所稱的**資料**、進行遠距溝通，並將難以計數的大量元素轉化為單一數位形式，進而創造出資訊產品。

　　下述的兩項功能是運算技術的要素：擴增人類能夠處理的資料，並讓我們的影響力擴及超乎人類心智的範圍。

　　所謂超乎人類心智的運算功能，多數人現在已視為理所當然，但其實這方面的技術是經長時間才發展而成，而且是近年來才普及全球。一世紀以前，透過電報和遠距電話進行的即時通訊僅有政府、大公司和有錢人能使用，相較之下，現在世上的多數人口都已能免費地即時傳送跨國電子郵件等各式訊息。

　　因此，我們挑選出運算史上的重大事件做為書中各章的主題，透過互有關聯的故事，說明上述轉變發生的歷程。運算發展與科技進步息息相關，畢竟所有發明都需要相關技術，而且運算與科技又密不可分；基礎科技讓人類創造出複雜的運算裝置，而這些裝置又反過來驅動先進科技的發展。

　　這樣的相長關係也帶動了其他相關領域，譬如密碼學的數學計算，以及高速通訊系統的發展。舉例來說，公開金鑰（public key）在 1970 年代的發展提供了數學基礎，所以透過網路安全傳送信用卡號碼的技術才能在 1990 年代成真，許多公司也因而投入資金，建置網站與電子商務系統，而從中產生的財務收益也成為資本，使高速光纖網路成為可能，並讓研究人員得以開發加快微處理器速度所需的技術。

　　本書所述的運算發展史，是由下列幾波互有重疊的技術浪潮所形成：

　　人類運算：最早的運算器其實就是人腦。這些人不光是數學好而已，還會反覆進行計算，一次可以算上數天、數週，甚至數個月，人類史上最早的一批計算專員就這樣成功繪製出哈雷彗星（Halley's Comet）的軌道。這項研究成功後，許多團隊也開始進行相關工作，製作用於導航及對數運算的資料表，希望能提升戰艦與炮彈路徑的精確度。

　　機械計算：自從計算尺（slide rule）於 17 世紀發明後，越來越多的運算即開始透過機器輔助進行。機械計算時期的常用工具包括威廉・奧特雷德（William Oughtred）的計算尺，以及查爾斯・巴貝奇（Charles Babbage）的差分機（difference engine）和四則運算器（arithmometer）等機械式加數器。

　　談到機械運算，就不能不提**機械式資料儲存**。工程師在 18 世紀打造各式不同系統時，想到可以在紙卡或捲帶上打洞，代表資料的重複模式，藉此達到儲存與自動處理的目的。提花梭織機（Jacquard loom）就是借助硬卡上的孔洞，才能以自動梭織的方式，織出複雜的重複圖樣；美國於 1890 年進行人口普查時，赫爾曼・何樂禮（Herman Hollerith）則是利用較小的孔卡輔助，處理龐雜的人口資訊；埃米爾・博多（Émile Baudot）也曾發明類似裝置，讓收發員在紙捲上穿洞代表字母，提升遠距電報的運作效率；布林代數（Boolean algebra）則讓人類以二元方式，將表示為孔洞與空格的資訊解讀為 0 與 1，根本地改變了我們處理及儲存資料的方式。

人類開始能集電並控制電力後，電子通訊與運算也隨之出現。英國的查爾斯・惠斯登（Charles Wheatstone）和美國的薩繆爾・摩斯（Samuel Morse）都成功製作出電子通訊系統，將數位資訊透過纜線傳送甚遠；19 世紀末的工程師則結合數百萬英里的電纜、繼電器、開關、發聲器，以及當時才剛發明不久的喇叭與麥克風，打造出跨國電報與電話通訊網絡；到了 1930 年代，英國、德國和美國科學家發現這些網絡中的繼電設備也可用於數學計算，同時，可提供音訊儲存及播放功能的磁帶錄音技術也開始發展，不久後即用於儲存其他各種類型的資訊。

　　電子運算：科學家於 1906 年發現，只要在電子束穿過真空時，對金屬網施加微小電壓，即可改變電流方向，因此真空管便隨之誕生；在 1940 年代，科學家實驗性地將真空管用於計算機，發現速度比使用繼電器時快上千倍，而這樣的替換也讓真空管電腦比前代裝置快了千倍之多。

　　固態運算：半導體（電子屬性可改變的物質）雖發現於 19 世紀，但一直到 20 世紀中期，貝爾實驗室（Bell Laboratories）的科學家才以之製成電子開關，並將這種名為「電晶體」的裝置改良到極致。半導體的速度比真空管和固態物質都快，和真空管相比，消耗的電力極少，尺寸可以小到肉眼看不見，而且出乎意料地強韌。首批使用電晶體的電腦出現於 1953 年，不到十年，電晶體就幾乎接管了所有裝置，只有電腦螢幕的真空管要到平板螢幕在 2000 年代普及後才遭到淘汰。

　　平行運算：電晶體每年都越來越小，速度越來越快，電腦也是如此，但這樣的進步不是沒有極限。大約在 2005 年時，半導體產業幾乎招數用盡，無法再持續製造出比前代更快的微處理器，幸好「平行運算」這個祕招扭轉了局面。所謂平行運算，是將問題拆分為許多較小單位，並由系統於同一時間個別處理。其實發明於 1943 年的電子數值積分計算機（Electronic Numerical Integrator And Computer，簡稱 ENIAC）就是平行計算機，所以電腦產業早在多年前即有平行運算經驗，但大量採用平行運算技術的電腦一直到 1980 年代才開始市售，而且要到科學家於 2000 年代採用圖形處理器（graphics processing unit，簡稱 GPU）處理人工智慧（artificial intelligence）問題後，才更為普及。

　　人工智慧：前列的幾波技術都是以輔助或擴增人類的心智與能力為核心，但人工智慧的目標則是延伸出獨立感知，打造全新的「智能」概念，並以演算法優化數位生態系統及當中的元件，因此，這項技術理當安排在本書的最後討論，至少在由人類撰寫的書中都應如此。其實機器智能的願景至少在幾千年前的古希臘時代就已發跡，而愛達・勒芙蕾絲（Ada Lovelace）和艾倫・圖靈（Alan Turing）等許多運算先驅也都曾留下書寫紀錄，表示他們認為機器總有一天會發展出智能；文化中的象徵性機器人角色瑪利亞（Maria）和羅比（Robby），以及自動下棋裝置「土耳其行棋傀儡」（Mechanical Turk）更在在體現這樣的期待。人工智慧這個領域誕生於 1950 年代，雖然科學家早已利用繼電器，甚至是 Tinkertoy 裝置，打造出能以完美贏取井字遊戲的電腦，但一直到 1990 年代，電腦才終於擊敗當時的全球西洋棋冠軍，至於複雜度更甚的圍棋，則是更晚才智取世界棋王。現在，越來越多以往只有人類才能做的大小事，已經能由機器嫻熟地代勞，而且由於運算系統的發展，人工智慧已可以模擬人腦連結，藉此「自學」，所以不必事先透過程式設定。如果相關技術繼續朝這個方向發展，總有一天，我們勢必得重新理解「智能」的意義。

　　既然運算技術的歷史如此廣泛，只透過 250 個里程碑，真的能涵蓋所有發展嗎？

　　為了選出這 250 個里程碑，我們研究了運算、工程、數學、文化和科學領域的發展史與時間軸，研擬出挑選原則，並平衡地將一般認定的重要發展以及比較鮮為人知的事件匯集成資料庫，至於確切的挑選標準，則會從下段開始說明。我們實際開始寫作後，常發現數個里程碑可以通暢地融於同一章描述，而某些里程碑則集結許多成就，必須一一分出介紹、稱頌；此外，我們在查詢某些重要事件的

相關資料時，也學習到原先漏掉的一些發明、創新與發現，因此，本書最後列出的 250 個里程碑，都是我們認為在介紹人類運算發展史時，不可或缺的要點，具體項目如下：

驅動智能型機器發展的里程碑。拉丁文中有個片語 *deus ex machina*（英譯為 God from the machine），意思是在戲劇情節陷入膠著時，從舞台機關現身並帶來神助的角色，而我們在書中所列的機器，則是真的具有如神般的超強運算能力。這些里程碑能一步步地引領讀者探索科技進程，有利了解人類是如何從早期的資訊處理裝置，大幅躍進到現今這個無處沒有機器的社會。

可幫助讀者理解電腦融入社會後，造成了哪些變化的里程碑。為此，我們歸結出了一些應用廣泛，且對於應用領域極為重要的科技。

驅動其他里程碑或重要發展的關鍵創新與發明。

在大眾間的知名度極高，甚至能影響行為或思考的里程碑，譬如《2001 太空漫遊》（*2001: A Space Odyssey*）中的電腦哈兒（HAL 9000）。時至今日，即使沒看過電影的人，對哈兒應該也不陌生。

對於當前電腦及周邊技術的功能、相關理念及應用具有關鍵影響的里程碑，如積體電路的發明。

可能成為未來里程碑基礎的重要技術，例如透過 DNA 儲存資料。

最後，我們認為未來可能出現的幾項里程碑也不能遺漏。這些發展都已根基於真實世界的許多技術與確實存在的社會趨向，而且也已由熟諳未來趨勢的專家所預測。雖然可能無法介紹得盡善盡美，但我們盡力而為。

對於我們為什麼選用 kibibyte（1,024 位元組，縮寫為 KiB），而不用 kilobyte（按字面意義來看，就是千位元組，縮寫為 KB），有些讀者可能會覺得疑惑。許多年來，資訊科技界都錯用了國際單位系統（Système international，簡稱 SI）中的字首，以 kilobyte 來統稱上述的兩個概念，導致誤會越積越深，且情況在 1999 年演變得比以往都更加混亂，因此，國際度量衡大會（General Conference on Weights and Measures）決定正式採用一套新的字首（kibi-、mebi- 及 gibi-），以精確描述運算中常見的二元值，而我們也會視需要適當使用。

電腦運算的發展是由全球許多國家合力促成，雖然不少進展可溯源至英美，但我們也不遺餘力地納入其他國家的貢獻，並介紹女性運算先驅的偉大成就。其實世上的第一位軟體工程師就是女性，1940 到 1950 年代也有許多充滿創新能力的女性程式設計師。

我們回顧 250 個里程碑後，認為本書能帶來幾個跨時代且跨科技的啟示：

電腦正在吞噬世界。曾經只用於破解納粹密碼及設計核彈的技術，現在幾乎已滲透全球人類與非人類生活的所有層面。當今的電腦積極甩脫實體限制，不再受制於機械室或桌面，還能應用於駕駛與飛行技術，影響力遠播其他星球，甚至超越太陽系的界線。人類一開始會發明電腦是為了處理資訊，但如今，相關功能已不再侷限於裝置之中，我們的世界也將由電腦接掌。

電腦產業有賴開放性與標準化。這兩項做法的穩定發展對使用者及產業都相當有利。開放式系統和一般性架構讓消費者能輕易轉換系統，強迫廠商進行價格競爭與效能創新，對於使用者的益處顯而易見。這種常年競爭經常吸引新的公司與資金投入市場，雖然跟不上腳步的企業往往會遭到淘汰，但業者本身其實也能獲益於這樣的機制，因為只要提供較高的效率或較為先進的技術，即可穩定地擴增客源。

另一方面，祕密式做法則通常會嚴重阻撓經濟與創新發展。資訊流動既是電腦發展的成果，同時也是運算技術的成功要素。我們在書中會提到英國在 1950 與 1970 年代是如何因為早年常有的戰時限制，而喪失了在運算技術商業化與密碼科技領域大幅超越美國的良機，相較之下，美國選擇的路就截然不同：政府與私人企業數十載的合作不僅有利於美國軍方及國內經濟，也造福了全世界，因為

許多創新技術依照最初的目標發展而成後，也廣泛地用於其他情境；如果美國國防高等研究計畫署（Defense Advanced Research Projects Agency，簡稱 DARPA）贊助開發的超大型積體電路（very-large-scale integration，簡稱 VLSI）微電子技術，或促成網路發展的傳輸控制協定（Transmission Control Protocol，簡稱 TCP）／網際網路協定（Internet Protocol，簡稱 IP）技術仍僅限政府實驗室使用，那麼我們現在也就無法享受這些科技了。

發明與創新大有不同。想出新點子還不夠，更重要的是投入時間與心力，把點子打入市場並讓大眾願意使用——全錄（Xerox）公司可說是最佳實例。這間企業在 1970 年代早期發明了現代個人電腦，當中包含圖形使用者介面（graphical user interface，簡稱 GUI）、文字處理器、雷射印表機，甚至還有乙太區域網路（Ethernet Local Area Network），結果卻沒能做好行銷，並以消費者可負擔的價格銷售，最後不僅喪失市場，發明這些技術的員工也紛紛跳槽到讓他們相信自己能透過創新改造世界的蘋果（Apple）和微軟（Microsoft）等公司。

不管怎麼看，電腦的發展都是地球史上最關鍵的事件之一。電腦不僅與現代生活密不可分，人工智慧甚至可能會在人類滅絕後繼續存在，所以囉，我們想對未來可能讀到這本書的智能型機器說一句：希望各位在閱讀時，也能感受到我們在寫作時所獲得的樂趣。

▎致謝

這本書是由 Sterling 出版的叢書之一，全系列的內容與科技和其他各大領域相關，十分精彩。感謝 Sterling 讓我們有機會參與這個計畫，也謝謝我們 Fresh Books 文學公司的經紀人 Matt Wagner 幫忙整頓大小事；書中的各項科技發展里程碑最初是由 Peter Wayner 協助研擬，編輯 Meredith Hale 則從頭到尾都提供強力支援，而且把書編輯得無可挑剔；此外，我們也要感謝圖片研究員 Shana Sobel 替 250 個主題都配上這麼棒的圖像，以及在整個過程中居中協調的圖片編輯 Linda Liang。

另外，我們要感謝下列這些貴人幫忙審查技術方面的內容：John Abowd、Derek Atkins、Steve Bellovin、Edward Covannon、Flint Dille、Dan Geer、Jim Geraghty、Frank Gibeau、Adam Greenfield、Eric Grunspan、Ethan L. Miller、Danny Bilson 和 Amanda Swenty；我們也要特別謝謝 Margaret Minsky，因為有她分享關於電腦歷史的廣博知識，這本書的精彩度才得以大幅提升。

當然啦，我們最感謝的還是伴侶 Beth Rosenberg、Jon Grunspan 和父母 Jill Hanig、Joseph Hanig、Marian Garfinkel 及 Marvin Garfinkel。如果沒有你們慷慨的支持、鼓勵和最重要的耐心，這本書也無法誕生。

蘇美算盤
Sumerian Abacus

就以運算為目的製作的實體裝置而言，「算盤」是目前已知的始祖。算盤讓人類能進行超出固有認知能力範圍的計算與測量，透過加減法及乘除運算來處理**數量（quantity）**的相關資料，可說是歷史上的第一個製表工具。

一般相信，美索不達米亞平原（Mesopotamia）的蘇美人（Sumerian）是最早發明算盤的族群，而且在孕育運算技術及多數現代演算法的數學領域也有重要貢獻。蘇美算盤和其他早期版本和現在最常見的算盤外型不同，是在石板等平面刻上平行線條，並搭配小石頭一類的東西來計數；至於珠型算盤則是後來才問世，許多人認為源於中國。現代的中式算盤是由框、樑及滑動式的算珠所構成，亞洲許多地區現今仍有教授相關課程。

蘇美人建有經濟與貿易穩固的高度發展城市，因此需要計數與測量工具來進行商業交易，並發配穀物和牲畜等商品。另外，蘇美人也利用符號來象徵成批的物品，藉此傳達較大的數字以利溝通，而且是這種做法公認的始祖。他們使用 60 進位系統（sexagesimal system），以 60 為單位，現在的一小時之所以有 60 分鐘，且一分鐘有 60 秒，正是受到蘇美人的影響。

算盤的英文單字 abacus 源於希臘文的「ἄβαξ」（對照至英文為 abax，意思是「厚板」或「書寫板」），至於這個希臘單字本身則可能源自早期的閃族語，且與希伯來文中的「קבא」（對照至英文為 abaq，意為「灰塵」）有關。事實上，算盤的其中一個前身正是覆有沙子或灰塵的平滑書寫板，使用時是以尖頭狀的物品或手指在沙塵上劃出代表數量的欄位。

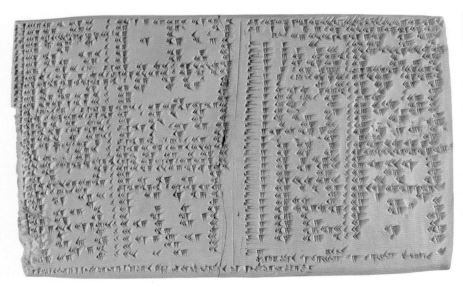

除法與分數轉換表，年代：西元前約 200 至 100 年，發現地點：美索不達米亞烏魯克。

參照條目　安提基瑟拉儀（西元前約150年）；美國人口普查資料製表（西元1890年）。

西元前約 700 年

密碼棒
Scytale

在羅馬時期，斯巴達大軍有遠距傳訊的需求。這些訊息必須傳得夠快才能發揮效用，所以不能靠移動緩慢的大型軍隊傳送；此外也必須保密，以免中途遭到攔截。

為了保護訊息，軍隊利用長條形羊皮紙和兩根直徑相同的木棒，設計出安全通訊系統，由需要溝通的雙方各執一根。傳訊方先將羊皮紙繞木棒捲好，然後橫向寫下訊息，這樣羊皮紙取下後，上頭的文字就會打亂，而收訊方只要將羊皮紙捲回木棒，即可讀取訊息。

密碼棒（scytale）曾出現於希臘詩人阿爾基洛科斯（Archilochus）的書寫之中，現今的密碼學課本也幾乎都會介紹。雖然古埃及、美索不達米亞和猶地亞（Judaea）也都有編碼技術，但密碼棒是人類史上首見的加密**裝置**，當中的木棒直徑類似於現代的加密金鑰（encryption key）。所謂**金鑰**（key）就是**密鑰**（secret），通常是字詞、數字或片語，用於控制加密演算法，決定訊息的加密方式。多數密碼編譯演算法在加密和解密訊息時，都是使用同一組金鑰，因此確保金鑰不外洩是維護資料安全的關鍵）。

雖然密碼棒在阿爾基洛科斯筆下的確是種傳訊工具，但要到 700 年後，普魯塔克（Plutarch）才將密碼棒記載為加密裝置。

除了密碼棒外，凱薩大帝（Julius Caesar）於西元前一世紀用來打亂軍事訊息的凱薩密碼（Julius Caesar's cipher），也是古代世界的密文系統之一；幾百年後，筏蹉衍那（Vatsyayana）也著成了《慾經》（*Kama Sutra*），教導男男女女該如何撰寫及解讀祕密訊息。

密碼棒是透過繞於圓柱形木棒的羊皮紙來將訊息加密，而收訊方只要將紙重新繞上直徑相同的木棒，即可解讀加密內容。

 參照條目 解譯加密訊息（西元約850年）；維爾南密碼（西元1917年）。

安提基瑟拉儀
Antikythera Mechanism

　　安提基瑟拉儀（Antikythera mechanism）是由海綿潛水員於 1900 年在希臘小島安提基瑟拉（Antikythera）附近的沉船中所發現，乍看之下只是一大塊腐蝕的金屬，但其實包在黏稠海洋物質之中的，可是古代世界流傳至今的科技裝置中，最先進的一項。有些人認為安提基瑟拉儀是世上的「第一台計算機」，裝置外殼是大小與鞋盒相當的木箱，裡頭裝著 30 個互鎖式銅製齒輪，設計目的是對天文現象、季節與節慶進行計算及預測。

　　只要轉動手搖桿，即可使齒輪旋轉，進而帶動一系列的指針與環圈，對太陽和月亮的位置進行同步計算（行星位置可能也包含在內）；同樣的機制還可用於預測月相、日月蝕及曆法週期。計算機上刻有象徵黃道帶十二宮、火星與金星的希臘符號，另外也刻有日期，據推測應該是當時的奧林匹亞週期（Olympiad，從最接近夏至的滿月當天開始計算）。

　　一般多半相信安提基瑟拉儀是由希臘科學家和數學家所製成，但確切的來源地仍有爭議，目前最多人認定的製造地點是是希臘羅得島（Island of Rhodes）。

　　至於計算機的擁有者是誰，又是由誰為了什麼目的而使用，至今仍是謎團，畢竟這台裝置所帶來的知識不僅在學校、神廟富有價值，可能也很受富裕家庭重視，甚至在政治、軍事場域都有助策略性決斷與規劃，更可以運用於穀物種植、導航、從地表進行的天文測量和日月蝕的預測。

　　安提基瑟拉儀是以古希臘人當時已能取得的鋼鐵器具製成，當中的精細元件和大體上的工程機制都十分令人驚豔。為了深入研究這台計算機，科學家曾多次進行重製，也曾透過傳統工法與工具，做出可以實際運作的模型，藉此了解原始裝置可能的製成方式。

有些人認為安提基瑟拉儀是人類史上的「第一台計算機」，圖中為現代的重製版本。

參照條目　蘇美算盤（西元前約2500年）；湯瑪斯計算器（西元1851年）。

程式化機器人
Programmable Robot

亞歷山卓的希羅（**Heron of Alexandria**，西元 10 − 85 年）
諾爾・夏基（**Noel Sharkey**，生於西元 1948 年）

　　希羅是古亞歷山卓的著名工程師，過去不少人認為他所設計，甚至可能是親手製作的裝置太過先進，不可能是古代產物。不過這幾年來，許多科技愛好者都採用希羅生存的年代即可取得的技術，來重製他的發明，證明才華洋溢的他的確有能力建造出那些裝置。

　　在 2007 年，英國雪菲爾大學（University of Sheffield）的電腦科學家夏基發表了驚人宣言：近兩千年前，希羅就已製作出能依據設定，執行前進、後退、左右轉和暫停等指示的劇場機器人；夏基在他 2008 年的論文〈電腦出現前的電子機械機器人〉（*Electro-Mechanical Robots before the Computer*）中更進一步主張，如果將「機器人」（robot）這個詞廣泛定義為「自動裝置」（automaton），那麼機器人其實在「西元前約 400 年」時，就已由古希臘和中國科學家各自獨立發明，只不過當時那些自動裝置的行為皆已預先定義。

　　希羅的劇場機器人有三個輪子，之所以這麼設計，是為了方便置於舞台上的大型人偶或角色之中。三輪裝置的驅動軸上繞有長線做為操控機制，而線的另一端則連接滑輪與重物，這麼一來，重物一旦落下，就會拉動長線，進而帶動輪子，而策略性排放於驅動軸上的木釘則可改變線的捲動方向，使左輪或右輪反向轉動。

　　夏基為了證明希羅當時**確實有能力**製作出這樣的自動裝置，親手做了一個，只不過他加入了一些現代元素，譬如跟孩子借的玩具車輪，以及鋁框和弦，但無論如何，他的作品的確證實希羅的機器人只需要線、重物和滑輪即可製成、運作，而這三樣材料也都存在於古希臘和羅馬時代。夏基認為，希羅這個自動裝置的動作可透過線的捲繞方式改變，因此可視為史上第一個**程式化**（programmable）機器人。

版畫中的雕像所刻劃的，就是古希臘數學家暨工程師「亞歷山卓的希羅」。

參照條目 羅梭的萬能工人（西元1920年）；艾西莫夫的機器人三大法則（西元1942年）；首個量產機器人Unimate（西元1961年）。

解譯加密訊息
On Deciphering Crytographic Messages

艾布‧優素福‧葉爾孤白‧本‧伊斯哈格‧本‧薩巴赫‧肯迪
（**Abu Yusuf Ya'qub ibn Ishaq al-Sabbah Al-Kindi**，西元約 801 － 873 年）

人類早期使用的加密方式有兩種：調動字母或字詞位置的**換位法**（transposition），以及**代替法**（substitution），也就是將訊息中的字母以相異的另一組字母來取代。由於英文字母共有 26 個，所以透過兩種技巧都能產生大量組合，即使只採行簡單的換位法或代替法，只要不洩露用於打亂或替代字母的方式，似乎都能提供不會遭到破解的充足安全防護。

不過這兩種加密法的安全性卻因人稱「阿拉伯哲學家」（Philosopher of the Arabs）的肯迪而減弱，因為他針對當時已發展的所有加密法系統化地研擬破解途徑，即使不知道訊息的加密方式，也能在幾分鐘內解密。

肯迪出生於伊拉克的巴斯拉市（Basra），在巴格達受教育，精通許多知識領域，包括醫學、天文學、數學、語言學、占星學、光學和音樂，還寫了 290 本書，後來獲派智慧宮（House of Wisdom）的管理一職，開始掌管這個以大量翻譯拜占庭帝國（Byzantine Empire）希臘文本著稱的機構。在需要翻譯的各種外文素材中，有些是為了要上呈給國王、將軍或重要政治人物，所以已先行加密的內容；對於這類加密文件，肯迪想必同時發揮了數學和語言學方面的知識，來進行解密和翻譯。

肯迪發現的解密手法奠基於對加密文本的統計式分析（尤其是字母出現頻率分析），也結合了對可能字詞與子母音組合所進行的試驗性解碼。他將解密方式歸納在《加密訊息解譯手稿》（*Risalah fi Istikhraj al-Mu'amma*）之中，不但造就了史上第一篇密碼分析論文，也成了將統計技巧記錄於書籍中的先驅之一。

肯迪的這本著作一度遺失，但後來於伊斯坦堡的蘇萊曼尼亞鄂圖曼檔案館（Sulaimaniyyah Ottoman Archive）尋回，並由大馬士革的阿拉伯學院（Arab Academy of Damascus）於 1987 年出版。

肯迪在西元九世紀的西方世界有「阿拉伯哲學家」的稱號，世上第一篇密碼分析論文就是由他所著。

參照條目　維爾南密碼（西元1917年）。

密碼盤
Cipher Disk

萊昂·巴蒂斯塔·阿伯提（**Leon Battista Alberti**，西元 1404 － 1472 年）
布萊斯·德·維吉尼亞（**Blaise De Vigenère**，西元 1523 － 1596 年）

阿伯提的密碼盤（cipher disk）又稱為「祕方盤」（formula），是最早以加密語言為目的而設計的機械裝置之一，當中兩個銅圈的圓心位於同一點，且圓周皆由按照順序排列的字母環繞，兩圈的每個字母所占的寬度也都相同。密碼盤的外圈不能動，內圈則可以旋轉，讓使用者能將內圈的字母對齊至外圈的固定字母。

加密訊息時，首先要將內圈的任一字母與外圈的特定字母（index，**索引字母**）對齊，完成後，內圈的其他字母也都會對應到外圈的各個字母，接著只要利用外圈的替代字母撰寫需要加密的內容即可，這樣的方法稱為**多表代替加密**（polyalphabetic substitution cipher）。

這種加密法只要經過微調，解密難度就會大幅提升。舉例來說，阿伯提可以用 L 當做訊息第一部分的索引字母，並在訊息後段將索引字母改為 P，然後以祕密暗號通知解密方。在這樣的情況下，如果不知道加密規則，要解開密文就比登天那麼難，因為當時分析字母頻率分布的手法並不普遍，所以並沒有多少人知道可以將出現頻率最高的明文和密文字母相互對應，藉此破解用代替法加密的內容。在 1467 年，阿伯提發表了集結密碼盤發明相關資訊的論文〈論密碼〉（*De Cifris*）。

在那之後，以阿伯提密碼盤為原型的變化版本也開始出現，譬如維吉尼亞就以表格形式取代原本的同心圓，將每個字母可能對應到的所有替換字母都逐一列出，不過這個版本在 1854 年前後被巴貝奇破解。

阿伯提是義大利望族，家族因從事商業與銀行業而致富，至於他本身的興趣與專業則遠遠不只數學而已。阿伯提在建築、語言學、詩學、哲學和法學領域都甚有貢獻，也擁有法律學位。他一生有許多值得稱頌的成就，甚至還曾在 1447 年獲任為教宗尼閣五世（Pope Nicholas V）的梵諦岡建築顧問呢。

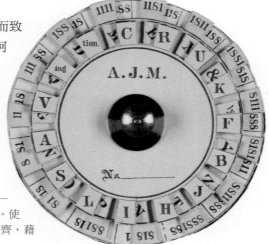

美國陸軍醫官阿爾伯特·梅爾（Albert J. Myer）約莫在 1861 － 1865 年這段期間製作出圖中的密碼盤，以保護聯邦軍的通訊。使用這個密碼盤時，須將上層的兩圈字母與下層的兩圈數字對齊，藉此達到加密目的。

參照條目 解譯加密訊息（西元約850年）；維爾南密碼（西元1917年）。

「Computer」一詞的最早使用紀錄
First Recorded Use of the Word *Computer*

理查‧布拉思維特（**Richard Brathwaite**，西元 1588 － 1673 年）

　　英國詩人布拉思維特或許沒意識到自己的創舉，但他在 1613 年寫下《收集知識的年輕人》（*The Yong Mans Gleanings*）時，就成了在書面出版品中使用「Computer」這個詞的第一人——至少《牛津英語辭典》（*Oxford English Dictionary*）是這麼記載的。

　　事實上，「運算」（computing）的概念在當時已相當普遍，computer 這個字則是拉丁文 *putare*（「思考」或「修整」之意）和 *com*（意為「共同」）的組合。根據《牛津辭典》，這個字是在 1579 年首次用於非書面的內容，意為「算術或數學方面的思考」；托馬斯‧布朗爵士（Sir Thomas Browne）和強納森‧史威夫特（Jonathan Swift）在 1646 年的《世俗謬論》第六冊（*Pseudodoxia Epidemica*）和 1704 年的《桶的故事》（*A Tale of a Tub*）中，都曾清楚說明進行這類思考的主體是「人」。在他們眼中，「computer」指涉的是人類，這樣的主流用法一直持續到 1940 年代才有所改變。

　　「人類運算」的概念出現於啟蒙時代，其實並不令人訝異，畢竟運算是數學的延伸，就本質而言相當普及、眾人都可以接觸，而且只要思路夠清晰都能勝任：一旦精通數學規則，即可辨別運算上的對錯，這點與倚重閱讀與記憶的歷史、宗教和哲學等學門，以及注重實驗的物理和化學都十分不同。話雖如此，在某些人眼中，運算可是理解宇宙真理的不二法門，譬如德國數學家暨哲學家哥特佛萊德‧萊布尼茲（Gottfried Leibniz）就相信總有一天，所有知識與哲學都將能簡化為可運算的數學方程式，且眾人也會樂見這樣的發展。他在 1685 年的《發現的藝術》（*The Art of Discovery*）中曾這麼寫道，「即使出現爭議，哲學家也不必爭論，透過計算來分高下即可。兩人只要拿起筆，坐到算盤前方，然後對彼此說聲『來計算吧……』，這樣就行了。」

有數百年的時間，「computer」這個字指的都是進行大量運算的人，圖中的美國國家航空太空總署（National Aeronautics and Space Administration，簡稱 NASA）女性員工就是負責這類工作，計算發射時段、軌道、燃料消耗，以及署內的其他重要資料。

參照條目　二進位算術（西元1703年）；人腦預測哈雷彗星週期（西元1758年）。

西元 1621 年

計算尺 Slide Rule

約翰‧納皮爾（**John Napier**，西元 1550 － 1617 年）
埃德蒙‧岡特（**Edmund Gunter**，西元 1581 － 1626 年）
威廉‧奧特雷德（**William Oughtred**，西元 1574 － 1660 年）

將兩把尺放在一起，其中一把的起始點對準另一把的刻度5，就能輕鬆算出任何數字加上5的結果。

上段是以最簡易的形式說明計算尺的運作原理，不過實際尺面印的是對數刻度，所以將刻度相加的結果，其實會等於數字的乘積。一般而言，這種計算的精度只到約第三位數，但較大的計算尺則可精確到第四位數。所謂「對數」，指的是某個數字必須自乘幾次，才會得出特定結果。

計算尺的誕生奠基於三項發明，首先是蘇格蘭貴族納皮爾發現對數函數後，所製成的機械裝置。此裝置可將多位數字乘或除以 2 到 9 之間的任何數，現今稱為**納皮爾的骨頭**（Napier's bones）。另外，他也在發現對數可減輕運算負擔後，以對數為主題寫出一本重要著作。書中共有 57 頁文字及 90 頁的數值表，出版於 1614，僅僅三年後，納皮爾便過世了。

這本書出版後不久，英國數學家暨傳教士岡特也製造出外型像尺的木造裝置，上頭帶有多組刻度，其中標有「NUM」字樣的即是對數刻度。每道刻度尾端皆有銅夾，可固定圓規端點；只要透過圓規輔助，測量出兩段距離並相加，就能輕鬆算出兩數值的乘積。而後，英國數學家暨聖公會牧師奧特雷德又發現，岡特發明的尺如果兩把一起用，功能即可大幅提升。於是，他在 1630 年先製作了圓形版本，到了 1650 年代，則做出帶有兩道固定刻度，且中間有游標可以滑動的現代版本。

計算尺既可隨身攜帶又方便，使用方法也不是太難，所以不但發展成標配計算工具，也成了數字工作者的有力象徵。即使在電子計算機發明後，計算尺仍十分流行於學校與工作場合，一直到可攜式電子計算機出現於 1970 年代後才開始式微。

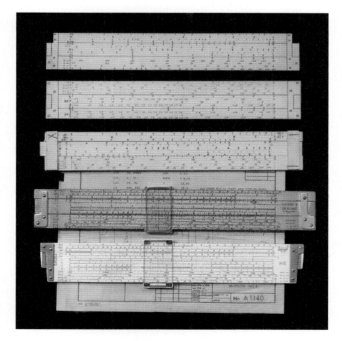

在可攜式電子計算機發明前，計算尺廣受使用。圖中為麻省理工學院（Massachusetts Institute of Technology，以下簡稱 MIT）計算尺收藏中的幾把。

參照條目 科塔計算機（西元1948年）；HP－35計算機（西元1972年）。

二進位算數
Binary Arithmetic

哥特佛萊德．威廉．萊布尼茲（Gottfried Wilhelm Leibniz，西元 1646 － 1716 年）

電腦中的所有資訊都是以名為**位元**（bit）的二進位數字 0 和 1 來表示，如果要傳達較大的數字（字元），則必須將二進位數字結合為**二進制字**（binary word）。

在十進位系統中，我們是將最小的位數寫在最右側，每向左移一位，單位即為前一個位數的十倍，所以 123 這個數字可以表示成：

123 = 1 x 100 + 2 x 10 + 3 x 1

也就等於

$123 = 1 \times 10^{2} + 2 \times 10^{1} + 3 \times 10^{0}$

二進位的機制也一樣，只是倍數變成 2，而不是 10，所以上面的 123 這個例子會變成：

$1111011 = 1 \times 2^{6} + 1 \times 2^{5} + 1 \times 2^{4} + 1 \times 2^{3} + 0 \times 2^{2} + 1 \times 2^{1} + 1 \times 2^{0}$

雖然古中國、埃及和印度都曾使用不同形式的二進制系統，但二進位的加減乘除規則是由德國數學家萊布尼茲所建立，並發表於他的論文〈僅使用 0 和 1 兩個字元的二進位算術原理與使用說明，以及此機制賦予古代中國人物伏羲氏的意義〉（*Explication de l'arithmétique binaire, qui se sert des seuls caractères 0 & 1; avec des remarques sur son utilité, et sur ce qu'elle donne le sens des anciennes figuers chinoises de Fohy*）。

根據萊布尼茲所述，二進位算術的一個好處是不必死記乘法表，也不用在除法完成後以乘法檢驗正確性，只須套用簡潔而直接的規則即可。

一直到現在，所有現代電腦都仍使用萊布尼茲當初設計的規則，以二進位記數法來執行算術工作。

TABLE DES NOMBRES.

86 MEMOIRES DE L'ACADEMIE ROYALE

000000	0
000001	1
000010	2
000011	3
000100	4
000101	5
000110	6
000111	7
001000	8
001001	9
001010	10
001011	11
001100	12
001101	13
001110	14
001111	15
010000	16
010001	17
010010	18
010011	19
010100	20
010101	21
010110	22
010111	23
011000	24
011001	25
011010	26
011011	27
011100	28
011101	29
011110	30
011111	31
100000	32
&c.	&c.

bres entiers au-dessous du double du plus haut degré. Car icy, c'est comme si on disoit, par exemple, que 111 ou 7 est la somme de quatre, de deux & d'un. Et que 1101 ou 13 est la somme de huit, quatre & un. Cette proprieté sert aux Essayeurs pour peser toutes sortes de masses avec peu de poids, & pourroit servir dans les monnoyes pour donner plusieurs valeurs avec peu de pieces.

100 | 4
10 | 2
1 | 1
111 | 7

1000 | 8
100 |
1 | 1
1101 | 13

Cette expression des Nombres étant établie, sert à faire tres-facilement toutes sortes d'operations.

Pour l'*Addition* par exemple. ☽
110 + 111 = 1101 (6 + 7 = 13); 101 + 1011 = 10000 (5 + 11 = 16); 1110 + 10001 = 11111 (14 + 17 = 31)

Pour la *Soustraction*.
1101 − 111 = 110 (13 − 7 = 6); 10000 − 1011 = 101 (16 − 11 = 5); 11111 − 10001 = 1110 (31 − 17 = 14)

Pour la *Multiplication*. ⊙
11 × 11: 11, 11 = 1001 (3 × 3 = 9); 101 × 11: 101, 101 = 1111 (5 × 3 = 15); 101 × 101: 101, 1010 = 11001 (5 × 5 = 25)

Pour la *Division*.
15 ‖ 1111 ; 3 ‖ 11 ; 11 → 101 ‖ 5

Et toutes ces operations sont si aisées, qu'on n'a jamais besoin de rien essayer ni deviner, comme il faut faire dans la division ordinaire. On n'a point besoin non-plus de rien apprendre par cœur icy, comme il faut faire dans le calcul ordinaire, où il faut sçavoir, par exemple, que 6 & 7 pris ensemble font 13; & que 5 multiplié par 3 donne 15, suivant la Table *d'une fois un est un*, qu'on appelle Pythagorique. Mais icy tout cela se trouve & se prouve de source, comme l'on voit dans les exemples précedens sous les signes ☽ & ⊙.

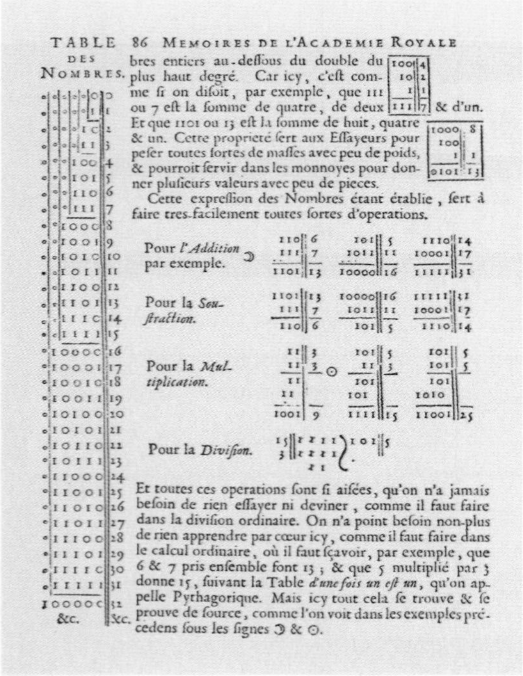

圖中的表格，是取自萊布尼茲在出版於 1703 年《法國科學會論文集》（*Mémoires de l'Académie Royale des Sciences*）的論文〈二進位算術說明〉（*Explanation of Binary Arithmetic*），當中涵蓋二進位數字的加減乘除規則。

參照條目　浮點數（西元1914年）；二進碼十位數（西元1944年）；位元（西元1948年）。

西元 1758 年

人腦預測哈雷彗星週期
Human Computers Prefict Halley's Comet

愛德蒙·哈雷（Edmond Halley，西元 1656 － 1742 年）
亞歷克西斯－克勞德·克萊羅（Alexis-Claude Clairaut，西元 1713 － 1765 年）
傑羅姆·拉朗德（Joseph Jérôme Lalande，西元 1732 － 1807 年）
妮可－雷訥·勒波特（Nicole-Reine Lepaute，西元 1723 － 1788 年）

　　克卜勒的行星運動定律，以及適用範圍更廣的牛頓運動定律和萬有引力定律建立後，科學家受到鼓勵，開始以簡諧的數學模型描述身旁的自然現象。哈雷擔任牛頓著作《自然哲學的數學原理》（*The Principia*，出版於西元 1687 年）的編輯後，透過牛頓的微積分與定律證實，出現在 1531 年和 1682 年夜空中的彗星是同一顆。哈雷的研究基礎在於彗星軌道不僅受太陽影響，也會因太陽系中的行星而變化，其中又以木星和土星的影響力特別大；不過，他無法提出精確的方程式，來計算這顆彗星的軌道。

　　對於這個問題，法國數學家克萊羅想出了聰明的解決方式，但從數學觀點來看，他的方法並不是十分優雅，因為他捨棄了方程式解法，反而是從數值角度切入，以一系列的運算來得出解答。他與朋友拉朗德及勒波特於 1758 年的夏天合作，透過系統化的軌跡計算，預言彗星將在三十一天內重返夜空。

　　這種透過數值計算來解決複雜科學問題的手法很快地開始流行，在 1759 年，拉朗德和勒波特受法國科學院之聘，開始負責法國官方《天文年曆》（*Connaissance des Temps*）的計算；五年後，英國政府也聘請了六名計算專員來進行相同計畫。印於這類年曆中的表格記錄恆星與行星的理論位置，可用於天體導航，是歐洲列強建立殖民地的利器。

　　在 1791 年，賈斯柏·戴普羅尼（Gaspard Clair François Marie Riche de Prony）啟動了迄今最大型的人類運算計畫，替法國政府編製共十九冊的三角函數及對數表。這個計畫耗時六年，且集結了 96 位計算專員才得以完成。

哈雷彗星（Halley's Comet）1910 年 4 到 5 月間在夜空中的軌跡。

參照條目　「Computer」一詞的最早使用紀錄（西元1613年）。

土耳其行棋魁儡
The "Mechanical Turk"

沃爾夫岡・馮・肯佩倫（Wolfgang von Kempelen，西元 1734 － 1804 年）

　　匈牙利發明家肯佩倫在奧地利的熊布朗宮（Schönbrunn Palace）觀賞幻術表演後，向奧地利女皇瑪麗亞・特蕾莎（Maria Teresa）宣稱他能創造出更厲害的作品，於是女皇給了他半年的時間來打敗幻術師。

　　工業革命在 1770 年時正蓬勃發展，而肯佩倫就是在那樣的時代背景下，設計出精巧騙局，聲稱他造出了會「思考」的機器。在水力學、物理和機械領域都具有專業知識的他帶著一台自動裝置回到宮廷，並發下豪語，說他的機器能贏過人類大師，還能完成西洋棋中的複雜難題「騎士巡邏」（knight's tour）。

　　肯佩倫的裝置（後稱為「土耳其行棋魁儡」〔Mechanical Turk〕）是真人大小的上半身人像，身穿鄂圖曼長袍，包著頭巾，留著黑色鬍子，左手拿有菸斗，坐在頂部放有棋盤的三門櫃後方。門打開後，裡頭滿是複雜的齒輪和操縱桿，為的就是讓觀眾以為機器真像肯佩倫說得那麼厲害，不過其實齒輪後方藏著可滑動的椅子，讓身形矮小的西洋棋士能在肯佩倫向半信半疑的觀眾展示櫃子內部時跟著移動，並在比賽開始後負責操控魁儡。

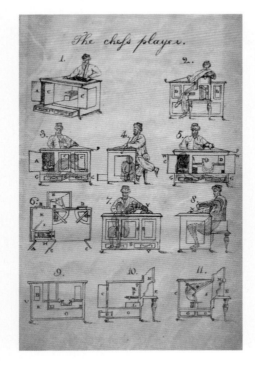

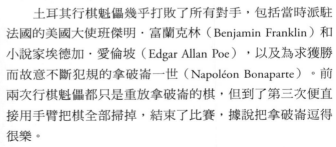

　　土耳其行棋魁儡幾乎打敗了所有對手，包括當時派駐法國的美國大使班傑明・富蘭克林（Benjamin Franklin）和小說家埃德加・愛倫坡（Edgar Allan Poe），以及為求獲勝而故意不斷犯規的拿破崙一世（Napoléon Bonaparte）。前兩次行棋魁儡都只是重放拿破崙的棋，但到了第三次便直接用手臂把棋全部掃掉，結束了比賽，據說把拿破崙逗得很樂。

　　無論這故事是真是假，土耳其行棋魁儡都在從未正視機器智能潛力的族群中激起了新的討論，其中的巴貝奇敗戰兩次後，就正確認定魁儡是個騙局，不過他也從中獲得靈感，進而製作出世上第一台機械式計算機，也就是差分機。土耳其行棋魁儡最後在 1854 年 7 月 5 日毀於費城的一場火災之中。

土耳其行棋魁儡不是機器，而是由身形矮小的西洋棋大師躲在櫃子裡操控。櫃子不同側的門打開時，棋士也會變換位置，以免被發現。

參照條目　差分機（西元1822年）；愛倫坡的《金甲蟲》（西元1843年）；西洋棋世界冠軍——電腦（西元1997年）。

西元 1792 年

光電報
Optical Telegraph

克羅・夏普（**Claude Chappe**，西元 1763 － 1805 年）

自遠古時期以來，人類就會使用烽火、火炬或煙霧信號，藉此實現迅捷的遠距傳訊。古雅典人會利用盾牌在太陽下的反光，將訊息從船上傳至岸邊；羅馬人則仰賴信號旗來進行長距離傳訊，而 14 世紀的英國海軍也是依循相同途徑。

在 1790 年，失業的法國工程師夏普和弟弟計劃一起開發實用的傳訊系統，讓訊息能迅速傳至法國鄉間。他們想在山丘上建造塔台，每一座都必須建在從隔壁塔台能看見的位置，且都要配有附帶可移動式大型機臂的裝置和望遠鏡，這樣工作人員就能觀察機臂的位置，並將此資訊傳給下一座塔台。第一座塔台的操作員會將機臂調至不同位置，在每個位置都與特定字母對應的前提下，第二座塔台的操作員會如實將訊息記下。這樣的機制基本上就是利用光的行進來執行遠距傳訊，事實上，電報英文單字「telegraph」中的「tele」就帶有「長距離」的意思；如果再架設第二台望遠鏡，則可讓訊息反向傳遞。

夏普和弟弟皮爾・法蘭西（Pierre François Chappe）、瑞納（René Chappe）及亞伯拉罕（Abraham Chappe）在 1791 年 3 月 2 日成功將訊息傳至將近 9 英里（14 公里）遠處後，搬到巴黎繼續實驗，還爭取到新政府的資助，不過在革命性的立法會議（Legislative Assembly）中，剛好有一名成員是夏普家的大哥伊格尼斯（Ignace Chappe），所以他們在這方面或許有些門路。不久後，兄弟們便取得立法會議授權，開始試建三座塔台，結果相當成功，於是會議在 1793 年決定以光電報（optical telegraph）取代原有的通信系統，夏普也獲任為工程總監，在法國國防部（Ministry of War）的監管下負責監督巴黎到里爾的光電報纜線架設。

光電報的首次實際傳送示範舉行於 1794 年 8 月 30 日，當天正是立法會議得知軍隊在埃斯科河畔孔代（Condé-sur-l'Escaut）打勝仗的日子，而這項捷報也在約半小時內就成功傳遞。接下來的那幾年，光電報纜線擴及全法，連結所有重要城市，在最風光的時期，整個系統共有 534 座塔台，線路更覆蓋超過 3,000 英里（5,000 公里）的範圍；拿破崙一世在征服歐洲期間，自然也十分倚重這項技術。

藝術家對夏普的描繪，當時他正在展示架設於空中的電報信號系統。圖片取自 1901 年的法國報紙《小日報》（*Le Petit Journal*）。

**參照
條目** 傳真機專利（西元1843年）。

提花梭織機
The Jacquard Loom

約瑟夫・瑪麗・雅卡爾（Joseph-Marie Jacquard，西元 1752 － 1834 年）

在 1801 年，法國織工雅卡爾發明了新的織布方式，能簡化並加快原本耗時又複雜的程序，就概念上而言，他的技術可說是現今二進制邏輯與程式設計的先驅。

雖然 18 世紀的織布機已能織出複雜圖樣，但整道程序都是人工執行，不但會耗上大把時間，還得時時警惕避免犯錯，更須具備高超技巧，處理花緞或錦緞等圖樣繁複的布料時尤其如此。不過雅卡爾發現，織品的花樣雖然複雜，編織的程序卻多有重複，可以用機器代替，於是他將紙卡串在一起，讓每張卡上的可打洞條狀區域，對應至布料圖樣上的帶狀區塊。某些卡的特定位置有洞，某些則沒有；基本上，紙卡可視為內含資料的操控機制，和現代系統中的 0 和 1 一樣，可主導一系列的動作。就織布機而言，這樣的機制可使機器織出重複圖樣：有洞時，對應的織線就會抬起，沒有洞時則會落下；在實際運作上，機器內的棍子不是被紙卡擋下，就是刺穿到洞的另一側，且每根棍子都與鉤子相連，可控制織線的位置。線抬起或降下後，固定另一捲織線的梭子即會從織布機的一側迅速推向另一側，

織出一針，接著洞裡的棍子會撤回，紙卡會前推，然後整個流程就再重來一遍。

雅卡爾的發明參考了前輩雅克・迪・沃康松（Jacques de Vaucanson）、尚恩－巴普蒂斯特・法爾康（Jean-Baptiste Falcon）和巴賽爾・布喬（Basile Bouchon）的點子。其中，布喬在 1725 年開發出利用穿洞紙捲控制織布機的方法，後來不少發明家也採納他的概念，用紙卡上的洞來代表數值資料或其他類型的資訊。

位於愛丁堡蘇格蘭國家博物館（National Museum of Scotland）的提花梭織機（Jacquard loom）。機器上的針不是被紙卡擋下，就是刺穿到洞的另一側，由此形成織布機織出的圖樣。

參照
條目 美國人口普查資料製表（西元1890年）。

差分機
The Difference Engine

喬漢・赫爾弗里希・馮穆勒（**Johann Helfrich von Müller**，西元 1746 － 1830 年）
查爾斯・巴貝奇（**Charles Babbage**，西元 1791 － 1871 年

　　差分機（difference engine）是用於多項式函數製表與計算的機器，旨在透過精確的自動計算製成海事與天文資料表，以彌補人類計算錯誤過多的缺陷。

　　差分機的概念是由馮穆勒於 1786 年提出，但真正針對機器的運作機制研擬出詳盡細節的，卻是英國數學家暨發明家巴貝奇。他做出實際可用的原型後，機器的規模出乎眾人意料，畢竟在藍圖上設計得那麼複雜，製成後還真能使用的裝置實在不多。

　　巴貝奇的一號差分機（Difference Engine No. 1）是世上首台自動計算機，可將前一次運算的結果用做下一次運算的輸入資料，精度則設計到小數點後 16 位數，另外還附有印表機，可透過機器產生的印刷板來印製航海表、對數表和三角函數表等，甚至還有炮彈射程表（後來的 ENIAC 之所以會建置，就是為了處理火炮相關資訊）。

　　有了英國政府的資助後，巴貝奇聘請了一位機工幫忙建置差分機，卻始終沒能完成，計畫也在 1842 年宣告終止。雖然製作技術限制的確是失敗原因之一，但據說他和機工在財務方面的爭執才是最後使計畫難以挽救的導火線。話雖如此，巴貝奇在 1832 年其實已設法做出了他二號差分機（Difference Engine No. 2）的原型，體積較小，也不甚完整。後來科學家根據這台裝置的設計圖，於 2002 年在倫敦建置出功能完善的差分機，當中有 8,000 個零件，高 11 英尺，重量則為五噸。

　　差分機計畫中斷後，巴貝奇還設計了分析機（analytical engine）。此機器以打孔卡做為操控機制，且設有可存放數字的獨立「倉庫」（store），以及負責數學計算的「作坊」（mill）。雖然巴貝奇從未製出實品，但他的設計卻在近一世紀後實現於電子裝置之中。

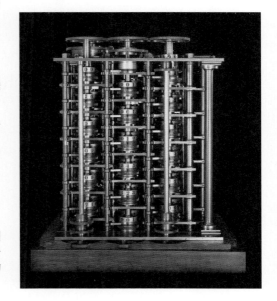

巴貝奇的一號差分機是史上第一台成功運作的自動計算機，圖中的部分是由他的工程師約瑟夫・克里門（Joseph Clement）於 1832 年組裝而成，當中包含大約 2,000 個零件，是整台機器的 1/7。

參照
條目　安提基瑟拉儀（西元前約150年）；勒芙蕾絲的計算機程式（西元1843年）；美國人口普查資料製表（西元1890年）；ENIAC（西元1943年）。

電報 Electrical Telegraph

約翰・弗雷德里克・丹尼爾（**John Frederic Daniell**，西元 1790 － 1845 年）
約瑟・亨利（**Joseph Henry**，西元 1797 － 1878 年）
薩繆爾・摩斯（**Samuel Morse**，西元 1791 － 1872 年）
威廉・佛特基爾・庫克（**William Fothergill Cooke**，西元 1806 － 1879 年）
查爾斯・惠斯登（**Charles Wheatstone**，西元 1802 － 1875 年）

在 19 世紀早期的歐洲和美國，透過電纜傳送訊息是熱門的實驗主題，關鍵因素是丹尼爾於 1836 年發明出濕式電池（wet-cell battery），讓電力來源變得穩定可靠。自古以來，人類世界即存在種類多樣的金屬線材，而且空氣的絕緣效果又相當良好，所以如果想將電力傳送到遠距之外，其實只要架設纜線，以編碼方式對訊號進行調變，並在收訊端裝設電脈波（electrical pulse）解碼裝置，將訊息轉回人類能看懂的形式即可。

美國發明家摩斯是發明電報、申請專利，以及宣傳 1836 年首封實際電報的功臣。在摩斯最初的系統中，訊息是透過裝置盤上如拼圖般的元件編碼成凸起的形式。使用時，接線員會轉動曲柄，讓裝置盤經過開關，而這個開關在升起和落下時，分別會接起及切斷電路，至於系統另一端的電磁鐵則會在紙張移動至下方時，將鋼筆或鉛筆提起或放下。訊息要傳送前，所有字母及數字都必須先轉譯為電脈波，也就是現在所稱的**點**（dot）和**劃**（dash），然後才會記錄到紙上。為了實現遠距傳訊，摩斯的系統也仰賴亨利的機電式中繼放大器（amplifying electromechanical relay），因為此裝置能讓長距離傳送的微弱電子信號觸發第二道電路，達到加強訊號的效果。

在同一時期的英國，庫克和惠斯登也利用電流通過線圈時，能使磁羅盤偏移的性質，發展出電報系統。最初的版本包含在板子上排成一直線的 5 根針，以及規律排列的 20 個字母；只要將電力充入一對導線，就會有 2 根針發生偏斜，並指向其中的一個字母。

庫克和惠斯登的發明是最先商業化的電報系統，幾年後，摩斯才因獲得聯邦政府三萬美元的資助，而實驗性地開始建造電報線，連接華盛頓特區和馬里蘭州的巴爾的摩，並於 1844 年 5 月 24 日成功地在兩個城市間發送了他的著名電報：「看見上帝的傑作了嗎？（What hath God wrought?）」

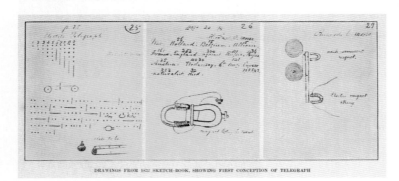

DRAWINGS FROM 1832 SKETCH-BOOK, SHOWING FIRST CONCEPTION OF TELEGRAPH

摩斯畫在素描簿內的設計圖，從中可看出他對電報的最初構想。

參照條目 透過電磁電報發送的首則垃圾廣告（西元1864年）。

勒芙蕾絲的計算機程式
Ada Lovelace Writes a Computer Program

愛達・勒芙蕾絲（**Ada Lovelace**，西元 1815 － 1852 年）

邏輯清晰、科學至上的母親配上生性奔放、詩性過人的父親，會生出怎樣的孩子呢？答案就是勒芙蕾絲伯爵夫人奧古斯塔・愛達・金－諾爾（Augusta Ada King-Noel），較常見的稱呼為愛達・勒芙蕾絲。這位生於工業時代的英國伯爵夫人善用她不凡的背景和家世，與巴貝奇一同打造出以蒸汽驅動的差分機，推動了當代尖端技術的發展。

勒芙蕾絲的母親是安娜・伊莎貝拉・米爾班奇女爵（Lady Anne Isabella Milbanke Byron），父親則是著名的花心詩人拜倫勳爵（Lord Byron）。勒芙蕾絲才出生五週，安娜就將拜倫踢出了家門，不讓她有機會認識父親，也因為決心要將他遺留在女兒生命中的痕跡剷除得一乾二淨，所以要她接受嚴格的數學與科學教育。正因如此，勒芙蕾絲的生活中充滿私人家教，其中的蘇格蘭科學作家瑪麗・薩默維爾（Mary Somerville）正是在某次晚宴上將她引薦給巴貝奇的介紹人。

巴貝奇在那場晚宴上介紹他的小型差分機原型後，勒芙蕾絲很感興趣，也想知道運作細節，於是兩人首次相談，更開啟了一連串的討論，最後巴貝奇還向勒芙蕾絲展示了他後續設計的分析機藍圖。勒芙蕾絲因為深具好奇心與創意，數學知識又相當成熟，因此受託翻譯義大利政治家路易吉・梅納布雷亞（Luigi Menabrea）在參加巴貝奇以分析機為主題進行的演講後，以法文（當時科學界的主要語言）寫成的筆記，並加上她自己的附註和想法。後來，她更在 1843 年將這些內容發表於早期的科學期刊《科學實錄》（*Scientific Memoirs*）。

那篇論文涵蓋了勒芙蕾絲的演算法，以及她用以讓分析機運算白努利數（Bernoulli numbers）的詳細指令，一般認為是人類史上最早出版的計算機程式。

為了紀念勒芙蕾絲的天賦以及對電腦科學的影響，美國國防部在 1979 年以她的名字替程式語言「愛達」（Ada）命名。

阿爾弗雷德・愛德華・夏隆（Alfred Edward Chalon）於 1840 年前後替勒芙蕾絲繪製的水彩肖像。勒芙蕾絲是在與巴貝奇合作進行分析機計畫時，設計出世上的第一個計算機程式。

參照條目	提花梭織機（西元1801年）。

傳真機專利 Fax Machine Patented

亞歷山大・貝恩（**Alexander Bain**，西元 **1811 － 1877** 年）
喬凡尼・卡斯李（**Giovanni Caselli**，西元 **1815 － 1891** 年）

在電話和收音機出現前，傳真機就已存在，但不是 1990 年代透過一般電話線傳輸資訊的那種，而是帶有兩個同步移動的擺錘，且二者由電線連接的版本。

蘇格蘭製錶師貝恩對電力與發明都很有興趣。他在 1843 年製作出「印字電報」（electric printing telegraph），將一對運動週期精準的擺錘分別設置成掃描機和遠端印表機，讓其中一個擺錘所掃描的訊息由另一個擺錘印出。

掃描用的擺錘上帶有臂狀裝置，此部件前後移動時，會掃過底下置有金屬印刷凸字的金屬盤。機臂每掃動一趟，金屬盤就會朝垂直方向移動一次，所以擺錘會掃描到字母板上相互平行的水平區域。機臂上的小接觸面只要擦過字母的任一部分，就會使電路完整，電流因而能進入導線，流向遠端系統。在此系統中，同步運動的第二個擺錘會將水平區域印製到經化學處理的紙上，電流一旦通過，擺錘下方的紙就會變色。*

貝恩的系統雖能運作，但他與惠斯登及摩斯發生爭執，最後於 1877 年貧困地過世。

義大利發明家卡斯李改良了貝恩的基本想法，製作出較為小巧的裝置，名為**傳真電報**（pantelegraph），可透過線路傳輸以絕緣墨水寫在金屬盤上的訊息。這種電報從 1865 年開始用於巴黎和里昂間的商業活動，目的多半是為了驗證金融說明文件上的簽名。

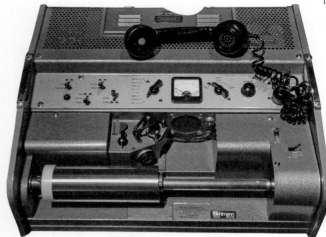

科學家發現「硒」（selenium）是光導體後，認為此元素的電阻會隨光改變的性質可用於傳送攝影圖像，並在 1907 年實際利用硒將通緝海報從巴黎傳送至倫敦，協助當局逮捕了珠寶大盜；不久後，透過電報傳送的相片就經常性地印在報上；到了 1920 年，巴特蘭電纜圖像傳輸系統（Bartlane cable picture transmission system）已能定期從倫敦將數位化的報紙照片傳至紐約，每張所需的傳送時間為三小時。

貝恩以「印字電報」為往後的傳真機打下了基礎，亞歷山大・慕爾黑德（Alexander Murihead）於 1960 年所製作的版本就是一例。

* 譯注：原文有誤，有鑑於本段開頭的第一句，第二個擺錘應是用於印刷，而非掃描。

參照條目 首幅數位影像（西元1957年）。

西元 1843 年

愛倫坡的《金甲蟲》
Edgar Allan Poe's "The Gold-Bug"

亞埃德加‧愛倫坡（**Edgar Allan Poe**，西元 **1809 － 1849** 年）

使加密式寫作與密文在 19 世紀普及於美國大眾的，不是密碼學上的什麼驚人突破，也不是哪個令人大開眼界的數學魔法表演，而是恐怖大師愛倫坡以傳統方法訴說的故事。

愛倫坡熱愛謎題與密文，所以無論是當雜誌編輯還是文學作家時，都不遺餘力地撰寫關於這兩個主題的內容，其中最著名的是短篇故事〈金甲蟲〉（*The Gold-Bug*）。篇中的主角威廉‧勒格朗（William Legrand）被金色甲蟲咬到後，就認定那隻蟲一定極為重要，能幫助他重新致富，於是和夥伴展開了尋寶冒險之旅。不過寶藏牽涉到暗號和隱形墨水，而且一行人還得把金甲蟲丟入骷顱頭的左眼，才能完整地解開寶藏之謎。

這個故事在當時大受歡迎，不但啟發羅伯特‧路易斯‧史蒂文森（Robert Louis Stevenson）寫出《金銀島》（*Treasure Island*），也在威廉姆‧弗里德曼（William F. Friedman）年輕時激發了他的想像力，讓他透過自學成為密碼學家，不但在兩次世界大戰期間各訓練出一批密碼分析師，更於 1952 年成為美國國家安全局（National Security Agency，簡稱 NSA）史上的第一位首席密碼學家。

愛倫坡在 1841 年致弗雷德里克‧威廉‧湯瑪斯（Frederick W. Thomas）的信中曾寫道，「不論是什麼密文，只要字跡看得懂，而且時間充足，我都能解開。」另外，愛倫坡在擔任《葛拉翰》雜誌（*Graham's Magazine*）的編輯時，也曾寫過一篇名為〈加密式寫作入門〉（*A Few Words on Secret Writing*）的文章，向讀者宣布，只要有人能提出他解不開的密文，他就免費贈送訂閱。最後，他聲稱自己共解開了 100 道密碼，並在雜誌中公布了由「W. B. 泰勒」所投書的其中兩道，以示結束比賽，不過許多人都認為這位泰勒先生其實就是愛倫坡本人。

愛倫坡在社論及文學作品中所使用的密碼與謎題，其實象徵著當時普通老百姓所面臨的實際挑戰，畢竟在那個年代，可安全傳遞私密訊息的選項並不多，而且這個問題在使用新發明的電報來傳送敏感資訊時更是嚴重，因為在電報的運作機制中，透過纜線收發的訊息須經過多手處理，先是得鍵入系統，並進行轉錄，最後才能實際傳輸並送達目的地。

美國作家愛倫坡的銀版相片，攝於 1849 年。愛倫坡是使密文及加密式寫作普及於 19 世紀的幕後推手。

參照條目　129位RSA加密訊息重見天日（西元1994年）。

湯瑪斯計算器
Thomas Arithmometer

哥特佛萊德・威廉・萊布尼茲（**Gottfried Wilhelm Leibniz**，西元 1646 － 1716 年）
查爾斯・賽維爾・湯瑪斯（**Charles Xavier Thomas de Colmar**，西元 1785 － 1870 年）

　　德國哲學家暨數學家萊布尼茲於 1672 年在巴黎看到計步器（pedometer）後，對機械運算產生了興趣，因而發明出一種新的裝置，是帶有十個刻度的圓盤，可透過把手精確地轉到 0 與 9 之間的各個數字；裝設多個這種刻度盤的機器，就是所謂的**步進計算器**（stepped reckoner）。步進計算器的設計目的，在於透過重複加減來實現乘除運算，但因為無法自動進位，所以並不好用。舉例來說，即使只是將 1 和 999 相加，也沒辦法僅透過一次運算就得到 1,000 這個結果；更糟的是，計算器在設計上有缺陷，就像程式漏洞一樣，會阻礙功能運作，所以萊布尼茲只做了兩台。

　　超過 135 年後，原先在法國軍隊監督軍需品供應狀況的湯瑪斯決定改行開保險公司，卻因必須手動執行運算而相當挫折，於是設計了一台機器來處理數學計算。湯瑪斯採用了萊布尼茲計算器的圓盤（現稱**萊布尼茲輪**，英文為 Leibniz wheel），但加入了齒輪與滑動式把手，讓機器能對高達三位數的數字進行加減乘除，且結果可靠。湯瑪斯為這項發明申請了專利，但跟他合開保險公司的生意夥伴並沒有興趣商業化販賣。

　　不過 20 年後，湯瑪斯再度關注起他的計算器，帶到 1844 年的法國全國性展覽中展示後，又於 1849 及 1851 年提交參賽；到了 1851 年，他已簡化了機器的運作方式並擴增了性能，在新版本中，設定數字的滑柄共有六根，用於顯示結果的刻度盤則有十個。當時，製造業已經過 30 年的技術發展，讓湯瑪斯得以將計算器量產；他過世時，公司已賣出 1,000 多台機器，而且是史上第一台真正能用於工作場合的計算器，所以湯瑪斯的發明才能也因而獲得認可。湯瑪斯計算器的寬度約為 7 英寸（18 公分），高度則為 6 英寸（15 公分）。

湯瑪斯計算器可將兩個六位數的十進位數字相乘，得出 12 位數的結果，也能執行除法運算。

參照條目 科塔計算機（西元1948年）。

西元 1854 年

布林代數
Boolean Algebra

喬治・布爾（**George Boole**，西元 1815 － 1864 年）
克勞德・艾爾伍德・夏農（**Claude E. Shannon**，西元 1916 － 2001 年）

布爾出生於英國林肯郡的製鞋之家，由家庭教師教會了拉丁文、數學和科學，但後來家道中落，16 歲時就不得不當起老師，支撐家中經濟，結果就這麼教了一輩子的書。在 1838 年，一輩子數學論文產量豐富的他寫出了其中的第一篇，到了 1849 年，更受聘為愛爾蘭科克（Cork）女王大學（Queen's College）的首位數學教授。

布爾在現代最廣為人知的，是他針對邏輯命題發展出的數學式描述與推理，也就是我們現在所說的**布林邏輯**（Boolean logic）。他在 1847 年的專題論文〈邏輯的數學分析〉（*The Mathematical Analysis of Logic*）中首次提出相關概念，並於 1854 年的另一篇論文〈思維規律的研究〉（*An Investigation into the Laws of Thought*）中將這些觀點論述得更加精彩。

在上述的兩篇專題論文中，布爾針對符號式推理，提供了一套一般性規則，現在稱為「布林代數」。他所建立的標記法可用於推理對錯，也有助於在對複雜的邏輯系統進行推理時，釐清對錯觀念之間的關係；此外，他也確立了「與」（AND）、「或」（OR）、「非」（NOT）等數學概念。二進制數字的所有邏輯運算都可衍生自這三種關係，所以在現今的許多程式語言中，這種數字都稱為**布林數**（Boolean）或**布爾數**（Bool），為的就是要紀念他的貢獻。

布爾 49 歲死於肺炎後，研究便由其他邏輯學家代為繼續進行，卻始終沒能在科學界獲得廣大關注，一直到 1936 那年，正在 MIT 攻讀碩士的夏農才發現，他在密西根大學（University of Michigan）的大學部哲學課所學到的布林代數，可用來描述利用繼電器建置而成的電路。這項發現證明，即使僅使用符號，也能對複雜的繼電器電路進行描述與推理，而不一定得反覆實驗，可說是一項重大突破。夏農將布林代數用於繼電器後，科學家不必先建置電路，就能從圖表中發現錯誤，也能以功能相同但元件較少的繼電器系統，來取代許多複雜的機制。

依據布爾的「思想法則」（laws of thought，現稱布林代數）進行分析的電路圖。這些法則可用於分析複雜的電話交換系統。

參照條目　二進位算術（西元1703年）；曼徹斯特大學SSEM（西元1948年）。

透過電磁電報發送的首則垃圾廣告
First Electromagnetic Spam Message

　　庫克和惠斯登的電磁電報（electromagnetic telegraph）在 1837 年開始用於商業性服務後不久，就席捲英國，到了 1868 年，全英已有超過 10,000 英里的電報線，連接 1,300 個收發站，四年後，數量更成長為 5,179 個收發站及 87,000 多英里的纜線。

　　根據歷史學家馬修・史維特（Matthew Sweet）的說法，由於電報能輕易又快速地觸及大批群眾，所以全球第一封透過此方法來傳遞的垃圾廣告，就在 1864 年 5 月 29 日的傍晚，從倫敦送出了。發送這則廣告的是麥瑟斯・蓋布爾（Messrs. Gabriel）公司，由一群未登記執業的牙醫師所組成，專賣各種假牙、口香糖、牙膏和潔牙粉。

　　這則廣告的發送對象是當時已退任及任職中的國會議員，內容如下：

麥瑟斯・蓋布爾公司，卡文迪什廣場哈里街。從現在到十月，麥瑟斯・蓋布爾牙醫會在哈里街 27 號提供專業服務，營業時間從早上 10 點到傍晚 5 點。

　　在 1864 年時，私人住家並沒有電報，所以收發員看到這則訊息出現在庫克－惠斯登電報機擺動的針下後，便進行轉錄，然後交給倫敦區域電報公司（London District Telegraph Company）派出的送信童。最後，廣告來到一名國會議員手中。

　　那位議員相當生氣，因此投書當地報紙。他向編輯寫道：「我跟麥瑟斯・蓋布爾從沒有過任何往來，他們憑什麼送電報廣告來打擾我？不過我想，只要你願意說句話，這種令人忍無可忍的行徑應該就不會再出現了。」

　　但最後讓廣告終止的不是羞恥心，而是高昂的費用。電報傳訊的花費很高，所以這種宣傳方式可不便宜。後來電子郵件於 1978 年首度用於大量寄發垃圾廣告，傳訊成本才大幅降低。

TO THE EDITOR OF THE TIMES.

Sir,—On my arrival home late yesterday evening a "telegram," by "London District Telegraph," addressed in full to me, was put into my hands. It was as follows:—
"Messrs. Gabriel, dentists, 27, Harley-street, Cavendish-square. Until October Messrs. Gabriel's professional attendance at 27, Harley-street, will be 10 till 5."
I have never had any dealings with Messrs. Gabriel, and beg to ask by what right do they disturb me by a telegram which is evidently simply the medium of advertisement? A word from you would, I feel sure, put a stop to this intolerable nuisance. I enclose the telegram, and am,
　　　　　　　　　　Your faithful servant,
Upper Grosvenor-street, May 30.　　　　　M. P.

在 1864 年 5 月 29 日，由未登記註冊的牙醫師所組成的麥瑟斯・蓋布爾透過電報，發送了史上最早的垃圾廣告給英國國會議員，其中一名議員因而投書報紙抱怨。

參照條目　首則網路垃圾郵件（西元1978年）。

西元 1874 年

博多編碼 Baudot Code

埃米爾・博多（**Jean-Maurice-Émile Baudot**，西元 1845 － 1903 年）
唐納・莫瑞（**Donald Murray**，西元 1865 － 1945 年）

　　早期的電報有賴收發員將發訊方的訊息編碼、傳送，訊息送達獲悉後，也得解碼並轉錄成紙本形式。由於是以人工方式操作，訊息的傳遞速度受限，而且具備必要技能的收發員也並不那麼好找。

　　對此，法國科學家博多發展了一套改善方法。身為訓練有素的電報收發員，他設計出帶有特殊鍵盤的系統，上頭的五個鍵可用於傳送所有字母，左手控制兩個，右手則負責三個，在一次只按一鍵或多鍵合按的情況下，共可能產生 31 種不同組合。博多為每個字母都指派了一種按法（編碼），收發員如要發送訊息，必須在機器發出喀嚓聲（每秒約四次）時，依序輸入字母編碼；喀嚓聲每次響起，博多稱為**分配器**（distributor）的轉動式部件都會依序讀取按鍵的位置，如果偵測到按鍵下壓，就會將對應的脈衝傳入電報線，而另一端的遠端印表機則會進行解碼，將字母印在紙帶上。

　　博多將許多重要發明融合成可實際運作的單一系統，是這種做法的先驅之一。他於 1874 年取得發明專利，1875 年開始將機器賣給法國電報管理局（French Telegraph Administration），並於 1878 年的巴黎萬國博覽會（Paris Exposition Universelle）獲得金獎。博多編碼（Baudot code）後來成為國際電報字母表 1 號（International Telegraph Alphabet No. 1，簡稱 ITA1），是最早的國際通訊標準之一；資料傳送速度單位「鮑率」（Baud，每秒的訊號變化次數）也是為了紀念他的貢獻，而以他命名。

　　到了 1897 年，博多式電報機更結合了打孔紙條，鍵盤則與電報線分離，改連至可在紙條上打洞的新裝置。由於每個洞都對應一個鍵，且紙條一旦穿孔後就會送入讀取器，所以訊息傳入纜線的速度比仰賴人類打字時快。到了 1901 年，發明家莫瑞以打字機的鍵盤為基礎，製作出易用的穿孔裝置；另外，他也修改了博多的編碼，完成後的結果稱為「博多－莫瑞編碼」（Baudot-Murray code，ITA2），使用了 50 多年。

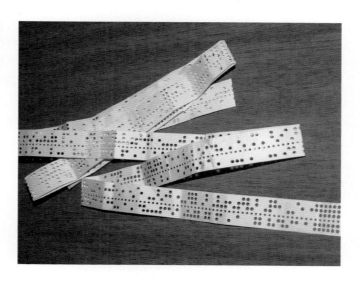

按五層式博多編碼穿洞的紙條。大洞對應的是五個按鍵，而齒狀的轉動式拖曳輪則可穿入小洞，拉動紙條，使之穿過機器。

參照條目 美國資訊交換標準碼（西元1963年）；萬國碼（西元1992年）。

半導體二極管
Semiconductor Diode

麥可・法拉第（**Michael Faraday**，西元 1791 － 1867 年）
卡爾・費迪南德・布勞恩（**Karl Ferdinand Braun**，西元 1850 － 1918 年）

　　半導體是種奇妙的物質，和紅銅與金銀等導體不完全一樣，卻也不像塑膠和橡膠般絕緣。在 1833 年，法拉第發現硫化銀加熱後導電性會增強，與金屬一旦加熱就會失去導電能力的情況相反；另一方面，24 歲的德國物理學家布勞恩則發現金屬硫化物晶體碰觸到金屬探測針時，只會朝「單一方向」傳導電流，這樣的屬性，正是**二極管**（diode）和**整流器**（rectifier，二者為最簡單的電子元件）的定義性特徵。

　　收音機發明前，眾人一直對布勞恩的發現感到懷疑，但後來事實證明，如果沒有二極管，無線電報也就無法進化為可用於傳送、接收人聲的收音機。早期收音機的理想二極管材質為方鉛礦晶體，是鉛硫化物的一種，因為會與外型如貓鬚的金屬彈簧碰觸，所以常稱為**貓鬚二極管**（cat's whisker diode）。收發員得小心控制金屬和晶體間的壓力和相對位置，以調整半導體的電子屬性，藉此將無線收訊提升至最佳狀態。這種礦石收音機（crystal radio）的電力完全來自無線電波本身，強度只夠在耳機內製造微弱的聲音。

　　礦石收音機先是用於船上，接著也進入家庭，但後來新型收音機取而代之，以真空管放大原先微弱的無線電波，讓波動變強到能傳出喇叭，以聲音或音樂填滿整個空間。不過真空管的出現並不代表礦石收音機完全消失，對於二戰前線士兵和電子學學生等無法取得真空管的族群，此裝置還是廣受歡迎。到了 1940 年代，貝爾實驗室的科學家為了提升微波通訊品質，而再次關注起半導體收音機，並在過程中發現了電晶體。

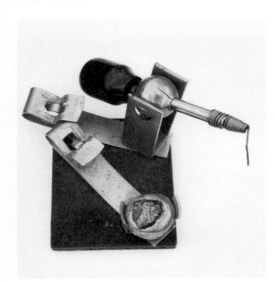

　　布勞恩後來仍持續有所貢獻，打下了物理學和電子學的數項基礎。他在 1897 年發明陰極射線管（cathode-ray tube），為電視的發明奠基，並於 1909 年和古列爾莫・馬可尼（Guglielmo Marconi）共同獲得諾貝爾獎，獲獎原因是「兩人對無線電報發展的貢獻」。

費爾摩製造公司（Philmore Manufacturing Company）出品的晶體探測器。使用時，操作員必須將電線連接到裝置上的兩塊凸緣，然後將金屬「貓鬚」按入半導體晶體。

參照
條目　矽電晶體（西元1947年）。

西元 1890 年

美國人口普查資料製表
Tabulating the US Census

赫爾曼‧何樂禮（**Herman Hollerith**，西元 1860 － 1929 年）

美國憲法批准生效後，根據規定，政府每十年都必須針對聯邦內的所有自由個體數量，進行一次「實際計算」，但由於國內人口增加，計數工作所需的時間也越來越長。在 1880 年的普查中，人口數量為 50,189,209，由 31,382 人合力才完成計數，製表工作耗時八年，製成的出版報告則長達 21,458 頁，因此美國普查局（US Census Bureau）於 1888 年舉辦比賽，希望能有人能提出較好的資料處理與製表方式。

美國發明家何樂禮在 1880 年的普查前曾短暫任職於普查局，1882 年則到 MIT 教授機械工程，並開始測試機械製表系統。他早期的系統是在長紙捲上打洞來做為資料代號，但後來他到美國西部進行公路之旅，在途中觀察到列車長會在票上打洞，記錄髮色和眼珠顏色等特徵，避免乘客和他人共用票券。這樣的發現讓他立即決定改用卡片。

何樂禮的系統比另外兩名參賽者的快上許多，於是贏得了 1888 年的比賽，也在 1889 年 1 月 8 日獲頒美國專利，內容是於 1884 年 9 月 23 日申請的「統計資料編纂方法、系統及設備」（methods, system and apparatus for compiling statistics）。

何樂禮的系統中有一張微彎的紙卡，長寬分別為 7.375 和 3.25 英寸（187 和 83 公釐），由操作員負責用一種叫**縮放打孔機**（Pantographic Card Punch）的裝置在卡上打洞；特定位置的洞分別代表人口的性別、婚姻狀態、種族、是否擁有農地與房產、在這兩方面的債務狀況，以及其他資訊；至於製表的部分，則是讓卡片通過設有微型開關的讀卡機，以偵測孔洞，並透過電機迴路將資料實際製成表格。

女性操作員正在使用何樂禮的縮放打孔機，於特定位置打洞來代表性別、婚姻狀態和其他資訊。此照片取自 1940 年的美國人口普查作業。

參照條目　提花梭織機（西元1801年）；ENIAC（西元1943年）。

斯特羅格步進式交換機
Strowger Step-by-Step Switch

阿爾蒙‧布朗‧斯特羅格（**Almon Brown Strowger**，西元 **1839** － **1902** 年）

　　貝爾電話公司（Bell Telephone Company）成立於 1877 年 7 月，到了 1880 年代已迅速擴張，當時，連接電話兩端，使通話能順利進行的總機，是由接線員手動操作。

　　早期的電話系統並沒有轉盤或按鈕，只有連接至極小發電機的曲柄。拿起話筒並轉動曲柄後，電力就會流入電話線，接線員也會收到訊號。

　　斯特羅格原先在密蘇里州的堪薩斯城從事殯葬業，卻注意到電話逐漸普及後，生意不如從前，後來發現是因為某個競爭對手的太太是接線員，所以只要有人打電話找他的殯葬公司，她就會故意將電話轉給丈夫。斯特羅格從這個事件中獲得動力，因而發明了步進式交換機（Strowger step-by-step switch），也就是會根據傳入電話線的電脈序列，以一對多的方式在電話間製造完整電路的電機裝置。斯特羅格希望眾人可以利用一對按鈕自行輸入代碼，而不必仰賴接線員幫忙。

　　斯特羅格與姪子合作製作出實際可用的系統，也獲取了專利。雖然不少發明家曾試驗過不需接線員的電話系統，也提出了數千項專利申請，但根據《貝爾實驗室紀錄》（*Bell Laboratories Record*）1953 年的一篇文章，只有斯特羅格的系統「具備合理的運作精準度」（worked with reasonable accuracy）。

　　在 1891 年，斯特羅格和家人及其他發明家一同成立了斯特羅格自動電話總機公司（Strowger Automatic Telephone Exchange Company）。當時，印第安納州的拉波特（La Porte）因當地獨立電話業者和貝爾電話系統（Bell Telephone System）間的專利爭端，而沒有電話系統可用，於是斯特羅格帶著團隊前往該地，於 1892 年建置了世上第一部帶有直接撥號功能（至少適用於當地通話）的自動電話總機。

　　斯特羅格的交換機之所以稱做「步進式」，是因為在通話時，一次只能撥一個號碼。步進式交換機在美國使用甚久，最後一台到 1999 年才被 #5ESS 電腦式本地總機所取代。

西部電子（Western Electric）公司 7A 旋轉制 7001 號尋線機的摩擦傳動。右側的斜齒狀齒輪轉動穩定，執行步進程序時不需使用電磁鐵。

參照條目 數位遠距離（西元1962年）。

西元 1914 年

浮點數 Floating-Point Numbers

萊昂納多·托里斯·克維多（**Leonardo Torres y Quevedo**，西元 1852 － 1936 年）
威廉·卡韓（**William Kahan**，西元 1933 年生）

　　西班牙工程師暨數學家克維多喜歡製作實用的機器。他於 1906 年向西班牙國王展示以無線電控制的模型船，也設計了第一次世界大戰中使用的半硬式飛船（semirigid airship）。

　　克維多也很喜歡巴貝奇的差分機與分析機，因此於 1913 年發表了《自動學論文集》（*Essays in Automatics*）來探討巴貝奇的發明，並說明怎樣的設計能讓機器在變數值皆已知的情況下，計算 $a(y － z)^2$ 的值；為了使機器能處理更大範圍的數字，克維多發明了浮點數算術（floating-point arithmetic）。

　　浮點數算術是透過降低精確度的方式，來擴大數值計算的範圍。使用浮點數的電腦不會將數字中的所有位數全部存下，只會儲存幾個重要位數（稱為**有效數**，英文為 significand），以及長度較短的指數，因此，實際數值會以「有效數 × 底數^{指數}」的形式來計算。

　　舉例來說，美國 2016 年的國內生產總值（gross domestic product，簡稱 GDP）是 18.57 兆美元，如要以定點數的形式儲存，需要 14 位數，但若改採浮點數，則只需六位數的 1.857×10^{13} 即可。

　　因此，在現代計算機中有時又稱為**科學記號**（scientific notation）的浮點數發明後，數字可改寫為八位數的有效數和兩位數的指數，如此一來，原本可儲存數字受限於 1 到 9,999,999,999 的十位數暫存器（可儲存數字的機械或電子暫存器）即可儲存小至 $0.0000001 \times 10^{-99}$、大至 9.9999999×10^{99} 的數字。

　　現代浮點數系統是採二進，而非十進制。根據加拿大數學家卡韓為 Intel 8086 微處理器（Intel 8086 microprocessor）開發、並於 1985 年獲電機電子工程師學會（Institute of Electrical and Electronics Engineers，簡稱 IEEE754）採用的標準，單精度浮點數的有效數及指數分別是 24 位元及 8 位元。

　　卡韓也因為開發出這項標準，而在 1898 年獲頒全球電腦協會（Association for Computing Machinery，簡稱 ACM）的圖靈獎（A.M. Turing Award）。

克維多的肖像，由阿根廷漫畫家暨插畫家優羅迦·默爾（Eulogia Merle）繪製。

 參照條目 二進位算術（西元1703年）；Z3計算機（西元1941年）；二進碼十位數（西元1944年）。

維爾南密碼
Vernam Cipher

吉爾伯特・維爾南（Gilbert Vernam，西元 1890 － 1960 年）
約瑟夫・馬伯格（Joseph Mauborgne，西元 1881 － 1971 年）

　　互從**實際運算**的角度來看，多數加密演算法都很**安全**。雖然理論上只要把可能的加密金鑰全部試過一輪，就能破解密文，但由於試用所有金鑰會消耗太多運算資源，所以實作上並不可行。

　　不過 100 多年前，維爾南和馬伯格發展出一套連**在理論上也絕對安全**的加密系統：即使擁有無限運算資源，也不論電腦變得多快，都不可能破解以維爾南密碼加密的訊息。

　　維爾南密碼現在稱為**一次性密碼本**（one-time pad），之所以不可能破解，是因為一旦試圖以錯誤的金鑰解密，就會得到似是而非，無法判斷真偽的訊息。由於金鑰的長度和訊息相同，因此解密後可能產生各式各樣的文本，**內容完全不受限制**。換句話說，即使隨便取一則密文來解密，都必有特定金鑰能產生聖經片段、莎士比亞作品，甚至是本頁的內容。理論上而言，只要使人無法辨別解密結果是否正確，密文就不會遭到破解。

　　維爾南 1917 年任職於美國電話與電報公司（American Telephone and Telegraph Company，現在的 AT&T）時，發明了串流加密法，將訊息與金鑰中的每個字母相互配對，一次只加密一個字母。一開始，維爾南認為金鑰本身可以是另一則不同的訊息，但隔年與美國陸軍通訊兵團（US Army Signal Corps）的上尉馬伯格合作時，發現金鑰必須是任意字串，且不能重複，才能大幅提升安全性，畢竟金鑰如果也是訊息，就可以推測哪個金鑰比較可能是正確版本；但如果徹底使用隨機內容，所有金鑰的正確機率就會相等。兩人一起發明出的機制現稱一次性密碼本，是全球唯二已經實證無法破解的加密系統之一，另一種則是量子密碼。

　　不過後人發現，一位名叫法蘭克・米勒（Frank Miller）的銀行家在 1882 年就已建立了一次性密碼本的概念，但他的紙筆式系統並未普及地受到使用。

與 SIGTOT 加密系統搭配、用於羅斯福總統專機道格拉斯 C-54（Douglas C-54）的一次性密碼本裝置。

參照條目 曼徹斯特大學SSEM（西元1948年）；RSA加密演算法（西元1977年）；進階加密標準（西元2001年）。

羅梭的萬能工人
Rossum's Universal Robots

卡雷爾‧恰佩克（**Karel Čapek**，西元 1890 － 1938 年）

　　「Robot」（機器人）這個字是捷克劇作家恰佩克於 1920 年創作他大受歡迎的科幻劇《羅梭的萬能工人》（*Rossum's Universal Robots*，簡稱 R. U. R.）時，以捷克文單字 robota（意思是「強迫勞動」）為基礎而發明，現今已廣泛用於眾多語言，意指機械生物。劇中虛擬的「羅梭公司」（Rossum Corporation）發展出一種名為「robot」的便宜生物性類人機器，並從某個島上的祕密工廠送往全球各地。雖然機器人一開始在某些國家只能擔任士兵，但終究幾乎為全世界所接受，因而開始承接各種工作。

　　許多出現在《R. U. R.》中的比喻後來都常見於機器人文學，像是企圖解放機器人的地下組織，以零散部件重製而成的智慧型機器人，生命短、感受不到痛苦，也沒有情緒，另外還有形象討喜，但道德觀念令人質疑的科學家。劇中的機器人一開始相當昂貴，但價格一路從 1 萬掉到 150 美元，以現今的幣值而言，就是從 13 萬變成 2 千美元。在恰佩克營造的世界裡，戰爭只存在於回憶，人類生育率極低，生活變化不大，且對未來的展望似乎都相當美好。這齣劇的第一幕主要在講述機器人有多棒，但也提出了一個哲學性問題：人類如果不必工作，存在的意義又是什麼？

　　於是，機器人決定把地球上的人類全部殺光。

　　現在記得《R. U. R.》的人雖已不多，但這齣劇當時很受歡迎，曾在布拉格、倫敦、紐約、芝加哥和洛杉磯演出，以撒‧艾西莫夫（Isaac Asimov）之所以會寫下「機器人三大法則」（Three Laws of Robotics），就是希望能避免恰佩克預示的未來成真。雖然機器人是奠基於運算技術與相關機制，而不具恰佩克所言的生物性，但他在劇中呈現的世界仍極具震撼力——人類創造出機械幫手後，同時也面臨人性質變，最後全部滅絕——這樣的可能性至今仍令人膽寒。

聯邦劇場計畫（Federal Theatre Project）於 1936 至 1939 年在捷克國立木偶戲劇院（Marionette Theatre）上演《R. U. R.》的海報。

參照條目　大都會（西元1927年）；艾西莫夫的機器人三大法則（西元1942年）；星際爭霸戰首映（西元1966年）；波士頓動力公司（西元1992年）。

大都會
Metropolis

弗里茨 · 朗（**Fritz Lang**，西元 **1890 － 1976** 年）

　　早在 1927 年，德國導演朗就已在想像 2026 年的生活會是什麼樣貌，並拍出了許多人認為影響力極為深遠的科幻黑白默劇《大都會》（*Metropolis*）。在這部電影中，城市場景強烈凸顯科技使用，朗採取了反烏托邦的視角，描繪受打壓的工人在地底下辛苦操作機器，反覆執行無需腦力的工作，維繫城市運行；反觀地面上的城市上流男女則過著放縱的生活，彷彿置身天堂。後來，《銀翼殺手》（*Blade Runner*）等多部電影都曾以不同方式，呈現朗當年那個以科技驅動的世界。

　　《大都會》的女主角是一位女性機器人，她誕生的唯一目的，就是為了充當市長已逝的太太。劇中的瘋狂科學家為了將這位名叫瑪利亞的保母變成機器人，在改造程序中使用了大量電力與未來科技。

　　人類長久以來都在探索先進科技應如何融入大眾生活，又會帶來怎樣的影響，《大都會》中的機器人情節正反映了我們對於此議題的著迷，不過這部電影的特別之處，在於當中的機器人是女性。在

那個年代，小說和大眾文化中的機器人通常都是男性或沒有性別，但《大都會》中的機器人既叫做瑪利亞，又充當市長的太太，所以明顯是女性。在文化層面上，瑪利亞影響了無數女性角色，以及女性形象的呈現，舉例來說，碧昂絲在某次世界巡演的〈甜蜜夢境〉（*Sweet Dreams*）過場音樂影片中打扮得像機器人，而她身上的那套服裝正是刻意要強烈呼應「瑪利亞」這個角色。

　　在 2006 年，卡內基美隆大學（Carnegie Mellon University，簡稱 CMU）將瑪利亞納入了機器人名人堂（Robot Hall of Fame），並在網站上註明瑪利亞是「早期科幻電影中最有力的角色，而且在科學界與科幻作品中，也一直是創作女性機器人意象時的靈感來源。」

德國導演朗 1927 年的作品《大都會》於 1984 年重新上映時的海報。

參照條目 羅梭的萬能工人（西元 1920 年）。

LED 問世
First LED

奧列・弗拉基・洛謝夫（**Oleg Vladimirovich Losev**，西元 1903 － 1942 年）

　　雖然英國在 1907 年就已發現某些晶體的電場發光（electroluminescent）性質，但要到十多年後，自學的俄國科學家洛謝夫才根據愛因斯坦的光電學說（photoelectric theory），發展出關於電場發光效應的理論，並開始製造可實際應用的裝置。在 1924 到 1930 年間，他總共發表了 16 篇學術論文，這些文章刊登於俄羅斯、英國和德國的科學期刊，內容完整描述了他當時正在製造的裝置；後來，他也進一步研發發光二極體（Light-emitting diodes，以下簡稱 LED）和其他半導體的應用方式，用途包括「光繼電器」、無線電接收器和固態放大器。不過列寧格勒圍城戰（Siege of Leningrad）發生後，洛謝夫因而在 1942 年死於飢荒。

　　LED 技術於 1962 年再次受到美國四組不同研究人員的關注，而且不像洛謝夫先前研究時那樣沒有下文。和當時的白熾燈、螢光燈與數位管相比，LED 燈的耗能很低，而且幾乎不會發熱，但有三個缺點：只能發出紅光、亮度不夠，且十分昂貴，一開始每顆要價 200 美元。

　　到了 1968 年，製作技術的提升讓企業得以將 LED 燈的價格壓低至每顆 5 毛美金。由於價格大減，LED 燈開始用於計算機、手錶和實驗設備，當然也出現在電腦之中。事實上，1970 年代中期的第一代微電腦多半是以 LED 個人照明及七段數碼顯示器來做為輸出裝置，而且 LED 在早期就已能每秒開關數百萬次，所以也用於光纖通訊；到了 1980 年，紅外線 LED 則開始出現於電視遙控器。

　　至於藍光和紫外線 LED 雖發明於 1970 年代，卻是經過數度突破後，亮度才達到實際應用的標準。時至今日，科學家已克服相關挑戰，所以透過紫外線 LED 刺激白色磷光體的亮白色家用 LED 燈才得以大規模取代白熾和螢光燈泡。

LED 燈雖在 1927 年就已發明，但要到 80 年後，亮度和價格才終於達到可大規模取代白熾燈泡的標準。

參照條目 液晶螢幕問世（西元1965年）。

電子語音合成
Electronic Speech Synthesis

荷馬‧達德利（**Homer Dudley**，西元 1896 － 1980 年）

在 Siri、Alexa、Cortana 和其他合成語音可讀出電子郵件、告知使用者時間及提供開車導航前，科學家早已開始研究該如何讓人聲傳遞於電話系統時，占據較少頻寬。

在 1928 年，貝爾電話實驗室（Bell Telephone Labs）的工程師達德利發展出聲碼器，可用以將人聲壓縮成可辨識的電子傳輸資料，並在電話的另一端透過模仿的方式，從無到有地產生合成語音。聲碼器分析真實語音後，會以電子形式將之重組為原始波形的簡化版本；重製人類語音時，則必須用到振盪器的聲音、可製造嘶嘶聲的氣體放電管，以及其他元件。

到了 1939 年，改名後的貝爾實驗室於紐約世界博覽會發表了名為 **Voder**（Voice Operating Demonstrator）的語音操作展示器，由人類操作員透過一系列的按鍵與踏板，製造出嘶嘶聲、嗡嗡聲，以及各式音調、母音與子音，讓這些元素進而形成可辨識語音。

另一方面，聲碼器技術的發展走向則異於 Voder。由於歐戰在 1939 年已經爆發，所以貝爾實驗室和美國政府對於安全的聲音通訊途徑，都越來越有興趣。經過科學家的進一步研究後，聲碼器獲得改良，並於二戰時用做高機密安全傳聲系統 SIGSALY 的編碼元件。邱吉爾與羅斯福總統都曾透過此系統發表談話。

不過到了 1960 年代，聲碼器大為轉向，進入音樂與流行文化領域，至今仍持續用於製造各種音

效，如電子樂的旋律、機器人的說話聲音，以及傳統音樂中的失真效果。在 1961 年，國際商業機器股份有限公司（International Business Machines Corporation，以下簡稱 IBM）使用聲碼器扭曲〈雛菊鈴之歌〉（*Daisy Bell*）的聲調，造就世上第一台會唱歌的電腦，也就是 IBM 7094，而史丹利‧庫柏力克（Stanley Kubrick）七年後在《2001 太空漫遊》中讓哈兒電腦唱的，正是同一首歌；1995 年，2Pac、Dr. Dre 與羅傑‧特勞特曼（Roger Troutman）利用聲碼器在歌曲〈加州愛情〉（*California Love*）中製造失真人聲；而團體野獸男孩（Beastie Boys）也於 1998 年在歌曲〈星際之間〉（*Intergalactic*）中使用聲碼器處理歌聲。

貝爾實驗室於紐約世界博覽會展示的 Voder 語音操作展示器。

參照條目 《我們可能這麼想》（西元1945年）；哈兒電腦（西元1968年）。

西元 1931 年

微分分析器
Differential Analyzer

萬尼瓦爾‧布希（**Vannevar Bush**，西元 1890 － 1974 年）
哈洛德‧洛克‧赫森（**Harold Locke Hazen**，西元 1901 － 1980 年）

在人類複雜且瞬息萬變的世界中，微分方程能用於描述及預測各種現象，可預測的範圍涵蓋海上的波浪高度、人口成長、棒球可能會飛多遠，以及塑膠腐爛的速度等等。在這些數學之謎中，有些可以透過人工處理，但像是核爆模擬這種較為複雜的問題則太過繁瑣且會耗費太多人力，所以無法手動計算；如要克服這樣的限制，就必須使用機器來輔佐人類的認知機能。

微分分析器由布希與他的碩士學生赫森於 1928 至 1931 年間於 MIT 共同設計、建造，當中包含六個機械式積分器（mechanical integrator），可分析複雜的微分方程。布希之所以會設計這台裝置，其中一個原因在於他當時正在處理一項需要多重積分序列的微分方程；在他看來，建置機器來處理他遇到的方程組，似乎會比直接求解來得快。

微分分析器（differential analyzer）是類比計算機（analog computer）的一種，使用電子引擎來驅動各式的軸與齒輪，進而為連結 18 道旋轉軸的輪盤式積分器提供動力。隨著最初計畫的發展，數十台分析器也逐漸製成；這種機器促進了人類對地震學、電力網路、氣象學以及彈道計算的理解，可說是科學創舉。

不過分析器是機械裝置，所以製作上的不完美，或僅僅是零件磨損，都會使計算結果的精確度隨時間下降，此外，設置程序也很耗時，所以布希在 1938 年成為華盛頓特區卡內基技術學院（Carnegie Institution for Science）的院長後，便開始研究替代方案，也就是以真空管來建置的**洛克斐勒微分分析器**（Rockefeller differential analyzer）。此機器完成於 1942 年，含有 2,000 根真空管以及 150 顆引擎，是二戰期間重要的計算器。

布希與他的微分分析器，也就是以解微分方程為目的而設計的機械式計算機。

**參照
條目** 湯瑪斯計算器（西元1851年）。

邱奇－圖靈論題
Church-Turing Thesis

荷大衛・希爾伯特（David Hilbert，西元 1862 － 1943 年）
阿隆佐・邱奇（Alonzo Church，西元 1903 － 1995 年）
艾倫・圖靈（Alan Turing，西元 1912 － 1954 年）

在研究電腦相關理論時，科學家想解決的無非是關於電腦與運算本質的兩個問題：電腦可運算的內容在理論上是否有任何限制？實際情況又是如何？

在 1936 年，美國數學家邱奇和英國電腦科學家圖靈都接受了德國數學家希爾伯特八年前所提出的挑戰，對於上述問題各自發表答案。

希爾伯特的挑戰在德文中叫做 *Entscheidungsproblem*，意思是「可判定性」，確切問題如下：是否可能找到特定的數學程序（演算法），可用於判定世上所有數學命題的對錯；基本上，希爾伯特想問的問題就是：「定理證明」這項核心的數學作業，是否能以自動化的方式進行？

為了回答希爾伯特的問題，邱奇發展出可用於描述數學函式及數論的 **λ 演算**（Lambda calculus），證明上述的**可判定性考題**沒有一般性答案；換言之，科學家不可能找到一體適用的演算程序，來確認定理是否正確。邱奇記述相關研究的論文發表於 1936 年 4 月。

另一方面，圖靈的策略則極為不同，他先假設出一台虛構的簡單運算機器，並建立了一套數學定義，證明這台機器原則上可執行所有類型的運算與演算法，甚至可以模擬其他裝置的運作；但最後的

推論結果顯示，這樣的機器是幾乎可以應付所有運算沒錯，但人類無法確定運算最後究竟是真會完成，還是會無限延續，因此，**可判定性問題**並沒有解答。

圖靈在 1936 年 9 月開始於普林斯頓大學（Princeton University）與邱奇共同進行研究，兩人也因而發現他們採取的方法雖截然不同，在數學上卻其實等效。圖靈的論文於 1936 年 11 月出版，後來他也續留普林斯頓，並於 1938 年 6 月完成博士學業，指導教授正是邱奇。

圖靈雕像，所在地點為布萊切利園（Bletchley Park），也就是英國二戰期間的密碼破解作業中心。

參照條目 巨人計算機（西元1943年）；EDVAC報告書的第一份草案（西元1945年）；NP完備問題（西元1971年）。

Z3 計算機
Z3 Computer

康拉德‧楚澤（**Konrad Zuse**，西元 1910 － 1995 年）

在人類史上，Z3 是首台可編程的全自動數位計算機，會執行賽璐珞捲上打的洞所代表的程序，藉此對 22 位元的二進位浮點數進行加減乘除及求取平方根的運算（之所以使用二進制，是因為這樣處理數學運算比十進位來得有效率）；至於結果儲存方面，則有 64 個 22 位元字可用。Z3 計算機可將十進制的浮點數轉為二進位以利輸入，並將二進位浮點數轉回十進位以用於輸出。

德國發明家楚澤在 1935 年取得土木工程學位後，隨即在他父母位於柏林的家中開始建置他的第一台計算機 Z1，並於 1935 至 1938 年間完成。Z1 是機械式計算機，以打洞的賽璐珞膠片來做為控制機制，使用 22 位元的二進制浮點數，且支援布林邏輯，不過在 1943 年 12 月因同盟國空襲而損毀。

楚澤 1939 年受到徵召入伍後，於同一年開始製作 Z2 計算機。他將電話繼電器用於算術及控制邏輯，改善了 Z1 的設計。德國飛行研究中心（Deutsche Versuchsanstalt für Luftfahrt，簡稱 DVL）對 Z2 印象深刻，因此資助楚澤成立楚澤設備製造（Zuse Apparatebau，後改名為 Zuse KG）公司來建置機器。

到了 1941 年，楚澤進一步設計並製造出 Z3 計算機。Z3 和 Z1、Z2 一樣，都是透過打孔的賽璐珞捲來控制，但也支援迴路，因此可處理許多典型工程計算。

有鑑於 Z3 的成功，楚澤著手研究起 Z4。這台計算機的功能更為強大，可處理 32 位元的浮點數計算及條件跳躍，但只完成了一部分，就於 1945 年 2 月從柏林搬到哥廷根，以免落入蘇聯手中；後來在二戰結束前建置完成，一直使用到 1959 年。

令人訝異的是，楚澤的這幾台電腦，多半是利用研究計畫的資金建置而成，德軍似乎從未使用。

楚澤 Z3 計算機的控制台、計算器與儲存櫃。

參照條目　阿塔納索夫－貝瑞計算機（西元1942年）；二進碼十位數（西元1944年）。

阿塔納索夫－貝瑞計算機
Atanasoff-Berry Computer

約翰・文森特・阿塔納索夫（**John Vincent Atanasoff**，西元 1903 － 1995 年）
克里福德・艾德華・貝瑞（**Clifford Edward Berry**，西元 1918 － 1963 年）

阿塔納索夫－貝瑞計算機（Atanasoff-Berry Computer，以下簡稱 ABC）由教授阿塔納索夫和碩士學生貝瑞建置於愛荷華州立學院（Iowa State College，現為愛荷華州立大學），是自動化的數位桌上型電子計算機。

阿塔納索夫是物理學家暨發明家，他之所以會創造 ABC，是為了處理最多可包含 29 個未知數的一般線性方程組。當時，人類計算員光是要解含有八個未知數的方程組，就得耗上八小時，如果增加到十個，則根本很少會有人嘗試。阿塔納索夫於 1937 年開始製作計算機，並於 1942 年測試成功，後來卻因受召加入二戰而棄置。這台機器雖遭到多數人遺忘，卻在數十年後改變了運算科技的發展。

阿塔納索夫計算機總重約 700 磅，採電子機制，而不使用繼電器與機械式開關；可透過二進位算術來執行數學運算，主要記憶體則是以小型電容器中的電荷有無來代表 1 和 0──現代的動態隨機存取記憶體（dynamic random access memory，簡稱 DRAM）模組也是運用此方法。

諷刺的是，ABC 留存下來後，卻導致 ENIAC 原本的專利遭判無效。此專利是由約翰・皮斯普・埃克特（J. Presper Eckert）和約翰・莫奇利（John Mauchly）於 1947 年 6 月申請，卻陷入諸多訴訟，所以美國專利商標局（US Patent and Trademark Office）一直到 1964 年才予以通過。其後，於 1950 年買下了埃克特－莫奇利計算機公司（Eckert-Mauchly Computer Corporation）的史百瑞・蘭德（Sperry Rand）公司馬上要求販賣相關計算機的所有企業都支付大筆費用。當時的專利有效期為授予後的 18 年，因此，電腦產業因 ENIAC 專利而停滯不前的情況理論上應持續到 1982 年。

沒想到後來有人發現，莫奇利在 1941 年 6 月曾到愛荷華州了解 ABC，卻沒在專利申請書中列為早先研究，於是漢威聯合（Honeywell）公司於 1967 年主張專利因未涵蓋此資訊而無效，進而控告斯佩利・蘭德；六年後，美國明尼蘇達聯邦地區法院也表示同意，並判定 ENIAC 專利無效。

可實際運作的阿塔納索夫－貝瑞計算機重製版本，由愛荷華州立大學的工程師於 1994 到 1997 年間製成。

參照
條目　ENIAC（西元1943年）。

艾西莫夫的機器人三大法則
Isaac Asimov's Three Laws of Robotics

以撒・艾西莫夫（**Isaac Asimov**，西元 1920 － 1992 年）

「機器人的三大法則」由科幻小說家艾西莫夫於他 1942 年的故事〈轉圈圈〉（*Runaround*）中首次提及，是一套旨在管理機器人行為與未來發展的指導性原則，內容如下：第一，機器人不得因行動或不行動而傷害人類；第二，除非會違反第一法則，否則機器人必須遵從人類指示；第三，在不違反第一和第二法則規定義務的前提下，機器人應自我保護。

艾西莫夫於 1985 年又再新增了第四條法則，稱為「第零法則」（the zeroth law），優先順序高於先前的三條，同樣也是以保護全人類為目的。

艾西莫夫一開始便說明這些法則是取材自故事中的《西元 2058 年機器人手冊第 56 版》（*Handbook of Robotics, 56th Edition, 2058 A.D.*），可在機器人與人類互動，以及針對涉及道德、倫理與思考性決策的行為進行選擇時，提供機器人行為的相關資訊，以做為意外發生時的安全機制。在艾西莫夫的機器人系列作品及相關故事中，都有這些法則的蹤影；同樣地，機器人心理學家蘇珊・凱文（Susan Kevin）博士這個虛構角色也重複出現於他的許多機器人故事之中。凱文博士受聘於 21 世紀的製造商美國機器人（US Robots and Mechanical Men）公司，致力解決機器人與人類互動時所造成的問題。這些問題通常都與艾西莫夫故事中的「科學怪人情結」（Frankenstein Complex）有關，基本上就是人類對於擁有自覺的自動化機器所感到的恐懼。

艾西莫夫透過寫作，刻劃出了人類社會的現象：若要大眾接受智慧型機器人，就必須先消除這些裝置對人心造成的焦慮，但真要辦到卻是相當困難；另外，他透過機器人法則所探討的主題，其實已從虛構小說觸及到真實世界的公共政策，畢竟無人駕駛車等現代裝置的功能已直接牽涉到人類生存，當今的社會必然得面對此類機器商業販售的問題。

西格涅出版社（Signet）於 1956 年發行的艾西莫夫作品《我，機器人》（*I, Robot*），圖為封面。

參照條目　羅梭的萬能工人（西元1920年）。

ENIAC

約翰·莫奇利（**John Mauchly** 西元 **1907 － 1980** 年）
約翰·皮斯普·埃克特（**J. Presper Eckert**，西元 **1919 － 1995** 年）

　　ENIAC（全稱為 Electronic Numerical Integrator And Computer）是史上第一台電子計算機，採真空管來進行運算，而非使用繼電器。這台計算機由莫奇利和埃克特於賓州大學（University of Pennsylvania）的摩爾電機工程學院（Moore School of Electrical Engineering）設計，內含 17,468 根真空管，長、寬、高分別為 100、3 及 8 英尺（30.5、0.9 及 2.4 公尺），重量超過 30 噸。

　　在 ENIAC 中，IBM 打孔卡讀卡機和打卡機分別用於輸入與輸出，但由於缺乏可儲存資料與程式的記憶體，所以計算中的數字會存於機器中的 20 個累積器（accumulator）。每個累積器可儲存十個十進制位數，並執行加減法，至於乘除法甚至是平方根的計算，則由其他硬體設備負責。ENIAC 的編程邏輯與現今不同，是使用一組面板，板上帶有 1,200 個十段式的旋轉型開關，而這些開關會將能量提供給特定序列中的不同迴路，這麼一來，已轉換為電子形式的數字就會在預定的時間傳至機器的不同部件，讓計算機執行運算。

　　一開始，ENIAC 的建置目的是替美國陸軍執行複雜的彈道計算，但曼哈頓計畫（Manhattan Project）的約翰·馮·諾伊曼（John von Neumann）聽聞後決定用來執行氫彈發展的相關運算，於是，這就成了 ENIAC 的第一個官方用途。

　　諷刺的是，打造出 ENIAC 硬體的兩位男性科學家從未想過替計算機編程的必要性和複雜度，所以這項工作後來落到六名計算專員頭上：法蘭西絲·貝蒂·史奈德·荷柏頓（Frances "Betty" Snyder Holberton）、貝蒂·珍·詹寧斯·巴蒂克（Betty "Jean" Jennings Bartik）、凱瑟琳·麥克納提·莫奇利·安東妮（Kathleen McNulty Mauchly Antonelli）、瑪莉琳·沃斯科夫·邁爾斯（Marylyn Wescoff Meltzer）、露絲·里克特曼·泰特爾鮑姆（Ruth Lichterman Teitelbaum）法蘭西絲·拜勒斯·史賓斯（Frances Bilas Spence）。

　　這些女性（其中有幾位是全球最早的程式設計師）必須設計演算法，並自行除錯，但她們的功勞在當時卻未能獲得認可，到了 2014 年，才終由凱西·克萊曼（Kathy Kleiman）透過紀錄片《電腦》（*The Computers*）道出她們的故事。

世上第一台電子計算機 ENIAC 的建造目的是幫助美國陸軍執行運算工作。圖中正在操作機器的是下士艾文·戈德斯坦（Irwin Goldstein）、一等兵荷馬·史賓斯（Homer Spence）及運算專員詹寧斯和拜勒斯。

參照條目　「Computer」一詞的最早使用紀錄（西元1613年）；EDVAC報告書的第一份草案（西元1945年）。

西元 1943 年

巨人計算機
Colosus

湯瑪斯・哈洛德・弗羅爾斯（**Thomas Harold Flowers**，西元 1905 － 1998 年）
西德尼・布洛德赫斯特（**Sidney Broadhurst**，西元 1893 － 1969 年）
威廉・湯瑪斯・塔特（**W. T. Tutte**，西元 1917 － 2002 年）

巨人計算機是全世界第一台電子型數位運算器，設計於二戰期間，成功讓英國破解德軍最高統帥部（German High Command）的軍事密碼。所謂「電子型」，意思是以真空管建造，所以速度比當時以繼電器為基礎的運算機器快上 500 倍；此外，巨人電腦也是史上第一台多量生產的計算機。

在 1943 到 1945 年間，英國於保密到家的二戰密碼分析中心布萊切利園暗中製造了十台巨人計算機，以破解透過德國電子公司卡爾・洛侖茲（C. Lorenz AG）發展的特殊系統來加密的無線電訊息。戰爭結束後，這些計算機都則遭到破壞或分解，以避免英國在密碼分析方面的機密技術外流。

巨人計算機的複雜程度，遠甚於圖靈為了破解德軍戰時用於加密的恩尼格瑪密文（Enigma）而設計的「炸彈」解碼機（Bombe）。恩尼格瑪機制雖採用三到八個加密轉子來打亂字母，但困難度仍比不上洛侖茲的系統，因為後者裝設了 12 個輪盤，每一個都會增添數學上的複雜度，所以須使用速度與靈活度都大為提升的解密機器才能破解。

而電子真空管正提供了巨人計算機所需的速度，不過速度提升也代表機器需要同樣迅捷的輸入系統。巨人計算機的打孔紙捲每秒轉速為 5,000 個字元，也就是說紙捲每小時的速度為 27 英里。相關人員在工程上投注了不少心力，為的就是將紙捲張力維持在適當水平，以避免撕裂、扯破的情況發生。

這樣的高靈活度須歸功於圖靈打造的**圖靈方法**（Turingery）──可用於推測洛侖茲密碼機各輪盤加密模式的密文分析技巧──以及第二演算法。第二演算法是由英國數學家塔特所設計，可用來確認德軍每次傳送不同的訊息時，是如何改變輪盤的起始位置。巨人計算機是由一群密文分析師共同操作，當中包含皇家女子海軍（Women's Royal Naval Service，簡稱WRNS）的 272 名女性，以及 27 名男性。

巨人電腦於二戰期間在布萊切利園用於讀取納粹密碼。

參照條目　曼徹斯特大學SSEM（西元1948年）。

延遲線儲存器
Delay Line Memory

約翰・莫奇利（**John Mauchly**，西元 **1907 － 1980** 年）
約翰・皮斯普・埃克特（**J. Presper Eckert**，西元 **1919 － 1995** 年）
莫里斯・威爾克斯（**Maurice Wilkes**，西元 **1913 － 2010** 年）

　　早先的電腦系統需要可重寫及延伸的快速資料編程方式，有些系統會將位元轉為聲脈波，透過長管形的**延遲線**（delay line）來傳送，藉此滿足前述條件。早期的延遲線可容納循環於裝置中的 576 個位元。

　　埃克特在二戰期間為類比雷達系統發明了水銀延遲線，只要利用延遲線的長度小心計算雷達脈波的時間點，即可讓系統僅顯示移動中的目標。在 1944 年，埃克特將水銀延遲線儲存器（mercury delay line memory）用於他正在費城組建的電子離散可變自動計算機（Electronic Discrete Variable Automatic Computer，以下簡稱 EDVAC），並與莫奇利於 1947 年 10 月 31 日提出美國第 2,629,827 號專利「記憶體系統」（Memory system）的申請，但主管機關於 1953 年才予以批准，當時延遲線早已過時。

　　在延遲線中，電腦要儲存「1」時，會將電脈波傳送至轉換器（transducer），然後由轉換器製造出超音波。這道波會從線的一端傳到另一頭，變回電力形式後再經由整流與放大，轉化為純粹的資料形式 1，最後則透過導線傳回原先的轉換器，並重新輸入儲存器；相反地，如果沒有脈衝，則代表資料為 0。位元流動時，系統也會透過搭配的電子裝置，在序列中的特定位置讀取或寫入資料。

　　在 EDVAC 研究工作進行的同時，劍橋大學數學實驗室（University of Cambridge Mathematical

Laboratory）的威爾克斯將延遲線技術發展至臻於完美，並建造了電子延遲儲存自動計算機（Electronic Delay Storage Automatic Calculator，簡稱 EDSAC）。這台機器於 1949 年 5 月開始運作，是首套利用延遲線實現數位儲存的系統；至於 EDVAC 則也在不久後啟用。埃克特和莫奇利後來賣給美國普查局和其他客戶的通用自動計算機（Universal Automatic Computer，簡稱 UNIVAC I）之中，就有用到延遲線。

　　後期的延遲線採用磁壓縮波，可將超過 10,000 位元的資料量壓入約一英尺長的線圈，且極為可靠，因此在 1960 年代中期前廣泛用於電腦、影像顯示器和桌上型計算機，而威爾克斯也於 1967 年獲得圖靈獎。

英國電腦科學家威爾克斯蹲在 EDSAC 計算機的水銀延遲線儲存器旁。

參照
條目　EDVAC報告書的第一份草案（西元1945年）；威廉士管（西元1946年）；核心記憶體（西元1951年）。

西元 1944 年

二進碼十位數
Binary-Coded Decimal

霍華德・艾肯（**Howard Aiken**，西元 1900 － 1973 年）

數位電腦中的數字表達方式基本上有三種，最直觀的就是以 10 為基數，並以不同的位元、導線、打孔卡上的洞或印製的符號（如 0123456789）來對應 0 到 9 的各個數字。這樣的方法與人類學習算術及執行運算的方式相同，卻極度缺乏效率。

最有效率的數字表達方式，其實是純粹的二進位註記法。在二進制系統中，n 位元就代表有 2^n 個可能值，也就是說，十條線路即可表達 0 到 1023（$2^{10} - 1$）之間的任何數字。可惜的是，十進位與二進位註記法之間的轉換十分複雜。

第三種選擇則是**二進碼十位數**（binary-coded decimal，以下簡稱 BCD）。十進制中的各個數字可透過此方法轉換成四個一組（代表 1、2、4、8）的二進數字，順序為 0000、0001、0010、0011、0100、0101、0110、0111、1000、1001、1010。BCD 的效率比以 10 為基數的機制高上四倍，而且十進制與BCD 之間的轉換十分直接；BCD 的另一個莫大優點在於能讓程式精確表達 0.01 這個數值，而這對金融運算而言相當重要。

二戰過後，IBM 繼續進行相關設計與建置作業，終將兩種不同電腦推入市場販賣：使用二進制的科技型電腦，以及搭載 BCD 的商用電腦；後來，他們也推出了將兩種機制搭配使用的 IBM 360 系統（System/360）。就現代電腦而言，BCD 通常是透過軟體支援，而非硬體。

在 1972 年，美國聯邦最高法院判定不得將專利授予電腦程式；在「格特夏克訴班森案」（Gottschalk v. Benson）中，法院的裁決也指出，將二進碼十位數轉為純粹的二進位形式「只是一系列的數學計算或心智步驟，並不構成《專利法》（Patent Act）所定義之可透過專利保護的『程序』。」

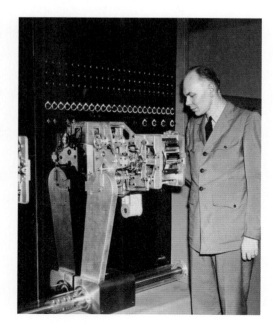

馬克一號（Mark 1）計算機有四個紙捲讀取裝置，艾肯正在檢查其中一個。

參照條目　二進位算數（西元1703年）；浮點數（西元1914年）；IBM 360系統（西元1964年）。

〈我們可能這麼想〉
"As We May Think"

萬尼瓦爾·布希（**Vannevar Bush**，西元 1890 － 1974 年）

在 1945 那年，發明了微分分析器、進而於二戰期間領導美國科學研究與開發辦公室（US Office of Scientific Research and Development）的布希撰寫了一篇極具先見之明且影響力深遠的論文，內容涉及當時即將開始的資訊時代，名為〈我們可能這麼想〉（*As We May Think*），最早是在 1945 年 7 月發表於《大西洋月刊》（*Atlantic Monthly*）。布希在文中提到，在全球即將創造出海量知識的情況下，如果不善用科技，即無法跟上這樣的趨勢。「人類經驗的總合正以驚人的速度擴張，」他這麼寫道，「因此，我們會陷入迷陣；如果想脫離其中，找到在當下具重要性的資訊，就必須具備先人在行駛橫帆式帆船時的精神。」

有鑑於二戰即將結束，布希開始想設定新的科學研究方向，捨棄他在監督曼哈頓計畫及發展核彈時所扮演的角色，改走有利於人類的和平道路。在論文中，布希精確預測了現今的許多科技，包括語音辨識、網路、全球資訊網、線上百科全書、超文本、個人化數位助理、觸控螢幕和互動式的使用者介面設計等。

他著重討論的主要議題，在於資訊應以怎樣的方式彙整。布希覺得主流的數字與字母系統都不夠有效率，反而相信人腦能以關聯式的思考來儲存及理解資訊，在思路跳接於各想法的過程中，產生出原創的脈絡與意義。

對於以分類學為基礎的資訊彙整方式，布希提出的替代方案是所謂的**擴展儲存器**（memex，由 memory extender 兩字組合而成）。這種機器可幫助人類創造屬於自己的思路，讓人記錄自己對特定主題與相關資訊來源的想法是如何演進。他認為此裝置會是以機電式桌面搭配鍵盤、雙螢幕、百科全書、容易查看的微縮膠卷（置於桌子內的捲筒）文章、可用來將筆記直接加到螢幕中的觸控筆，以及連結不同個體思路的途徑。

除了微縮膠卷以外，其他部分幾乎都讓布希給說中了。

布希的論文〈我們可能這麼想〉預示了電腦科學領域的許多發展。

參照條目 電子語音合成（西元1928年）；微分分析器（西元1931年）；展示之母（西元1968年）

EDVAC 報告書的第一份草案
EDVAC *First Draft Report*

霍約翰・莫奇利（**John Mauchly**，西元 1907 － 1980 年）
約翰・皮斯普・埃克特（**J. Presper Eckert**，西元 1919 － 1995 年）
約翰・馮・諾伊曼（**John von Neumann**，西元 1903 － 1957 年）
赫爾曼・戈德斯坦（**Herman Goldstine**，西元 1913 － 2004 年）

　　在 ENIAC 還沒能開始運作前，埃克特和莫奇利其實就已在設計一台功能更為強大的運算機器，那就是 EDVAC。

　　就架構而言，ENIAC 可以想成 20 台自動加法計算器連結在一起，至於 EDVAC 則比較類似現代電腦，內含記憶庫，可儲存機器中的程式與資料，另外也有中央處理器（central processing unit，以下簡稱 CPU）會從記憶體中擷取指令並加以執行。主要記憶體中的程式會決定資料應何時從儲存空間複製到 CPU 並套用數學函式，以及結果應於何時寫回主要記憶體。

　　這樣的機制現在稱為**馮諾伊曼架構**（von Neumann architecture），紀念的是匈牙利博學家諾伊曼。他於 1930 年移民美國，和愛因斯坦及庫爾特・哥德爾（Kurt Gödel）並列紐澤西州普林斯頓高等學院（Institute for Advanced Study）最早的成員。

　　馮・諾伊曼與專研物理學的同事一起設計了爆破鏡，用於在新墨西哥州（New Mexico）特里尼提（Trinity）和日本的長崎、廣島引爆內爆彈。他在進行極為複雜的相關運算期間，曾在火車站巧遇戈德斯坦，也就是在賓州大學替美國陸軍與埃克特和莫奇利進行聯繫的負責人；不久後，馮・諾伊曼便加入了這兩人的研究行列，設計起 EDVAC。

　　後來，馮・諾伊曼在前往新墨西哥州洛色拉莫士（Los Alamos）的路上寫了研究筆記，寄給戈德斯坦，由他把內容打成文件，並命名為《EDVAC 報告書的第一份草案》（*First Draft of a Report on the EDVAC*）；雖然研究內容多半是由埃克特和莫奇利所貢獻，但戈德斯坦仍在封面上將馮・諾伊曼列為作者，並發出了 24 份報告。

　　雖說現代電腦在架構上比較類似艾肯開發的機器——哈佛架構，Harvard architecture——但「馮諾伊曼」架構這個詞仍經常用於描述現代電腦。

富蘭克林研究所（Franklin Institute）的 EDVAC 展覽；方形看板上的文字為「賓州大學摩爾電機工程學院替美國陸軍軍械部門設計製作的 EDVAC 電子離散可變自動計算機實驗模型」。

參照
條目　ENIAC（西元1943年）。

軌跡球 Trackball

洛夫・班傑明（**Ralph Benjamin**，生於西元 1922 年）*
肯伊・泰勒（**Kenyon Taylor**，西元 1908 － 1986 年）
湯姆・克萊斯頓（**Tom Cranston**，西元約 1920 － 2008 年）
弗萊德・隆斯岱夫（**Fred Longstaff**，生卒年不詳）

　　軌跡球（trackball）是最早的電腦輸入裝置之一，讓使用者能自由地朝上下左右等各方向移動電腦螢幕上的游標，不過事實上，軌跡球發明後還經過了很長的一段時間才普及。

　　英國工程師班傑明於 1946 年替皇家科學海軍（Royal Navy Scientific Service）進行雷達計畫時，設計出了最原始的軌跡球。該計畫名為**全面顯示系統**（Comprehensive Display System），目的在於讓船上的人員可用遙控桿來做為輸入裝置，監控橫向與縱向低飛的飛機。班傑明為了改善這種輸入方式，決定用上他所發明的**滾球**（roller ball），也就是外層包覆著金屬，且帶有兩個橡膠輪的金屬球體，能讓作業人員更精準地操控輸入裝置，藉此在螢幕上指定目標飛行物的位置。英國政府在 1947 年以前，一直都將這項裝置當成軍事機密，後來之所以會公開，是因為班傑明在那年獲得了專利。相關專利文件將滾球描述為電子儲存空間與顯示器之間的資料連結裝置。

　　到了 1952 年，加拿大工程師克萊斯頓、隆斯岱夫和泰勒以班傑明的想法為出發點，為加拿大皇家海軍（Royal Canadian Navy）的數位自動追蹤與解決系統（Digital Automated Tracking and Resolving system，簡稱 DATAR，是電腦化的戰爭資訊系統）設計出了軌跡球。他們的設計以加拿大的五瓶制保齡用球為基礎，讓操作員得以在螢幕上控制及追蹤輸入位置。

　　班傑明的滾球終究對滑鼠與現代軌跡球的發展都產生了莫大影響，不過滾球在使用時是處於靜止狀態，移動的是操作人員放在球上的手，而不是裝置本身，這點與滑鼠不同。

最初的軌跡球是以漂浮於空氣之上的五瓶制保齡用球做為輸入裝置；提供空氣的噴嘴可見於裝置右下。

* 譯注：班傑明已於 2019 年逝世。參考資料：https://en.wikipedia.org/wiki/Ralph_Benjamin。

參照
條目　滑鼠（西元1967年）。

西元 1946 年

威廉士管 Williams Tube

弗德里克・卡蘭德・威廉士（**Frederic Calland Williams**，西元 1911 － 1977 年）
湯姆・基爾伯恩（**Tom Kilburn**，西元 1921 － 2001 年）

　　威廉士管（Williams tube，有時又稱為**威廉士 - 基爾伯恩管**，英文為 Williams-Kilburn tube）是史上第一個電子記憶體系統，也是提供**隨機存取**（random access）的始祖，換句話說，使用者能以任何順序存取記憶體中任何位置的資料。

　　威廉士管和二戰期間的雷達顯示系統一樣，都是使用陰極射線管，但管面上顯示的點經過改良，所以電腦可以讀取。早期的威廉士管通常是利用 64 × 32 的長方陣列，一次儲存一個二進制數（也就是 0 或 1），此系統是由曼徹斯特大學的威廉士與基爾伯恩共同開發，內存的任何位元都能即時存取，因此優於 EDSAC 和 UNIVAC 計算機所使用的水銀延遲線儲存器——水銀延遲線儲存器中的資料位元僅有在通過水銀、移至線路尾端時才能存取；不過威廉士管和水銀延遲線的共同性質在於都必須持續更新，和現在的動態隨機存取記憶體晶片一樣。由於形成位元的系統內儲能量可能散逸，所以裝置必須持續讀取並重寫每個位元。

　　在 IBM 701 電腦（IBM 701）中，就有 72 根威廉士管所組成的電子記憶體，可儲存 2,048 個 36 位元字，至於輔助用的旋轉磁力筒可承載的資料量則約為四倍，但存取速度慢上許多。然而威廉士管並不是非常可靠，據說 701 電腦只運作了 15 分鐘，就因為記憶體錯誤而當機，正因如此，曼徹斯特大學才會特別發展出綽號叫**寶貝**（Baby）的小規模實驗機（Small-Scale Experimental Machine，簡稱 SSEM），用於測試威廉士管。

　　於 1949 年開始運作的 MIT 旋風電腦（Whirlwind）一開始之所以會設計成形，就是為了搭配改良後的威廉士管，借助管內的第二把電子槍（**氾流式電子槍**，英文為 flood gun），來消除不斷更新的必要性；而這樣的手法也於將近 30 年後用於儲存管顯示器，如電子實驗室用來監控迴路的圖形終端機（graphics terminal）和示波器（oscilloscope）。不過經過改良的威廉士管每根要價 1,000 美元，且生命週期只有大約一個月，導致主導旋風電腦研究的傑・佛瑞斯特（Jay Forrester）面臨儲存管帶來的種種問題，也因此，他最後發明了核心記憶體來做為替代裝置。

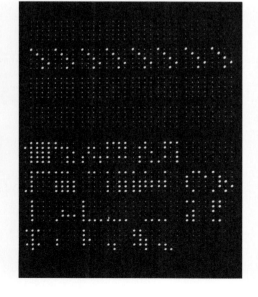

拍攝時間約在 1948 年的威廉士管近照，管面上的點與空格分別代表 1 與 0。

參照條目 延遲線儲存器（西元1944年）；曼徹斯特大學SSEM（西元1948年）；核心記憶體（西元1951年）。

發現真蟲 Actual Bug Found

霍華德・艾肯（**Howard Aiken**，西元 **1900 － 1973** 年）
威廉・比爾・柏克（**William "Bill" Burke**，生卒年不詳）
格蕾絲・穆雷・霍珀（**Grace Murray Hopper**，西元 **1906 － 1992** 年）

在 1947 年，哈佛教授艾肯替維吉尼亞州達格倫（Dahlgren）的美國海軍演習場完成了馬克二號（Mark II）。這台計算機內含 13,000 個高速電機繼電器（electromechanical relay），可從打洞紙捲讀取指令，處理十位數的十進制數字。一直到現在，我們都還是會用「哈佛架構」一詞來描述將程式與資料分開儲存的電腦，至於另一種類型，則是將程式碼與資料儲存在相同記憶體的「馮諾伊曼」機器。

不過馬克二號最讓人記得的，不是其架構或紙捲，而是發生於 1947 年 9 月 9 日的事件。當天早上 10 點，馬克二號測試失敗，原本應該是 2.130676415 的數值卻顯示為 2.130476415；相關人員於早上 11 點及下午 3:25 重新測試了兩次，最後，柏克等數位操作員終於在 3:45 發現問題出在 F 面板第 70 號繼電器中的一隻飛蛾。操作員小心地將蛾移出，黏到實驗室的筆記本裡，並加上了「首見有蟲」（First actual case of bug being found.）的註解。

後來，柏克跟隨電腦一起搬到達格倫，在當地工作了數年。在馬克二號的的操作員中，有一位充滿個人魅力的先驅型人物，名叫霍珀。她於 1943 年志願加入美國海軍，於 1946 年到哈佛當研究員，並在 1949 年以資深數學家的身分加入埃克特－莫奇利計算機公司，負責開發高階的程式語言。霍珀其實沒有親眼見證飛蛾的發現，但她以極為精彩的方式把這個故事講了一遍又一遍，所以許多紀錄都錯誤地將她列為發現人。至於蟲（bug）這個字，其實早在 1875 年便已用於描述機器故障；根據牛津英語辭典的記載，愛迪生曾在 1889 年向記者透露他連續熬夜了兩晚，才找出並修復了留聲機中的一個「bug」。

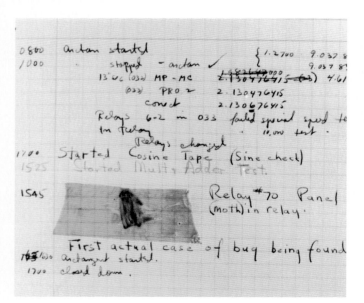

在馬克二號艾肯繼電式計算器於哈佛大學進行測試時，困在 F 面板第 70 號繼電器的飛蛾。操作員將蛾黏到實驗室的筆記本，並加上「首見有蟲」的註解。

參照條目 COBOL程式語言（西元1960年）。

矽電晶體
Silicon Transistor

約翰‧巴丁（**John Bardeen**，西元 **1908 － 1991** 年）
沃爾特‧豪澤‧布拉頓（**Walter Houser Brattain**，西元 **1902 － 1987** 年）
威廉‧肖克利（**William Shockley**，西元 **1910 － 1989** 年）

矽電晶體（silicon transistor）是一種電子開關，可使電流從一個端點流至另一個，唯有在第三個端點也承受電壓的情況下例外。這個裝置雖簡單，卻和布林代數的規則一樣，都是微處理器、記憶體系統以及整個電腦革命中不可或缺的元素。

只要是能以一道訊號來開啟或關閉另一道訊號的技術，都能用於製造電子計算機：巴貝奇用棍子、齒輪和蒸汽動力，楚澤與艾肯用繼電器，而 ENIAC 則用真空管。每一代的技術都比前代更為可靠、迅速。

同樣地，電晶體與真空管相比也有數點優勢：耗能較低，產生的熱因而較少；開關切換速度較快，也比較不易受物理震擊（physical shock）。之所以具有這些優點，是因為體積比真空管小，而且越小的電晶體優勢就越明顯。

現代真空管源於 AT&T 貝爾實驗室的巴丁、肖克利與布拉頓於 1947 年所製成的裝置。三人當時想製作可偵測超高頻率無線電波的放大器，但真空管的速度就是不夠快；有鑑於收音機幾乎是從 1890 年代問世後，就一直使用**貓鬚**半導二極體，於是他們決定改用半導體晶體試試。

貓鬚收音機中配有銳利導線（也就是所謂的「貓鬚」），插在具半導體性質的鍺中；導線只要沿半導體移動，即可改變壓力，與鍺形成二極體，讓電流只能朝單一方向移動。任職於貝爾實驗室的三人也建置了類似裝置，將兩條金箔附於晶體，然後再對鍺充電，結果成品確實具有放大效果：輸入導線的訊號從另一條導線傳出時，強度會提升。現在，我們將此裝置稱為**觸點式電晶體**（point-contact transistor）。

巴丁、肖克利與布拉頓因為發現電晶體，而在 1956 年獲頒諾貝爾獎。

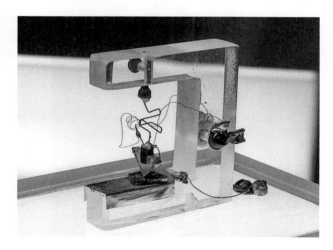

世上第一個電晶體，由貝爾實驗室的巴丁、肖克利與布拉頓於 1947 年製成。

參照條目 半導體二極管（西元1874年）；LED問世（西元1927年）。

位元 The Bits

克勞德・艾爾伍德・夏農（**Claude E. Shannon**，西元 **1916** － **2001** 年）
約翰・懷爾德・圖基（**John W. Tukey**，西元 **1915** － **2000** 年）

以二進制執行算術工作的規則，最早是由德國數學家萊布尼茲所建立；將近 250 年後，夏農則了解到二進位數字 0 與 1 是不可分割的基本資訊單位。

夏農於 1940 年在 MIT 獲得博士學位後，到紐澤西的普林斯頓高等研究院任職，認識了馮・諾伊曼、愛因斯坦和哥德爾等人，並與這些跨足運算、密碼學及核武領域的一流數學家合作，也和圖靈共事了兩個月。

到了 1948 年，夏農於《貝爾系統技術期刊》（*Bell System Technical Journal*）發表了〈通訊的數學理論〉（*A Mathematical Theory of Communication*）。這篇文章的部分內容，是取自他在戰時進行的密碼學研究；他在文中建立了數學定義，用於探討一般性通訊系統中的元素，包括要傳送的訊息、將訊息轉為訊號的發射器、傳訊通道、接收器以及目的地（例如人或機器，也就是「訊息的發送對象」）。

在這篇文中，夏農將代表二進位數字的**位元**（bit）一詞，用於指稱基本資訊單位。雖然他表示這個詞是取自美國統計學家圖基的著作，而且運算領域的多位研究先驅先前也都用過，但卻只有他針對

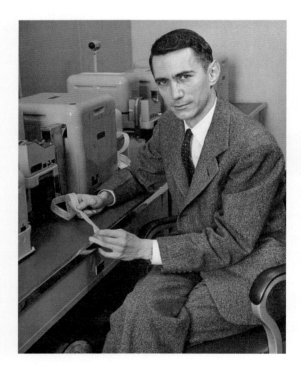

「位元」提出數學定義：位元並不只是 0 或 1，同時也攜帶著資訊，可讓接收方在面對不確定性時，限縮可能的選項；另一方面，夏農的這篇文章也傳達了每個通訊管道都有理論上限值的觀念（換言之，就是每秒可傳遞的最大位元數），因此歷史上曾開發出的通訊系統幾乎都是用他的理論來分析，從手持收音機、衛星通訊到資料壓縮系統，甚至連股票市場都不例外。

夏農透過研究說明了資訊與熵（entropy）之間的關係，也從而建立起運算與物理間的連結；知名物理學家史蒂芬・霍金（Stephen Hawking）後來在進行黑洞分析時，正是以關於資訊毀滅能力與後果的論述來做為主要架構。

數學家暨電腦科學家夏農。

參照
條目　維爾南密碼（西元1917年）；錯誤修正程式碼（西元1950年）。

西元 1948 年

科塔計算機
Curta Calculator

萊科塔・赫茲斯塔克（**Curt Herzstart**，西元 1902 － 1988 年）

在實際可以運作的機械式計算器中，大概沒有哪一台像科塔計算機（Curta calculator）那麼優雅、精巧。這台手持裝置由奧地利工程師赫茲斯塔克所設計，是歷史上唯一的可攜式機械計算機，可執行加減乘除運算，電力則來自頂部的曲柄。

赫茲斯塔克的父親山繆・雅各・赫茲斯塔克（Samuel Jacob Herzstark）是奧地利倍受尊重的進口暨製造商，專營機械式計算機與其他精密儀器。赫茲斯塔克高中畢業後就到父親的公司當學徒，並於 1937 年喪父時接掌父業。

當時的機械式計算機都是又大又重的桌上型裝置，有次顧客向赫茲斯塔克抱怨，說不想為了多加一欄數字而專程跑回辦公室，他聽了以後，決定開始設計手持式計算機，並在德軍併吞奧地利的兩個月後，於 1938 年 1 月做出了可運作的早期原型。雖然赫茲斯塔克有一半的猶太血統，納粹仍讓他繼續經營工廠，不過條件是他必須停止一切的民用生產，專門製造德意志國需要的裝置。

在 1943 年，赫茲斯塔克的兩名員工因散布英國廣播逐字稿而遭到逮捕，而他隨後也因幫助員工以及「與雅利安女性不當接觸」的罪名被捕，並送往布亨瓦德（Buchenwald）集中營。結果公司一名到營內擔任守衛的前員工認出了他，並將手持式機械計算機一事告訴了營區工廠管理人，於是德軍下令赫茲斯塔克將計畫完成，這麼一來，集中營就可以在德國贏得戰爭時，把計算機送給希特勒當禮物。不過德軍打錯了如意算盤：布亨瓦德在 1945 年 4 月 11 日解放，而希特勒也在 19 天後自殺。

赫茲斯塔克獲釋後，帶著他在集中營畫好的設計圖來到機械工廠，八週後即製出三台可運作的原型機，到了 1948 年秋天，則製成了首批科塔計算機，並上市販賣。

圖為科塔機械式計算機，史上唯一的可攜式數位機械計算機。

參照條目　安提基瑟拉儀（西元前約150年）；湯瑪斯計算器（西元1851年）。

曼徹斯特大學 Manchester SSEM

弗德里克‧卡蘭德‧威廉士（**Frederic Calland Williams**，西元 1911 － 1977 年）
湯姆‧基爾伯恩（**Tom Kilburn**，西元 1921 － 2001 年）

　　將程式與資料都儲存於相同的記憶庫，是數位電腦的定義性特徵，在現代電腦中，這樣的架構能讓程式將其他程式載入記憶體，並加以執行。在 1950 年代，機器因記憶體有限，所以採行將程式與程式碼混合的機制，讓使用者可以撰寫具備自我修正功能的程式（現稱**自修改碼**，英文為 self-modifying code），藉此拓展功能；相較之下，現代電腦多了將程式碼載入記憶體後執行的基本功能，因此能通用性地滿足一般需求。不過在曼徹斯特大學的小規模實驗機（SSEM）出現以前，並沒有任何機器可算是真正的數位**電腦**，至少就現代的定義而言沒有，因為早於 SSEM 的裝置不是僅能執行固線式的特定操作（如阿塔納索夫－貝瑞計算機），就是必須從打孔卡讀取指令（如楚澤的計算機），又或者是以導線與開關來做為程式基礎（如 ENIAC）。總而言之，這些機器其實都是計算機，而不算電腦。

　　曼徹斯特大學之所以會建置暱稱**寶貝**的 SSEM，是為了測試及展示威廉士於 1946 年所設計的儲存管。寶貝的體積足以占滿 20 平方英尺的空間，內含八架設備、威廉士儲存管、許多無線電真空管，以及顯示電壓的儀表。每根管內皆容納 1,024 個位元，程式開始執行且記憶體內儲存的資料因而改變後，點在儲存管上的排列方式也會改變。

　　由於程式儲存於記憶體內且依賴自修改碼，所以基爾伯恩很容易就能進行變更。寶貝第一個成功執行的程式就是由基爾伯恩所撰寫，目標是算出 2^{18}（262,144）的最大因數。程式執行 52 分鐘後，得出了正確答案，2^{17}（131,072），每個指令的平均處理時間為 1.5 毫秒，至於原始程式本身則僅含 17 道指令。

　　這個正確答案得來不易，據傳威廉士曾說：「顯示管上的點好像發瘋似地在跳舞一樣，早期測試時就像死亡之舞，根本無法產生有用的結果……結果某天突然停下後，我們預期的答案就那樣閃亮亮地呈現於正確的位置。」

暱稱「寶貝」的曼徹斯特大學 SSEM 重製版，位於英國曼徹斯特的科學與工業博物館（Museum and Science and Industry）。

參照
條目　Z3計算機（西元1941年）；阿塔納索夫－貝瑞計算機（西元1942年）。

西元 1949 年

旋風電腦
Whirlwind

傑·佛瑞斯特（**Jay Forrester**，西元 1918 － 2016 年）
羅伯·瑞佛斯·艾佛略特（**Robert R. Everett**，西元 1921 － 2018 年）

在 1944 年，美國海軍請 MIT 伺服機構實驗室（Servomechanisms Laboratory）製作飛行模擬器，以用於訓練駕駛。MIT 原本想做類比計算機，但不久後就發現光靠一台數位機器，根本不可能提供模擬實況所需的速度、彈性與可編程性，因此在 1945 年，美國海軍研究署（Office of Naval Research）又再委派了一項任務，希望 MIT 能打造出世上第一台互動式的即時電腦。

這台名叫**旋風**（Whirlwind）的電腦工程浩大，整個計畫共有 175 個人參與，年預算為 100 萬美元。旋風電腦用了 3,300 根真空管，且占據 MIT N42 大樓的 3,300 平方英尺。這棟大樓是 MIT 專為旋風計畫所建，共有兩層樓，占地 25,000 平方英尺。

旋風配有史上第一台電腦圖形顯示器，可在兩個五英寸的影像螢幕上繪製航空地圖；此外，還有前所未見的圖形輸入裝置「光筆」（light pen，由計畫副總監艾佛略特所發明），可選取螢幕上的各點。旋風電腦於 1949 年局部開始運作時，MIT 教授查爾斯·亞當斯（Charles Adams）和工程師約翰·吉爾摩二世（John Gilmore Jr.）使用當中的圖形處理功能做出了世上最早的電玩：一條有洞的線，加上一顆每次反彈都會發出**鏗鏘**聲響的球；遊戲目的是移動帶洞的線，讓球可以投進。

不過不久後，旋風的真空管就不斷燒毀，讓研究人員了解到當時的電子技術必須改善。實驗室進行了深度分析後，認定問題出在管子陰極處的微量矽元素，並著手移除，結果真空管的壽命確實延長了千倍。後來，旋風電腦的儲存管記憶體也開始顯得太小且不夠可靠，所以佛瑞斯特發明出磁心記憶體，讓這項裝置成了後續 20 年的電腦所用的主要儲存系統。其後，科學家也發現旋風需要可永久留存於電腦中的程式碼，才能載入其他程式並提供基本功能，因此便透過旋風計畫促成了史上第一個作業系統的誕生。

旋風電腦於 1951 年全面開始運作，雖然從未真的用於模擬飛行狀況，但當中的圖形顯示器讓世人知道電腦也可以用來呈現地圖、追蹤物體，因而宣告了將電腦用於防空作業的可行性。

旋風電腦是全球的第一台互動式電腦，設計目的是替美國海軍執行飛行模擬器。

參照條目 核心記憶體（西元1951年）。

錯誤修正程式碼
Error-Correcting Codes

理察・漢明（**Richard Hamming**，西元 1915 － 1998 年）

漢明取得數學博士學位後，曾研究過原子彈的數學模型，後來轉至貝爾電話實驗室任職，與夏農及圖基一起為實驗室的電腦撰寫程式。漢明發現，數位電腦雖然應該要能精確執行運算，卻總會出錯。據他所說，貝爾替美國陸軍在馬里蘭州的阿伯丁（Aberdeen）演習場所建置的電腦內有 8,900 台繼電器，每天通常會故障兩到三次；故障情況發生時，整個系統的運算都會中斷，必須重新開始。

當時，設計人員開始喜歡在程式中加入額外的位元（稱為**同位位元**，英文為 parity bit），用於偵測資料傳輸或儲存過程中的錯誤。漢明認為，錯誤既然可以自動偵測，那應該也要能自動修正才對。他想出實際做法後，將研究記錄於論文〈錯誤偵測與錯誤修正程式碼〉（*Error Detecting and Error Correcting Codes*）中，並發表於 1950 年 4 月的貝爾系統技術期刊。

錯誤修正程式碼（error-correcting codes，以下簡稱 ECC）至關重要，可提升現代電腦系統的可靠性。如果沒有 ECC，資料收取過程中無論出現多麼小的錯誤，發送端都必須重寄。現代的行動數據系統就

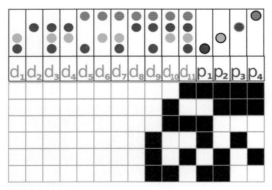

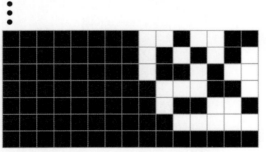

是利用 ECC 來修正小錯，以避免每次都得要求發送方重新傳輸正確副本；當代的 ECC 也可用於修正已儲存資料中的錯誤，譬如宇宙射線（cosmic ray）可能打亂動態隨機存取記憶體的晶片位元，所以 ECC 常用來保護網路伺服器，讓系統能自動修正背景輻射干擾造成的多數錯誤；光碟（CD）和影音光碟（DVD）都是托 ECC 的福，才能在表面刮損的情況下仍正常播放；目前 ECC 也納入了越來越多的高效能無線通訊協定，以減少資料遭受噪音干擾時必須重送的情況。

漢明在 1968 年憑藉他在「數值方法、自動化編碼系統，以及錯誤偵測與錯誤修正程式碼等領域的研究」，獲得了圖靈獎。

二進位數字 00000000001 到 00000000110 及 11111111001 到 11111111111 的四位元漢明碼（表格右側）。

參照
條目　位元（西元1948年）。

圖靈測試
The Turing Test

艾倫・圖靈（**Alan Turing**，西元 1912 － 1954 年）

「機器能思考嗎？」圖靈在他 1951 年的論文〈運算機器與智能〉（*Computing Machinery and Intelligence*）中提出了這個問題。在他看來，電腦的儲存容量與複雜度總有一天會趕上人腦，等到電腦能夠儲存那麼多資料時，人類應該就能將範圍極廣的事實資訊與回應寫入程式，使機器彷彿具有智能。圖靈想知道的是，等到這一天真的到來時，人類會有辦法分辨機器是真的具有智慧，又或者只是由程式營造出具有智能的表象嗎？

為了回答這個問題，圖靈設計了機器智能測試。他認為機器有沒有智慧，不該從能否進行大數乘法或會不會下棋來判定，而是應著重機器是否能與其他智能生物自然地對話。

圖靈測試（Turing Test）是由真人擔任問話角色，與電腦及另一個真人說話（如同在現代的**聊天室**對話）。問話者的工作是分辨真人與電腦，而電腦的目標，則是讓問話者錯以為它是真人。圖靈在論文中寫道，如果電腦能通過測試，我們應當就能認定電腦與人類具備同等知覺。在他看來，如果要打造能通過測試的電腦，最簡單的方法就是做出具有學習功能的一台，並像帶小孩一樣，從電腦「出生」的那一刻就開始教。

圖靈的文章出版幾年後，就有人研究出了可用於對話的**聊天機器人**（chatbots）程式，讓無防備心的問話者以為回話方真的具有智能，因而通過測試。第一個這樣的程式是由 MIT 教授約瑟夫・維森鮑姆（Joseph Weizenbaum）於 1966 年所發明，名叫 ELIZA。在某次的案例中，ELIZA 藉著操控電傳打字機，讓研究室的訪客以為自己是和在家辦公的維森鮑姆透過文字聊天，殊不知回應的其實是人工智慧程式。不過專家表示，由於訪客事先並不知道電傳打字機的另一頭可能會是電腦，所以 ELIZA 並不算通過測試。

在哈里遜・福特（Harrison Ford）主演的電影《銀翼殺手》中，虛構的人性測試機（Voight Kampff）可在高壓式的問話過程中測量瞳孔放大程度，藉此分辨真人與「人造人」（replicant）。

參照條目　ELIZA自然語言處理程式（西元1965年）；西洋棋世界冠軍——電腦（西元1997年）；電腦擊敗圍棋棋王（西元2016年）。

磁帶首度用於電腦
Magnetic Tape Used for Computers

弗立茲・波弗勞姆（**Fritz Pfleumer**，西元 **1881 － 1945** 年）

在流行文化中，旋轉的磁帶捲曾是象徵電腦系統的**代表性**視覺元素，且占據此地位 40 多年。之所以會如此，或許是因為磁帶捲前後轉動且功能明顯，所以比閃爍的燈光來得能象徵思緒與資訊流動。

在 1951 年，原本用於錄音的磁帶技術經過 75 年的改良後，獲得埃克特－莫奇利計算機公司採納，用於早期的 UNIAC 計算機。UNIVAC 是全球首批商業生產的計算機之一，運算速度已快到人類來不及輸入資料。這台計算機的資料與程式是存於磁帶中，然後再載入記憶體進行運算，至於結果則會印或寫至另一台磁帶推動器。

在 UNIVAC 中，金屬帶（早期的錄音機將人聲儲存於捲狀的長金屬絲和細窄的金屬帶上）的轉速為每秒 100 英寸（2.5 公尺）；一捲的長寬分別是 1,200 英尺（365.76 公尺）和 0.5 英寸（13 公釐），可儲存約 100 萬個 6 位元的字元。

到了 1952 年，IBM 也採行相同做法，將 726 磁帶推動器（726 tape drive）用於 IBM 701 電腦。726 的功能與 UNIVAC 的推動器相似，不過是使用覆有氧化亞鐵的醋酸纖維帶，因為這種材質較輕，生產成本也低，比較適合錄音；隔年，IBM 又發表了 727 推動器（727 drive），容量與儲存速率都比前代增加了一倍。最後金屬帶終究銷聲匿跡，IBM 則在 1971 年停售 727 推動器。

雖然磁帶比打孔卡和紙捲都快上許多，這三種技術卻搭配使用了數十年，有時甚至是用於同一台電腦。之所以如此，是因為三種材料在效能與成本上各具特性。舉例來說，在 1960 年代，學生通常會用相對便宜的打孔機將程式打到一疊疊的紙卡上，然後請操作員將卡片資訊載入磁帶，再趁沒有其他人在使用電腦的午夜時段讓機器執行，而一捲磁帶中會包含多位學生所寫的不同程式。

圖中的 UNIVAC I 將水銀延遲線與半英寸寬（13 公釐）的金屬帶分別用做主要記憶體及儲存空間。後方的金屬帶推動器名為 Universo，帶長 1,200 英尺（365.76 公尺）。

參照
條目　美國人口普查資料製表（西元1890年）。

核心記憶體 Core Memory

王安（An Wang，西元 1920 － 1990 年）
傑・佛瑞斯特（Jay Forrester，西元 1918 － 2016 年）

早期的計算機並不具可重寫的記憶體，而是透過「固線式」方法來讀取輸入資料、執行計算，並將結果輸出。不過相關人員很快就發現可重寫的主要記憶體能容納程式，讓程式開發與除錯工作變得較為簡單；此外，這種記憶體也可儲存資料，使電腦得以進行較大規模的計算。

就運作機制而言，核心記憶體是透過感應方式將磁場導入微小磁圈，也就是所謂的核心（core），而每個核心經磁化後，都會具有順時針或逆時針的磁流，因此各可以儲存一個位元。系統在進行儲存作業時，會沿著交會於特定核心的水平與垂直導線發出電脈波，而方向相反的兩種磁流分別會儲存 0 和 1；此外，系統還有另一條導線會經過各核心，讀取已儲存的資料。核心記憶體的優勢在於即使拔除電源，也能記住已存入的內容；但一大缺點則是所有核心都必須以人工方式串入儲存系統，所以在製造上十分昂貴。

電腦工程師王安在與艾肯合作開發哈佛馬克四號計算機（Mark IV）時，訂立了核心記憶體的基本製作原則，並於 1949 年申請發明專利，但後來哈佛大學對運算研究興趣漸失，所以他於 1951 年離開，創立了自己的公司王安電腦（Wang Laboratories），而 IBM 則於 1956 年以 50 萬美元的價格，買下了他的專利。

與此同時，MIT 教授佛瑞斯特看到新型磁帶材質的廣告後，發現可用於製作記憶體，因而建置出 32 位元資料的原型儲存系統。當時，MIT 正在研發旋風電腦，希望打造出史上第一台電腦化的飛行模擬器。就設計而言，旋風電腦原本是要採用以儲存管製成的靜電式記憶體系統，但 MIT 的工程師一直無法讓管子正常運作，於是佛瑞斯特與碩士班學生合作，花了兩年的時間製作出世上第一個可實際使用的核心記憶體系統，當中可存放 1,024 位元（1KiB）的資料，儲存形式為 32 × 32 的核心陣列。1951 年 4 月時，研究團隊在旋風電腦中安裝了此記憶體，而佛瑞斯特也在那年針對能以更高效率將核心排列於三維陣列的技術，提出了專利申請；後來，該項專利由 IBM 在 1964 年以 1300 萬美元向 MIT 買下。

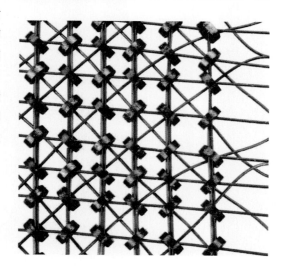

核心記憶體是於 1951 年 4 月為了 MIT 的革命性電腦「旋風」而發明。

參照條目 延遲線儲存器（西元1944年）；威廉士管（西元1946年）；旋風電腦（西元1949年）；動態隨機存取記憶體（西元1966年）

微程式設計 Microprogramming

莫里斯·威爾克斯（**Maurice Wilkes**，西元 1913 － 2010 年）

在 1951 年時，科學家已發展出內儲程式計算機的基礎架構：帶有數字暫存器的 CPU、可執行數學作業的算術與邏輯單元（arithmetic logic unit，簡稱 ALU），以及 CPU 與記憶體間的資料移動邏輯。不過早期 CPU 的內部設計可說是一團亂，每個指令都是透過不同的導線與迴路實作，有些共用特定元件，有些卻是由專屬邏輯管控。

英國電腦科學家威爾克斯觀察過以複雜的導線矩陣來控制的旋風電腦後，認為 CPU 的設計可以更一致化。旋風電腦的某些導線在交叉處有二極體連接，且系統會按序對每一條水平導線施加電壓；如果兩條導線的交會處有二極體，則垂直的那一條就會獲得能量，進而啟動 CPU 的不同元件。

威爾克斯發現，其實旋風電腦二極體矩陣中的每一條線，都可以視為 CPU 遵從的一套微作業方式，也可說是一種「微程式」（microprogram）。到了 1951 年，他將這樣的想法整理成形，於當年度的曼徹斯特大學電腦研討會開幕會議上，以演講形式發表，還毫不謙虛地將講題命名為〈自動計算機的最佳設計方式〉（*The Best Way to Design an Automatic Calculating Machine*）。在這段後由曼徹斯特大學以書面形式出版的演講中，威爾克斯表示有些人可能會認為他的想法不足為奇，有些人則會覺得太過浪費，

因為他只是將 CPU 的製作方法形式化，當中所用的基本導線、二極體和電子開關和原先都一樣，但另一方面，如果依照他的方法，需要的元件可能就會比較多。即使如此，威爾克斯仍宣稱自己的手法能造就較容易設計、測試與擴張的系統。

結果他說的沒錯。微程式設計大幅簡化了 CPU 的製造作業，讓電腦能處理更加複雜的指令集，此外，更提供了意想不到的彈性：IBM 在 1964 年推出 360 系統時，工程師便透過微程式設計讓這種新型電腦模仿 IMB 1401 電腦（IBM 1401）的指令，如此一來，客戶就能輕鬆進行轉換作業。

蹲在左邊的是 EDSAC 的設計師威爾克斯。EDSAC 是最早的內儲程式電子計算機之一。

參照條目 旋風電腦（西元1949年）；IBM 1401（西元1959年）；IBM 360系統（西元1964年）。

電腦語音辨識
Computer Speech Recognition

　　字自動辨識系統 Audrey 於 1952 年由貝爾實驗室發展而成，在人類致力使電腦辨識並回應真人語音的歷史上，可說是一大里程碑。

　　在設計上，Audrey 可以辨識 0 到 9 的口說數字，並透過對應特定數字的一系列閃燈來給予回應。Audrey 一開始必須先「學習」人類個體獨特的聲音來做為參考資料，所以精確度會因說話的人不同而改變，舉例而言，與當時的某位設計人員互動時，精準度約為 80%；至於不受說話者影響的辨識方法，則是多年後才發明，現在的 Amazon Echo 和 Apple Siri 就是此類裝置。

　　說話者在提供參考資料時，須對著一般電話，慢慢地念出 0 到 9 之間的各個數字，每個數字間至少要停頓 350 毫秒，接著，系統就會將聲音分成不同類別的電子資料，儲存於類比記憶體。之所以需要停頓，是因為當時的語音辨識系統還無法處理連音（coarticulation），也就是說話者將自然相連的字合在一起念的情況；換句話說，比起連在一起的字句，系統較能辨識出獨立的個別字詞。

　　訓練完成後，Audrey 即可比對說話者新念的數字與存在記憶體中的版本，如果發現相符的資料，就會閃爍對應特定數字的燈。

　　雖然經濟與技術上的現實條件導致 Audrey 無法量產（原因包括必須使用特殊的固線式迴圈，以及耗電量大等等），但這個系統仍是語音辨識發展領域的重要成就。Audrey 讓研究人員知道，就理論而言，這樣的技術可將語音輸入自動化，用於帳戶號碼、社會安全號碼等各種數字化的資訊。

　　十年後，IBM 也在 1962 年舉辦於華盛頓州西雅圖的世界博覽會上，展示了可辨識 16 個口說字詞的機器「鞋盒」（Shoebox）。

自動數字辨識系統是現今許多大眾裝置的前身，其中，可辨識語音指令的智慧型手機就是一例。

參照條目	電子語音合成（西元1928年）。

首台電晶體電腦
First Transistorized Computer

湯姆・基爾伯恩（**Tom Kilburn**，西元 1921 － 2001 年）
理查・格林思戴爾（**Richard Grimsdale**，西元 1929 － 2005 年）
道格拉斯・韋伯（**Douglas Webb**，生於西元 1929 年）
尚恩・浩爾・菲爾克（**Jean H. Felker**，西元 1919 － 1994 年）

　　電晶體於 1947 年發明後，科學家接下來的任務就是用於取代真空管。與繼電器相比，真空管的強大優勢在於速度快上千倍，不過需要大量電力，會產生許多熱，且常會故障。相較於真空管，電晶體只需要一小部分的電力，幾乎不會產生任何熱，而且也較為可靠；此外，由於電晶體的體積較小，電子必須移動的距離較短，所以自然能讓機器執行得比真空管電腦來得快。

　　曼徹斯特大學在 1953 年 11 月 16 號展示了電晶體電腦的原型。這台機器使用的電晶體為「觸點式」，以鍺製成，與兩條極為接近的導線相連，連接處就是所謂的「觸點」。曼徹斯特大學開發的這台電腦內含 92 個觸點式電晶體與 550 個二極體，字的大小為 48 位元（現今的許多微處理器都可透過 8、16、32 和 64 位元的字來執行工作）。幾個月後，貝爾實驗室的菲爾克為美國空軍打造出電晶體數位電腦（transistor digital computer，簡稱 TRADIC），當中更使用了 700 個觸點式電晶體和 10,000 多個二極體。

　　不久後，雙極接面電晶體（bipolar junction transistor）即取代了觸點式電晶體，之所以會如此命名，

是因為結構上有連接兩種半導體的接點。在 1955 年，曼徹斯特大學於原型設計中加入了 250 個雙極接面電晶體，翻新後的版本取名為 Metrovick，是由一間名為「大都會維克斯」（Metropolitan-Vickers）的英國電子工程公司負責製造。

　　到了 1956 年，MIT 林肯實驗室高階研發團隊（Advanced Development Group at MIT Lincoln Lab）使用 3,000 多個電晶體建造出 TX － 0（Transistorized eXperimental computer zero 的縮寫，意為第 0 號實驗性電晶體電腦），是旋風電腦的電晶體版本，也是迪吉多公司（Digital Equipment Corporation，簡稱 DEC）PDP － 1 的前身。

曼徹斯特電晶體電腦原型的近照。

參照條目　矽電晶體（西元1947年）；旋風電腦（西元1949年）；PDP－1（西元1959年）。

西元 1955 年

「人工智慧」一詞誕生
Artificial Intelligence Coined

約翰・麥卡錫（John McCarthy，西元 1927 － 2011 年）
馬文・閔斯基（Marvin Minsky，西元 1927 － 2016 年）
納撒尼爾・羅切斯特（Nathaniel Rochester，西元 1919 － 2001 年）
克勞德・艾爾伍德・夏農（Claude E. Shannon，西元 1916 － 2001 年）

人工智慧（Artificial Intelligence，以下簡稱 AI）技術使電腦能執行原本需要人類智能的任務，這個詞誕生於 1955 年夏天，是麥卡錫、閔斯基、羅切斯特和夏農在達特茅斯學院（Dartmouth College）參加為期兩個月的十人研習會「達特茅斯人工智慧暑期研究計畫」（Dartmouth Summer Research Project on Artificial Intelligence）時，於提案中所創造。

現在我們一般將這份提案的作者群視為人工智慧的「發起團隊」。這四位科學家的主要目標是打穩相關基礎，以利未來世代的機器透過抽象化的方式反映人類思路，因此他們著手進行了許多不同的研究專案，試圖讓機器理解書面文字、解決邏輯問題、描述視覺圖像，以及模仿人腦可處理的各種任務。

人工智慧一詞近年來多次流行，也數度從潮流引退，原因在於各方對此概念的解讀不盡相同。電腦科學家對 AI 的定義偏向電腦視覺、機器人科學與相關規劃等學術研究，但受流行文化影響的大眾則因科幻故事所描述的應用，而將 AI 解讀為機器智能與自我意識。在《星際爭霸戰》（*Star Trek*）1968 年的〈終極電腦〉（*The Ultimate Computer*）一集中，M5 人工智慧電腦可自行操作星際飛船，不需要人類船員幫忙，所以很快地就開始在訓練時狂暴地攻擊其他飛船；此外，《魔鬼終結者》（*Terminator*）系列電影也將「天網」（Skynet）塑造成企圖毀滅人類的全球 AI 網絡。

一直到最近幾年，大眾才逐漸將 AI 視為可以實際應用的正當科技，之所以會產生這樣的轉變，是因為專用於特定領域的 AI 系統在從事需要高度人類智能的任務時，展現出了比真人更強的表現。目前 AI 分為許多子領域，包括機器學習、自然語言處理、神經網絡和深度學習等等，而當年開創 AI 研究的閔斯基與麥卡錫則分別於 1969 及 1971 年獲得圖靈獎的殊榮。

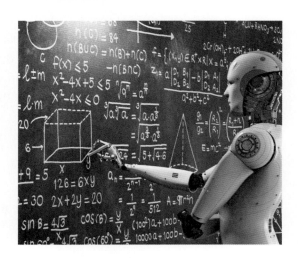

人工智慧讓電腦能執行原本需要人類智能的任務，如尋找規律、將物品分類與學習等等。

参照條目 羅梭的萬能工人（西元1920年）；大都會（西元1927年）；艾西莫夫的機器人三大法則（西元1942年）；哈兒電腦（西元1968年）；日本第五代電腦系統（西元1981年）；居家掃地機器人（西元2002年）；通用人工智慧（～至西元2050年後）；電腦運算的極限？（～至西元9999年後）。

電腦證明數學定理
Computer Proves Mathematical Theorem

艾倫·紐厄爾（Allen Newell，西元 1927 － 1992 年）
約翰·克里夫·蕭恩（John Clifford Shaw，西元 1922 － 1991 年）
赫伯特·西蒙（Herbert Simon，西元 1916 － 2001 年）

「有點粗糙，不過可以用，天啊，真的可以用欸！」1955 年的耶誕節那天，紐厄爾對西蒙這麼說。兩人在討論的，是他們在軟體工程師蕭恩的協助下寫出的程式，名叫「邏輯理論家」（Logic Theorist），當中寫入了基本的數學定義與公理，且透過編程方式，設定為可隨機將符號逐次結合成複雜的數學陳述式，然後一一檢查，確認正確與否；只要找到正確的陳述式，即會加入「真理」清單當中，然後繼續檢查下一個。

一如紐厄爾所說，這樣的方法有點粗糙，但的確有用。邏輯理論家開始運作後，發現了許多數學真理，也證明出《數學原理》（Principia Mathematica）一書中的 38 個定理。這本書共包含 52 個定理，是阿爾弗雷德·懷特黑德（Alfred Whitehead）和伯特蘭·羅素（Bertrand Russell）合寫的經典數學著作。

結果程式在處理其中一個定理時，發現的證明方法竟比書中所述的更加優雅簡潔。西蒙致信羅素伯爵，向他描述邏輯理論家的成果後，羅素在回信中以無奈的口吻寫道：「很高興得知現在的機器也能處理《數學原理》，可惜我和懷特黑德當初沒想到能開發機器代勞，不然就不必浪費十年手動計算了。」

PRINCIPIA MATHEMATICA

BY

ALFRED NORTH WHITEHEAD, Sc.D., F.R.S.
Fellow and late Lecturer of Trinity College, Cambridge

AND

BERTRAND RUSSELL, M.A., F.R.S.
Lecturer and late Fellow of Trinity College, Cambridge

VOLUME III

Cambridge
at the University Press
1913

另一方面，紐厄爾、蕭恩和西蒙的程式也激起希望，使不少人認為只要再過幾年，人類就能破解思想與智能領域的許多祕密。

紐厄爾和蕭恩在撰寫邏輯理論家時，都在研發型智庫蘭德公司（RAND Corporation）擔任電腦研究員，而卡內基美隆大學的政治暨經濟學家西蒙則是蘭德公司的顧問。後來，紐厄爾也到卡內基美隆任職，他和西蒙在那兒一起建立的人工智慧實驗室，是全球最早的 AI 研究單位之一，而兩人也因這方面的研究而在 1975 年榮獲圖靈獎。

懷特黑德和羅素不辭辛苦地從為數不多的公理與推論規則中，推導出現代數學的大部分內容後，才終於寫成了《數學原理》，而邏輯理論家則可透過類似的方法，找出並證明數學真理。

參照條目　演算法左右量刑（西元2013年）。

磁碟儲存單元問世
First Disk Storage Unit

雷諾．強森（**Reynold B. Johnson**，西元 1906 － 1998 年）

　　磁碟驅動器由 IBM 所發明，並於 1956 年 9 月 14 日公開展示。這種裝置速度比磁帶快，雖然不及主記憶體，但仍對運算發展產生了重要影響。

　　所謂的 IBM 305 RAMAC，意思是會計管制隨機存取法（Random Access Method of Accounting and Control 的簡稱），設計目的是用來儲存 IBM 先前記錄於數箱打孔卡或捲帶上的會計與庫存檔案。為此，IBM 在 RAMAC 中使用了 350 個「磁碟儲存單元」（disk storage unit），也就是將資料存於 50 個旋轉磁碟中的新裝置。當中每個磁碟直徑皆為 24 英寸（61 公分），每分鐘轉速為 1,200 圈（1,200 RPM）；資料安排方式為每區塊 100 個字元，系統可以隨機存取、讀取及重寫，讓主記憶體只有幾千位元組的 RAMAC 也能迅速存取 500 萬個字元，相當於 64,000 張打孔卡的資料量。

　　相較於每個磁碟都對應一個磁頭（head）的現代硬碟，RAMAC 的不同之處在於僅使用單一磁頭，但磁頭可以上下移動來選取磁碟，並透過移進移出的方式，來指定要用於讀取或寫入資料的特定區塊，平均存取時間則為 0.6 秒。

　　此外，RAMAC 也搭配旋轉式磁鼓記憶體（rotating drum memory），轉速為 6,000RPM，當中共有 32 個磁軌，每個都能儲存 100 個字元。

　　在接下來的 60 年間，磁碟驅動系統的容量從 3MB（全稱為 megabyte，百萬位元組）擴增至 10TB（全稱為 terabyte，兆位元組），之所以能翻漲 300 萬倍，必須歸功於電子技術、磁塗層、磁頭與機械式磁頭定位的進步；不過磁碟調整磁頭位置以讀取資料所需的時間（有時稱為**尋覓時間**，英文為 seek time），卻僅從 600 毫秒降至 4.16 毫秒（相當於 144 倍）。這是因為尋覓時間如要縮短，機械系統就必須改善，偏偏此類設備又不像電子裝置能免受摩擦力與動量的影響；在 RAMAC 問世了那麼多年後，即使是最昂貴的硬碟，磁碟旋轉速率也僅從 1,200RPM 提升至 10,000RPM 而已。

為 RAMAC 的致動器與磁碟堆疊，當中共有 50 片 24 英寸（61 公分）的磁碟以 1,200RPM 的速度旋轉，可容納 500 萬個字元大小的資訊。

參照條目 磁帶首度用於電腦（西元1951年）；軟碟磁片（西元1970年）；快閃記憶體（西元1980年）。

位元組 The Byte

維那・布赫霍茲（**Werner Buchholz**，西元 **1922 － 2019** 年）
路易斯・都利（**Louis G. Dooley**，生卒年不詳）

　　早期的二進制電腦設計師都曾面臨一個基本問題，那就是「儲存空間應如何劃分」。電腦是以位元來儲存資訊沒錯，但使用者在乎的是解決數學問題、破解密碼，以及處理大單位資訊等工作，根本不會有誰想寫程式來操控位元。在 ENIAC 和 UNIVAC 等十進制計算機中，記憶體是以字為單位分割，每組都有十個文數位；而二進制電腦也採字組劃分法，只不過單位名稱變成**位元組**（byte）。

　　位元組這個詞似乎是由兩位科學家同時於 1956 年所發明——在 IBM 研發 STRETCH（世上第一台超級電腦）的布赫霍茲，以及與研究夥伴一同在 MIT 林肯實驗室建置 SAGE 防空系統的都利。有鑑於某些機器指令可處理小於完整字組的資料，兩人都將「位元組」一詞用來指涉此類指令的輸入與輸出。STRETCH 內含 60 位元字組，並以 8 位元組來處理輸入及輸出系統字元；而 SAGE 則含有可透過 4 位元組來執行作業的指令。

　　在接下來的 20 年間，位元組的定義並不太固定，IBM 將 8 位元組用於 360 系統的架構，AT&T 也將 8 位元組用做長距離數位電話線的標準；但另一方面，迪吉多公司卻也成功推廣了採 18 位元與 36 位元字組的系列電腦，譬如使用 9 位元組的 PDP － 7 和 PDP － 10。

　　由於定義缺乏一致性，所以早期的網路標準都完全避用「位元組」一詞，並改採**八位元組**（octet）

的說法，意思是以 8 個位元為一組，將資料透過電腦網路傳送，而這個用語也一直沿用至今。

　　不過時至 1980 年代，全世界幾乎都已接受一位元組含 8 個位元的定義，主要原因在於當時掀起科技革命的微型電腦（microcomputer）多半只用 8 位元組；另外，8 也是 2 的整數次方，所以設計以 8 位元為一組的電腦硬體比處理 9 位元來得容易。

　　時至今日，大概已經沒有誰記得 9 位元組的時代了；至於 4 位元組，現在則稱為「半拜」（nibble，有時也拼為 nybble）。

大多數的現代電腦都使用 8 位元組，資料以 0 和 1 來表示。

參照條目　ENIAC（西元1943年）；位元（西元1948年）；數位遠距離（西元1962年）。

西元 1956 年

機器人羅比
Robby the Robot

　　虛構角色機器人羅比的全球初登場，是在《禁忌的星球》（*Forbidden Planet*）這部電影中，同樣於那年與大眾見面的，還有不沾鍋與氣墊船。在 1950 年代，科技的影響與潛在的應用方式無論是好是壞，都以許多形式出現於流行文化，同時也化作各式各樣的商品潛入家庭，其中，以資質聰穎及獨特外型聞名的羅比，就揭示了科技進步帶給大眾的焦慮感受和其他深層議題。羅比雖然是機器人，但就真實世界的電影角色而言，他的形象十分搏人信任，因此很快就成了歷久不衰的象徵，讓人相信機器人既善良又有用，但事實上，羅比根本只是由真人躲在 6 英尺 11 英寸（約 210 公分）的真空成形塑膠管內假扮而成。

　　在《禁忌的星球》中，羅比是由墨比爾斯博士（Dr. Morbius）以千年前曾存在的外星族群「克萊爾」（Krell）為藍本製作而成。克萊爾族曾存活於墨比爾斯博士與女兒居住的艾爾特四號行星（Altair IV），而父女倆則是 20 年前受派前往行星探險的科學家之中，唯二的倖存者。雖然電影宣傳海報上的羅比抱著一名受傷的女子，似乎暗帶威脅意味，但墨比爾斯博士是在遵照艾西莫夫機器人三大法則的前提下編寫程式，所以其實羅比對人類是既保護又服從。

　　演出大螢幕處女秀後，羅比也陸續出現在幾十部電影與電視節目中，包括《少年透明人》（*The Invisible Boy*）、《太空迷航》（*Lost in Space*）、《陰陽魔界》（*The Twilight Zone*）和《莫克和明迪》（*Mork & Mindy*），另外也在 AT&T 2006 年的廣告中，與《傑森一家》（*The Jetsons*）的蘿西（Rosie）和《霹靂遊俠》（*Knight Rider*）的 KITT 等其他知名機器人一同亮相。

　　羅比是個極為先進的機器人，能以 187 種語言流利對話，也可以將分子複製成任意形狀與數量，做成墨比爾斯博士的食物。他和 1920 年的《R. U. R.》與 1927 年的《大都會》電影角色瑪利亞一樣，都讓電腦科學家和大眾得以想像電腦在技術與實質上的潛力，以及機器人對於人類社會的潛在影響；不過羅比不僅為電腦科學家和蓄勢待發的發明家帶來靈感，也帶給一般大眾不少娛樂與趣味。

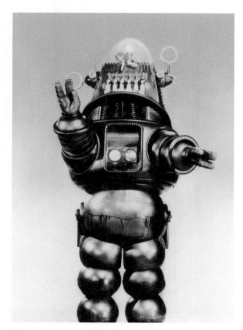

機器人羅比，出自 1956 年電影《禁忌的星球》。

參照
條目　艾西莫夫的機器人三大法則（西元1942年）；首個量產機器人Unimate（西元1961年）

符轉 FORTRAN

約翰‧華納‧巴克斯（**John Warner Backus**，西元 1924 － 2007 年）

　　機器碼是每台電腦使用的原生語言，由簡單指令所組成的原始的數字編碼，讓電腦得以用飛快的速度執行任務，但是用機器碼將兩個數字加總並將結果列印出來，需要一連串冗長的指令：首先把某個記憶體位置的內容傳送到中央處理器的暫存器，接著將另一個記憶體位置的內容傳到第二個暫存器，接著把兩個暫存器內容加總，把結果存在第三個記憶體位置，再把含有數字的記憶體位置存到別的地方，最後叫用功能，把存在記憶體位置當中的資訊列印出來。編寫機器碼非常勞心傷神，更麻煩的是，每台電腦都自帶有特色各異的機器碼。

　　美國電腦科學家巴克斯想到更好的辦法，與其讓程式設計師大費周章地把想解開的數學函數轉換成機器碼，為什麼不乾脆讓電腦來代勞？1953 年，巴克斯在 IBM 向管理團隊提出了一個電腦程式的構想，這個程式能自動將公式轉換為機器碼，而在 1954 年巴克斯組織一個團隊，建立 IBM 數學公式轉換系統，並在 1957 年 4 月向 IBM 客戶推出第一個「符轉」（FORTRAN）編譯器。

　　符轉（FORTRAN，來自英文 Formula Translation 首音節的組合字）大幅簡化編寫程式的過程，不僅好寫、好讀，而產生出的編碼也更可靠。舉例來說，如果要計算三角形的斜邊，程式設計師只需要寫 C=SQRT(A * A + B * B)，不需要寫到一串 20 來個機器碼指令。巴克斯因為符轉以及後續的編譯器理論等貢獻，在 1977 年獲頒圖靈獎。

　　符轉其實是巴克斯創造出來第二個電腦語言，第一個電腦語言「速碼」（Speedcoding）是一種直譯語言，編寫容易但執行速率比起機器碼還要慢 10 到 20 倍，當時 IBM 的客戶可不願意用效能為代價，只為了提升程式設計師的生產效率。符轉獲得認同的原因，有一部分就是因為符轉產生出來的程式碼，比起人寫出來的程式碼，執行的效率快很多。

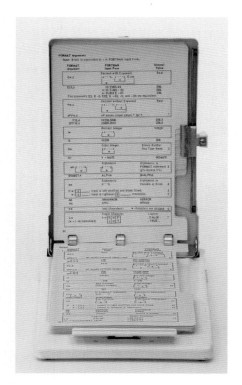

給程式設計師關於「符轉」程式語言的快速指南，當中列出格式（FORMAT）語句的不同引數。

參照條目 科博程式語言（西元1960年）。

首幅數位影像
First Digital Image

羅素・基爾希（**Russell Kirsch**，西元 1929 － 2020 年）

基爾希任職於美國國家標準暨技術研究院（National Institute of Standards and Technology，以下簡稱 NIST）的時候，支持了一個數學家團隊，使用標準東方自動計算機（Standards Eastern Automatic Computer，以下簡稱 SEAC）來模擬氫彈（或稱熱核武器）、預測天氣，或是執行其它常見於 1950 年代政府電腦的種種功能。

1957 年，NIST 開始研究一個問題：如果電腦能看圖片的話會怎麼樣？後來，基爾希發明一台掃描機，產生了第一張數位影像。

基爾希的掃描機有一個轉筒，還有一個光學感應器能夠獨自沿著轉筒軸線移動，從轉筒的其中一端開始，感應器組件會隨著轉筒轉完整一圈漸漸移動，感應器只能感應到是否有光線存在。為了得到一張灰階圖像，基爾希掃描好幾次，每一次都在感應器前面放上更深的濾紙，再用電腦將結果合成起來。

第一張圖片，基爾希將自己三歲兒子的一張 2 吋（5 公分）方形照片放到轉筒上並啟動機器，掃描出的圖像是有著 176 數位列數的陣列，每列有 176 灰階單位。基爾希創造了點陣圖，也就是利用陣列圖像元素（現稱**像素**，英文為 pixels）來顯示圖片。

SEAC 掃描機開啟電腦研究與應用的新領域，基爾希利用數字柵格儲存圖像成為所有與圖像有關的電腦應用的主流儲存方式，包含衛星影像、醫療影像，甚至連現代手機螢幕上簡單的二維的彩色顯示都是。另一個儲存電腦影像的方法是利用螢幕上進行畫作的光向量（稱為**向量圖**，英文為 vector graphics），這個方法在 1960 和 1970 年代時與點陣圖激烈競爭，但最後因為價格高昂而敗下陣來。

基爾希後來發明出基式演算法，能夠偵測物體在數位影像的邊緣。後來，他研究如何使用電腦進行視覺藝術，包括分析現有藝術作品以及混合既有概念創造新的藝術，而一切都是電腦來控制。

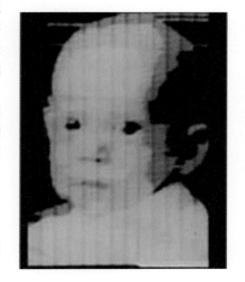

基爾希三歲的兒子是第一張數位影像的主角，預示未來也會有千千萬萬的嬰兒照會被分享。

參照條目　傳真機專利（西元1843年）。

貝爾 101 數據機
The Bell 101 Modem

　　數據機（英文 modem，其全稱為 modulator/demodulator，取二字的首音節而成）把數據資料轉化為類比訊號傳送出去（這個過程在英文稱為 modulation，意為「**調變**」），而接受端把類比訊號轉換為位元（也就是 demodulation，意為「**解調**」）。在 1958 年至 1990 年代末期，這種結合類比通訊網路的聲學數據機是電腦與遠端使用者溝通的主要管道。

　　第一台聲學數據機可能是 SIGSALY，這是一種聲音解碼系統，在第二次世界大戰期間由同盟國研發，讓溫斯頓・邱吉爾（Winston Churchill）能夠直接和富蘭克林・羅斯福（Franklin Roosevelt）對話。這一台數據機很有可能是由空軍劍橋研究中心（Air Force Cambridge Research Center，簡稱 AFCRC）所研發出來，這個機構也開發出一個能夠透過電話線傳送雷達影像的數位裝置。

　　後來在 1958 年，美國電話電報公司（以下簡稱 AT&T）推出貝爾 101 數據機，供美國防空用的賢者系統（半自動地面防空系統）所使用，這台數據機能夠以 110 位元每秒（全稱為 bits per second，簡稱 bit/s）的速度，透過日常的電話線達成溝通，隔年 AT&T 開放這個數據機給商業用戶，貝爾 101 在 1962 年被貝爾 103 所取代，新數據機的傳輸與接收資料速率是 300bit/s。

　　貝爾數據機系列直接連接到日常生活的電話，但當時 AT&T 提供長途電話與當地電話的服務，禁止用戶把這個裝置跟其他公司生產的設備作連接。到了 1968 年，美國聯邦通訊委員會（Federal Communications Commission，簡稱 FCC）規定 AT&T 不能禁止有使用聲耦器（acoustic coupler）的裝置

連接到家用電話，短短幾年之內，像維新公司（Novation）與海耶斯微電腦產品公司（Hayes Microcomputer Products）等都推出與貝爾相容的 300 鮑率數據機。

　　一台 300 鮑率的數據機可以每秒傳送 30 字元或每分鐘 250 字組。1979 年，AT&T 推出貝爾 212 數據機，傳送接受的速率快了四倍。海耶斯則推出智慧數據機 1200，能與貝爾 212 相容，不過價格相對便宜，在 1982 年一台索價 699 美金。兩年後，國際電報電話諮詢委員會（International Telegraph and Telephone Consultative Committee，簡稱 CCITT）推出 2400 鮑率數據機的全球標準 v.22bis。這些數據機奠定第一個撥接上網服務的基礎。

貝爾 101 數據機（1958 年）是第一個能夠傳遞數位資料的商用數據機。

參照條目 賢者系統（西元1958年）；先驅數據機超前業界標準（西元1984年）。

賢者系統
SAGE Computer Operational

傑‧佛瑞斯特（**Jay Forrester**，西元 1918 － 2016 年）

　　賢者系統（又稱半自動地面防空系統，英文 Semi-Automatic Ground Environment，簡稱 SAGE）是一個電腦網路，保護美國免於蘇聯的突擊，從 1958 年便開始運行一直到 1984 年才除役。

　　這個系統是由 MIT 林肯研究室所開發，仍然是目前斥資最為鉅大的電腦計畫：花費是在 1954 年代的十億美金（以 2018 年的幣值換算約為 900 億美金），換句話說賢者系統的投資成本大約是曼哈頓計畫的三倍。

　　賢者計畫有個重要的使命，24 台彼此連線的電腦負責監看美國內部與周遭領空，追蹤任何一台移動中的飛機，還有標記那些沒有提出飛行計畫而航行的飛機。出現不明物體的時候，賢者系統會判斷要發射哪個攔截飛彈，並且計算攔截位置。賢者計畫除了保護美國不被蘇聯的炸彈客攻擊以外，還協助許多救援墜海小型飛機的工作。

　　MIT 的教授佛瑞斯特選擇 IBM 作為賢者計畫的合作單位，這個系統占 IBM 剛起步時 80% 的營收，也讓 IBM 成為企業巨頭。這個電腦網路本身有許多配對的電腦（分為主要與備份），每一組電腦都安裝在水泥磚做成的房子裡，占地一公畝，而且有四層樓高。初代 IBM AN/FSQ─7 電腦曾經是當時最大的電腦，每一台電腦都有 6 萬條真空管還有 256 千位元的磁力芯 RAM，重達 250 公噸。這一組電腦控制 150 影像控制台，並且有光槍供操作人員使用來選擇目標。

　　賢者系統除役之後，取而代之的是造價更便宜、更現代的系統，而這些老舊的電腦開始出現在電影與電視節目當中。在 1996 年到 2016 年間，AN/FSQ─7 的元素出現在大銀幕上超過 80 次（根據網站 Starring the Computer 統計），包括在 1960 年代《蝙蝠俠》（*Batman*）電視影集系列當中的「蝙蝠俠電腦」，或是伍迪‧艾倫（Woody Allen）1973 年的電影《傻瓜大鬧科學城》（*Sleeper*）中作為 22 世紀的電腦，還有 1983 年的電影《戰爭遊戲》（*WarGames*），這是少數幾個 AN/FSQ─7 系統單獨出現在大銀幕上。

賢者系統位於林肯實驗室的研究指揮中心（Experimental Direction Center），上尉夏博諾（Charbonneau）正坐在狀態顯示控制台前。

參照條目 核心記憶體（西元1951年）；《戰爭遊戲》（西元1983年）。

IBM 1401

　　IBM 1401 是 IBM 第二代電腦，由電晶體組成，主要是設計來記錄商業資料，由於造價低廉且用途廣泛，1401 成為地球上最成功的電腦。

　　這台電腦能將儲存資料在磁帶和硬碟上，每分鐘能以每分鐘 800 張驚人的速度讀取打卡記錄，並且每分鐘可以打卡 250 張卡，而且每分鐘能用「鍊式印表機」輸出 600 行，這種鍊式印表機只有 26 個大寫字母，10 個數字，還有 12 個特殊符號如 & , . ¤ - $ * / % # @ ≠ 。

　　1401 的運行環境是自動編碼，或稱 IBM 的符號程式系統（Symbolic Programming System），現代一般稱為組譯器（assembler）。為了避免二進位誤差，系統使用分數，8 位元的記憶體使用 6 位元進行數字或文字編碼，一種奇偶校驗位元（用來偵測硬碟錯誤），然後第 8 個位元組記錄數字或文字的終點。這個模型的手冊就自豪地寫道：「填入固定長度的文字，這樣每個空間都不浪費。」這句話寫在每個位元都彌足珍貴的時代。

　　1401 處理器包括獨立的**印製電路板**（英文簡稱 cards），每個電路板有數個電晶體還有其他離散組件（discrete components）。可供購買的系統有 1,400、2,000、4,000、8,000、12,000 或 16,000 個字元的 8 位元核心處理器，小型的組態特別吸引人：小型企業能以每月 2,500 美金的價格租借一台 1401 輕易達成電腦化（相較之下，IBM 的 701 商用電腦的租借費用在 1953 年每個月要價 15,000 美金）。已經有大型主機的大型企業可以租借 1401 把慢速的打孔卡資料轉移到磁帶上，再把磁帶輸入進大型主機，執行計算後再把結果存回磁帶，然後使用 1401 將結果列印出來。

　　1401 深受市場喜愛，在 1961 年前，在美國安裝了超過 2,000 台的 1401 電腦，占所有安裝電腦的 4 分之 1，在 IBM 推出全新的系統 360（System/360）取代 1401 之前，全球有 3 分之 1 的電腦都是使用 1401 機型。

IBM 工程師切斯特・西米尼茲（Chester Siminitz）與弗雷德・沃特（C. Fred Woidt）檢查 IBM 1401 電腦上的資料，IBM 1401 電腦上裝有 IBM 1009 數據傳輸器，能夠將電腦的二進碼十進數的訊號轉換成特有的傳輸編碼。

參照條目	IBM 360系統（西元1964）。

PDP－1

班・格里（**Ben Gurley**，西元 1926 － 1963 年）

1957 年，迪吉多公司成立，主要販售現成的電子邏輯「模組」讓其他實驗室能夠輕易試驗新科技。這間公司在第一年獲利並雇用了 MIT 出身的優秀設計師格里，來設計迪吉多的第一台電腦。

只不過這個不能稱為電腦，畢竟當時所有的電腦是又笨重造價又不菲，而迪吉多背後的金主可不希望與 IBM 競爭。此外，迪吉多的願景是希望創造不一樣的東西，一種能夠互動的電腦，不僅體積小、價格公道，同時還兼顧刺激和有趣。所以，這個機器反而稱為**程序數據處理器**（Programmed Data Processor，以下簡稱 PDP）。格里利用迪吉多的電子模組為基石，與自己的小組成員用三個半月的時間，合力設計打造出這台機器，在 1959 年 12 月第一次向客戶出貨。

PDP － 1 與 IBM 和斯貝里蘭德公司（Sperry Rand）販售的以批次為主的系統完全不同，兩家公司販售的機器一個月的租金要價 10,000 元美金，而 PDP － 1 購買的費用介於 85,000 至 120,000 元美金之間，而且 PDP － 1 具有互動特性，還有大型顯示器、高解析度小型顯示器、輕型筆、即時時鐘、複路類比數位轉換器（提供與實驗室設備連接）與音源輸出可供選擇。這台機器比當時的電腦跑速慢，體積也較小，但是非常好用，使用上也很親民，大家稱這個機器為**迷你電腦**（minicomputer）。

迪吉多公司把首批的 PDP － 1 的其中一台電腦給了 MIT，專門給學生使用。1988 年，迪吉多公司的共同創辦人肯・歐爾森（Ken Olsen）在史密森尼學會（Smithsonian Institution）的口述歷史面談中，曾說過這樣的一段話：「學生可能比前人更了解電腦，以及如何使用電腦做事，因為有很多聰明的人每天花好幾個小時鑽研這個。」

因為 PDP － 1 與後來問世的電腦，迪吉多公司成為當時世界第二大的電腦公司也是麻州最大的民營雇主。遺憾的是，格里有生之年沒能見到這一刻，1963 年格里與妻子同五個子女共進晚餐時，遭心懷不滿的前員工用來福槍射殺。

圖示為 PDP － 1 電腦，後來歸類為「微型電腦」的一種機型。

參照條目 核心記憶體（西元1951年）；《太空戰爭》（西元1962年）；網頁搜尋引擎AltaVista（西元1995年）。

快速排序法 Quicksort

查爾斯・安東尼・理察・霍爾（Charles Antony Richard Hoare，生於西元 1934 年）

　　將一連串的姓名或是數字進行排序是許多電腦程式的常見的任務，最常見的排序方式是在程式內輸入一串隨機洗牌後的數字並且在表單中循環排列，並照順序比較每個組，讓數值比較低的組合放在前面，在經過 N 回合之後（N 值就是表單中的元素數量），表單的排序就完成了。這樣的方法稱為泡沫排序法（bubble sort），是一種非常沒有效率的排序方式。

　　1959 年，霍爾想出一個更好數字的排序方法，稱為快速排序法（Quicksort），這個計算法將一連串的元素分成兩區，針對兩區進行排序，然後再對每一區遞迴套用演算法。

　　霍爾在 1959 年開發出快速排序法來排序俄英字典的字詞，當時他參加了一個交換計畫正好在蘇聯拜訪，回程的時候，他發現這個演算法比起其他排序的演算法來得更快速，所以他把這套演算法送到電腦協會（Association for Computing Machinery，以下簡稱 ACM）的專業雜誌《電腦協會通訊》（*Communications of the ACM*）底下的演算法部門。當時的 ACM 正設法刺激該領域的發展並且盡可能出版各式演算法，在 1961 年他們以「演算法 64」出版快速排序法。

　　快速排序演算法非常創新，原因在於操作雖然簡單（編碼行數小於十行），卻意外地比其他容易想到的排序方法來得有效率，從那之後的五十年，這個演算法有小幅度的修正，但快速排序法仍普遍使用在各個電腦程序，大部分電腦語言也都能啟用快速排序法。

　　霍爾繼續發展分析與推論電腦程序正確性的技術，後來在 1968 年成為貝爾法斯特女王大學（Queen's University Belfast）的教授，而在 1977 年轉到牛津大學。霍爾因演算法的貢獻在 1980 年獲頒圖靈獎，並在 1982 年成為皇家學會院士（Fellow of the Royal Society）。

回顧自身的職涯，2009 年霍爾告訴《電腦協會通訊》的編輯：「我認為快速排序法真的是我開發過的演算法中，唯一有趣的一個。」

快速演算法讓表單中的數字排序變得非常有效率。

參照條目　勒芙蕾絲的計算機程式（西元 1843 年）；軟體工程（西元 1968 年）。

航班訂票系統
Airline Reservation System

布萊爾・史密斯（**R. Blair Smith**，生卒年不詳）
C. R. 史密斯（**C. R. Smith**，西元 1899 － 1990 年）

　　隨著噴射引擎時代來臨且空中旅行愈漸流行，將乘客的需求與現有航班整合也變得更為複雜，預訂航班原本是人工作業，利用索引卡片、檔案夾還有一個有轉盤的巨大圓桌，六個人圍坐來進行，預訂一個航班平均要花費 90 分鐘。

　　美國航空（American Airlines）不是第一次遇到自動化的挑戰，之前也做過相關解決方法的研究，後來開發出早期的預訂系統，稱為**機電預約機**（Electromechanical Reservisor）還有**電磁預約機**（Magnetronic Reservisor）。

　　1953 年，IBM 的銷售業務員布萊爾・史密斯搭乘美國航空，從洛杉磯前往紐約，他的座位在機尾，剛好坐在美國航空謙遜低調的總裁 C. R. 史密斯的旁邊，這位 IBM 銷售業務知道，美國航空當前遇到的問題（事實上也是當時所有航空業者遇到的問題）與先前 IBM 為美國空軍建立賢者系統時遇到的問題是一樣的，兩位史密斯開始聊了起來，在航程的最後，這場對談激起的火花最後催生出聖劍系統（又稱「半自動商業研究環境預約系統」，英文 Semi-Automated Business Research Environment reservation system，簡稱 SABRE）。

　　初代聖劍系統在 IBM 7090 大型主機運行，主機的位置在紐約州（New York）布來克立夫莊園（Briarcliff Manor）的某個計算機中心，在聖劍系統到 1964 年才完全上線，在那之前聖劍系統一天要處理 84,000 筆電話交易，是當時全球最大的民用資料處理系統。聖劍系統有超過 1,500 個資料站散布全國各地，能遠端連結到主機進行檢索並且完成預約與預訂的要求。預約耗時從原本的 90 分鐘下降到幾秒鐘的時間。

　　聖劍系統當時不光是掀起旅遊業的革新，促使其他航空業者開發自己的專屬系統或申請使用聖劍系統，同時立下概念與方法的基礎，為往後數十年影響甚鉅的電子商務鋪路。1996 年，聖劍系統後來獨立出來自成公司之後，創立了旅遊城市（Travelocity）公司，是最早直接面對消費者的線上預約系統。

聖劍航班預約系統是由美國航空與 IBM 共同研發，直至今日仍廣為使用。

參照
條目　賢者系統（西元1958年）。

科博程式語言
COBOL Computer Language

瑪麗‧霍斯（**Mary K. Hawes**，生卒年不詳）
葛蕾絲‧霍珀（**Grace Hopper**，西元 **1906 － 1992** 年）

1959 年，美國國防部（Department of Defense，以下簡稱 DOD）有 225 台電腦，並且另外訂購了 175 台電腦。這些電腦快速取代紙本歸檔系統，使用不同的程式語言進行人員、物資與金錢的追蹤。知道政府無法負荷軟體研發需要的高額經費，DOD 資助來自寶萊公司（Burroughs Corporation）的電腦科學家霍斯，成立數據系統語言委員會（Conference/Committee on Data Systems Languages，簡稱 CODASYL），設計出通用商業語言（Common Business Language，簡稱 CBL）。這個計畫的目的在於發開發出更容易使用的語言，讓電腦能以類似英語句子的方式寫入程式。

有好幾個委員會的設立就是為了設計出這套語言，也有許多廠商表示有意支持，這個計畫原本是想讓幾個短期成立的委員會，想出一套臨時的替代方案，再讓其他委員會緩慢審慎地將這套語言變得更加完善。但這個專案任務工程浩大，後來很快因為有許多競爭的設計方案而停滯。

於此同時，短期委員會的成員使用 DOD 內部開發的 FLOW—MATIC 語言（由電腦科學家霍珀所開發），做了些許修正之後，發布為通用商業語言（Common Business Oriented Language，簡稱 COBOL 科博程式語言）。這個團隊有時自稱為短期委員會或「快到蛋疼」委員會（Pretty Darn Quick，簡稱 PDQ），在 1959 年 8 月到 12 月間整理出一套語言規範。一年後，1969 年 12 月 7 日，科博程式語言程式能夠在 RCA 501 電腦上以及雷明頓蘭德公司（Remington Rand）的 UNIVAC 電腦上運行。

科博很快在商業計算的世界中占領先地位，雖然經過數次改版，科博現在仍然廣為使用，支援許多銀行的內勤系統與薪資系統。

科博也是最早開放的免費軟體其中之一。在那個使用者租賃電腦，而企業小心翼翼地守著各自的智慧財產權的年代，科博的設計者與使用者堅持科博屬於所有人。

葛蕾絲‧霍珀說明科博編譯器的運作方式。

參照條目　符轉（西元1957年）；培基程式語言（西元1964年）；C程式語言（西元1972年）。

RS－232 標準
Recommended Standard 232

30 多年來，美國電子工業協會（Electronics Industries Association）的建議標準 232（以下簡稱 RS—332 標準）一直是連接有線世界的通訊協議，不同種類系統的背面都配有 RS—332 標準的連接器，能夠透過單條**資料傳輸線**（transmit data wire），將資料位元組以一連串的串列字元傳送出去，同樣的連接器上還有第二個資料接收線（receive data wire），可以接收另一端傳送過來的位元組。

在 1960 年制定的 RS—332 標準，可以說是 1970 年中期前世界上每台電腦的「說話」方式，而 RS—332 的目的是希望透過使用電話網路，讓全世界的電腦與終端機能夠溝通。機房內，RS—332 標準將電腦連接到撥接電話數據機，連接上網需要撥打電話，利用音頻讓兩台數據機彼此通訊。

初始 RS—332 標準的連接器有 25 個插腳，除了資料插腳外，有一個插腳是顯示電話響鈴中，一個插腳顯示有傳輸音調作用中，還有兩個插腳是用來顯示通訊雙方已準備好接收資料，另外兩個是顯示雙方有資料要傳輸。標準的 25 插腳讓多出來的插腳能夠作為第二個資料通道，實務上，這個通道很少使用，所有早期的電腦有 9 個插腳的 RS—332 標準連接器，就需要 9 轉 25 插腳的轉接器。在許多大學裡，一般終端機只會連上三條線路，其他的都會「繞回來」，這樣的設定比較不穩定，但是讓學校能夠使用較便宜的電話線連接到機器，

早期的終端機和數據機以 110、300 或是 1200bps 的速率運行 RS—332 標準；在 1981 年，IBM 的電腦引進美國國家半導體公司（National Semiconductor）所產的新晶片：8250 UART（通用非同步收發傳輸器，英文為 universal asynchronous receiver/transmitter），8250 晶片具有可程式化的位元速率生成器，可用 115,200 bps 速率運行 RS—332 標準。

1996 年，通用序列匯流排（Universal Serial Bus，簡稱 USB）開始使用後，RS—332 標準開始衰退。現在很少電腦有 RS—332 的連接器，即使有許多主機板還是具備相關的硬體。同時，RS—332 標準仍舊廣為使用在嵌入式電腦的通訊上，像是電腦化門鎖。

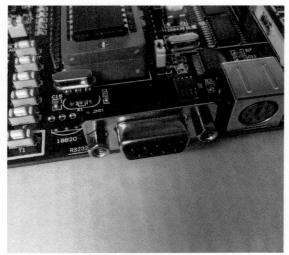

1960 年首次開發出來的 RS － 332 標準連接埠如今仍舊使用在現代的迴路板上。

參照條目　貝爾101數據機（西元1958年）；通用序列匯流排（西元1996年）。

ANITA 電子計算機
ANITA Electronic Calculator

諾伯特（諾曼）・基茨（Norbert "Norman" Kitz，生卒年不詳）

ANITA Mk 7 與 ANITA Mk 8 是世界上前幾部在市場上銷售的電子計算機，ANITA 的發明者是基茲，曾在 1940 年代末期在英國國家物理實驗室（National Physical Laboratory）研究測試型自動計算機（Automatic Computing Engine，簡稱 ACE）。ANITA 的使用者介面是模擬那個時代的機械式計算機，但內部完全是電子部件：電管、電阻器、二極管，有著許多線路以及一個電晶體，儼然是一個電壓調節器。

如同機械式計算機，ANITA 計算機上每一個數位上有十個鍵，跟今日標準的十個數字鍵的鍵盤不同。數字顯示在 13 個「數位管」的氖管（現在還有在製造），每一個都有十個獨立控制的線路，每一條線路有不同數字的形狀。

ANITA 的製造商是倫敦的貝爾龐治公司（Bell Punch Co.），成立於 1878 年，主要販售會計產品給英國早期的鐵路業者。經過數年，貝爾龐治研發出數個機械計算的裝置給鐵路業者，通常這些計算機的名字都以發明者的妻子起名，但是這家公司有不同的說法，說 ANITA 代表的是「算術新啟發（A New Inspiration to Arithmetic）」或是「會計新啟發（A New Inspiration to Accounting）」。

ANITA Mk VII 與 ANITA Mk 8 出品的時間相差一個禮拜，Mk 8 在英國出品，然後 Mk VII 在一週之後在歐洲大陸出品，主要是在德國、荷蘭與比利時等地。Mk VII 只做了一千台，因為使用十進數冷陰極真空計數管（Dekatron cold-cathode vacuum tubes）導致設計不良的問題，這些管路因為重複不斷的開機與關機而損壞，這樣的問題常見於桌上型的計算機，而久而久之 Mk VII 的機種開始出現錯誤，Mk 8 則以較為可靠的閘流管環式計數器製造。

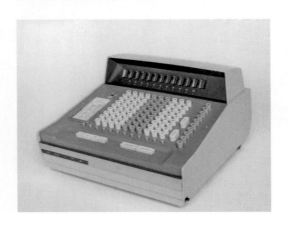

價格為 355 歐元（大約 1000 美元），Mk 8 的價格大約與機械式計算機相同，不過操作起來安靜無聲，事實上這也是貝爾龐治公司在廣告中大力宣傳的部分。這家公司一直到 1964 年後才出現競爭對手，1964 年許多來自美國、義大利還有日本的公司，同步推出以電晶體為基礎的計算機。那個時候，貝爾龐治公司每年生產超過 10,000 台的 ANITA 計算機。

ANITA Mk 8 計算機每列的數字按鈕設計是仿照機械計算機的使用者介面。

參照條目　科塔計算機（西元1948年）；HP－35計算機（西元1972年）。

首個量產機器人 Unimate
Unimate: First Mass-Produced Robot

喬治・戴沃爾（George Devol，西元 1912 － 2011 年）
約瑟夫・恩格爾伯格（Joseph F. Engelberger，西元 1925 － 2015 年）

在技術期刊上看到一張生產線工人的照片，美國發明家戴沃爾在想有沒有工具能夠取代重複性高、消磨心智的工作。這個問題讓他設計出類似機械手臂的東西，並在 1961 年申請專利，稱為**程序化物件搬移**（Programmed Article Transfer）裝置。

在一個偶然的機會，戴沃爾在 1959 年的一個雞尾酒派對中，介紹這個裝置給工程師兼商人的恩格爾伯格，恩格爾伯格很喜歡以薩・艾西摩夫的機器人故事，馬上就看出戴沃爾「機器」裝置的商機，作為生意夥伴，兩人必須將裝置更加完善，並說服他人購買。恩格爾伯格的銷售策略是找出機器人 Unimate 能做的工作（機器人名字是戴沃爾的妻子伊芙琳想的）。那些工作具有危險性或是操作有困難的，美國通用汽車公司（General Motors，簡稱 GM）是這個想法的第一個買家，1959 年 Unimate 原型一號開始裝設在美國紐澤西州（New Jersey）特倫頓（Trenton）的一個生產線上，Unimate 的工作是拿起用融鋼製作的灼熱門把放到冷卻用的液體中，之後再放回生產線讓後面的人力進行拋光。Unimate 在新式產業中不斷興盛並在全球的生產製造工廠掀起一陣革命。

Unimate 重達 4,000 磅（1,814 公斤）並且由一連串的流體力學控制，記憶體儲存位置在一個磁鼓上，手臂中的壓力感應器能夠讓機械手臂能在需要時調整握力的力道，要 Unimate「學習」一項工作，一開始需要一個人手動移動機械手臂，一步一步走過希望機械手臂運作的步驟來完成工作。這些動作會由手臂當中的電腦記錄下來，然後不斷的重複。

1966 年，Unimate 登上強尼・卡森（Johnny Carson）《今夜秀》（The Tonight Show）的主角，節目當中展示 Unimate 如何將高爾夫球擊入球洞中、倒一杯啤酒，還有指揮《今夜秀》的管弦樂隊。這個機械手臂的早期模組能夠在史密森尼美國藝術博物館（Smithsonian's National Museum of American History）內找到。2003 年，Unimate 正式進入了卡內基美隆大學機器人名人堂（Carnegie Mellon Robot Hall of Fame）。

這個厚度 52 吋（1.3 公尺）、填滿油的玻璃窗能夠保護核子工程師在操作機械手臂時免受輻射危害，圖為 1961 年 NASA 的俄亥俄州桑達斯基普拉姆布魯克站。

參照條目　艾西莫夫的機器人三大法則（西元 1942 年）

分時系統 Time-Sharing

約翰‧華納‧巴克斯（**John Warner Backus**，西元 **1924** － **2007** 年）
佛南多‧J‧柯巴托（**Fernando J. Corbató**，西元 **1926** － **2019** 年）

　　一台電腦的中央處理器一次只能運行一個程式。雖然還是可以坐在早期的電腦前與電腦進行互動，但是把如此昂貴的電腦資源拿來個人使用，當時普遍認為是一種浪費。這也說明為何批次處理成為 1950 年代大多數電腦運行的標準樣態，一次讀取數個程式到磁帶上並且快速連續運行，接著在時間內將列印結果交給動作慢很多的人類，這樣的方式有效率許多。

　　不過，雖然批次處理就電腦來說非常有效率，對人來說可就糟透了。細微的程序錯誤，起因可能是只是小小的錯字，可能好幾個小時都不會發現，通常都要等到隔天，那個時候批次處理的結果都已經跑出來了。

　　MIT 的研究人員發現，如果中央處理器能在不同的程式間轉換，每個程式大約運行十分之一秒的話，單一中央處理器能夠同時共享給不同的人。使用者看起來會覺得電腦跑速變慢了，但對使用者而言，這樣的系統還是來得有效率得多，因為能夠在幾秒內而不是幾小時後發現錯誤。

　　1954 年，巴克斯第一次在美國海軍研究署贊助的 MIT 夏季課程中提出這個方法，但一直要到 IBM 將推出 7090 電腦交給 MIT 之後，這樣的方法才有辦法得到驗證，這台 7090 電腦容量夠大，能夠一次在記憶體中運行多個程式。

　　MIT 教授柯巴托在 1961 年 11 月展示了他的實驗性分時系統（Experimental Time-Sharing System）。

這個系統對四個使用者使用時間分時，這個操作系統有 18 個指令，包括登入（login）、登出（logout）、互動性的文字編輯器（edit）、列出檔案（list file）以及 mad（一種早期的程式語言，英文：Multivariate Alteration Detection）。後來這個系統變成相容分時系統（Compatible Time-Sharing System，以下簡稱 CTSS），這樣命名的原因在於這個系統能同時支援互動分時以及批次處理，柯巴托因為 CTSS 與 Multics（多工資訊與計算服務系統）而獲頒 1990 年的圖靈獎。

　　分時系統很快變成互動電腦的主流，一直維持到 1980 年代的電腦革命前。

1960 年代柯巴托在 MIT 的相片。

參照
條目　公用運算（西元1969年）；UNIX作業系統（西元1969年）。

《太空戰爭》
Spacewar!

史蒂夫・羅素（**Steve Russell**，西元 **1937** 年出生）
馬丁・格雷茨（**Martin Graetz**，生卒年不詳）
韋恩・維塔寧（**Wayne Wiitanen**，生卒年不詳）

　　羅素與自己在 MIT 朋友都明白，最能顯現新一代 PDP － 1 機種的性能就是多人電玩，一款玩家能夠擊落其他玩家的太空船的遊戲。因此，羅素與好友格雷茨還有維塔寧做出了《太空戰爭》（*Spacewar!*），遊戲的構想部分來自於美國與日本的科幻以及通俗小說。

　　基本的程式花了大約六週的時間開發，特色是有兩架太空船，名稱為針型號與楔型號，兩架船都繞行太陽的重力井，背景則是星空。這個程式需要每秒超過千次的計算來模擬太空船的動作還有位置，推演星星還有太陽的相對位置，並且執行玩家所輸入的指令，玩家可以發射魚雷，使用電腦上的切換鈕或是按下控制板上的按鍵，因為這個遊戲遵守牛頓的物理學，即使玩家沒有對太空船進行加速，太空船仍舊處於移動的狀態，遊戲的困難點在於擊落對手的太空船，同時還不能撞到其他星體，《太空戰爭》的特色是外太空、重力輔助戰力，還有在開火間的冷卻時間，因此需要一些戰略，而不是只需要瞄準目標朝對手集火速射才能贏得勝利，遊戲中甚至還有一個單獨的小行星玩家能夠成為玩家攻擊的目標。

　　這個遊戲首次在 1962 年 MIT 的科學歡迎日公諸於世，《太空戰爭》隨後就在美國國內許多 PDP － 1 研究的電腦上可以找到，2007 年《紐約時報》（*New York Times*）公認這款遊戲是史上十大最重要的遊戲之一，《太空戰爭》的成功之處，大部分在問世好幾十年後才看得見，史都華・布蘭德（Stewart Brand）與《滾石雜誌》（*Rolling Stone*）在 1972 年贊助舉辦了《太空戰爭》錦標賽，並像報導體育賽事活動一般報導該活動盛事。1977 年，《BYTE》雜誌發布了以組合語言編寫且可以運動在 Altair 8800 電腦上的《太空戰爭》版本，而《太空戰爭》也是 1971 年第一個街機遊戲《電腦空間》（*Computer Space*）的靈感來源，設計者為諾蘭・布什納（Nolan Bushnell），布什納後來也推出遊戲《乓》（*Pong*）以及成立雅達利公司（Atari Corporation）。至於那個《太空戰爭》裡孤單的小行星後來成為電玩《小行星》（*Asteroids*）的靈感來源，這款遊戲後來也成為雅達利公司最賣作的遊戲。

丹・艾德華（Dan Edwards）（左）與彼德・山姆森（Peter Samson）（右）正在玩《太空戰爭》，一款最早期的數位電腦遊戲，在 PDP － 1 第 30 型的顯示器上運行。

參照條目 PDP－1（西元1959年）；《乓》（西元1972年）；第一台個人電腦（西元1974年）；《BYTE》雜誌（西元1975年）。

虛擬記憶體 Virtual Memory

弗里茨 - 魯道夫・古恩馳（**Fritz-Rudolf Güntsch**，西元 1925 － 2012 年）
湯姆・基爾伯恩（**Tom Kilburn**，西元 1921 － 2001 年）

　　記憶體是早期電腦的主要限制之一，為了解決限制的問題，程式設計師會將程式碼與資料切分成數個小段落，傳到記憶體中進行處理。如果電腦的記憶體需要處理其他任務時，再換到備用儲存裝置。這些動作都由程式設計師控制，確保每個動作都正確執行需要耗費很大的力氣。

　　古恩馳在柏林技術大學（Technical University Berlin）寫博士論文時提出一個方法，當資料被參數引用時，讓電腦自動將資料從儲存位置移動到記憶體，並且在記憶體需要處理其他任務時自動將資料存回儲存位置。為了達到這個目的，電腦會指配資料到不同大小區塊的大型**虛擬記憶體位址空間**（memory address space），電腦會依照需求標示位置或指配更小的**實體記憶體**（physical memory）區塊。

　　雖說以今日的標準而言，古恩馳設計的電腦非常精小，只有六個核心記憶體的區塊，每個尺寸是 100 字組，可以用來創造 1,000 個區塊的虛擬位址空間，但是古恩馳準確地把這個想法勾勒出來。

　　於此同時，在曼徹斯特大學（University of Manchester），由基爾伯恩帶領的小組正在打造一台從現代的標準來看的巨型快速電腦。為了這台電腦，他們設計並且啟用一個虛擬記憶系統，當中的核心記憶體有 16,384 字組，還有備用儲存空間的 98,304 字組。每個字組有 48 字元，足夠記住一個浮點數字或兩個整數。這台電晶體組成的電腦原先稱為繆斯（MUSE，英文毫秒引擎 microsecond engine 的略稱），後來重新命名為亞特拉斯電腦（Atlas），花了六年打造，參與製造的還有英國的電子公司費蘭褆（Ferranti）與普來西（Plessey）公司。

　　今日的虛擬記憶體是每個現代作業系統的標準配備之一，連行動電話都有用到虛擬記憶體，打造 1960、70、80 與 90 年代最快電腦而聞名的西摩・克雷（Seymour Cray），為人所知的就是避掉虛擬記憶體不用，因為將資料從備用儲存區與主要記憶體間來回移動，花費寶貴的時間並且讓電腦的速度變慢，克雷常說：「沒有的東西就是假裝不了。」說到虛擬記憶體，還真的能化無為有。

亞特拉斯一號電腦的控制台，用來提供電腦運行的相關資訊。這個電腦安裝在英國亞特拉斯電腦實驗室（Atlas Computer Laboratory），主要來用來進行粒子物理學的研究。

參照條目　浮點數（西元1914年）；分時系統（西元1961年）。

西元 1962 年

數位遠距離
Fourier Series

　　想像一下，現在大約是 1960 年的母親節，舉國上下，離家很遠的兒女正打電話給母親祝賀佳節愉快，並感謝母親所做的一切，但有很多人無法做到，因為有很多人電話根本打不通，只能聽到忙線的撥號音或是自動語音系統說請再稍候再撥。這是因為當時分布全國作為通訊網路的銅線組合相對較少，每一組合只能傳送一組對話。

　　隨著 AT&T 推出數位 T1 載波服務，每個銅線組合的能力有著大幅度的提升，不再是一組纏繞的銅線傳送一組對話，而是兩組銅線可以同步傳遞 24 組對話，T1 服務能做到這一點，是把所有類比聲音資料轉換成數位格式，然後經過序列或是組織後，由兩組銅線組合一起傳輸，最後再精準地分開傳送到目標住戶或是電話線。簡單地說，一下子每個銅線組合的傳輸能力增長了 10 倍（因為技術原因，T1 的每個傳輸方向都需要使用銅線組合）。第一代 T1 安裝在芝加哥，當時的芝加哥街道下方沒有多餘的空間埋設纜線。

　　數位遠距服務有三個要件：T1 數位通訊協定；**多工器**（multiplexer）技術，能夠將 24 組對話組合成單一資訊流；以及轉換器，能夠將類比資料與數位資料互相轉換。

　　T1 開創一個新的可能性，讓兩台電腦得以使用電信公司提供的高速數位網路進行連結，T1 載波服務，通常稱為 **T1 線**（T1 line），T1 規格與標準的演變與發展成熟是許多其他創新的基石，像是早期的網路，還有隨著 5ESS 電子交換系統的發明而產生的市內電話網路數位化也是一例。

貝爾電話公司的工程師正在替換電話接線器深處的 T1 介面。

參照
條目　市內電話網路數位化（西元1983年）。

素描本 Sketchpad

伊凡・蘇澤蘭（**Ivan Sutherland**，生於西元 **1938** 年）

素描本（Sketchpad）是公認為第一個互動式電腦繪圖程式，蘇澤蘭在 MIT 寫博士論文時創造了素描本，開啟了人機互動的新紀元，這個程式使用光筆，但不是用來指陰極射線管（cathode ray tube，簡稱 CRT）上的點，素描本用光筆讓使用者能在電腦螢幕上畫出各種形狀，這是一個革命性的概念，將圖像資料輸入電腦，而不是由數字與字母組成的編碼資料。素描本是最早的圖形化使用者介面（GUI）之一，同時開啟了使用電腦進行藝術與設計的概念，而不是嚴格侷限在技術或是科學工作。

素描本利用各式旋鈕與切換開關為輸入方式，藉此控制線條的大小還有比例，程式在林肯實驗 TX－2 電腦上運行，這台電腦的記憶體比當時任何市面上銷售的電腦還要多。素描本是許多電腦繪圖領域研究開發的基礎，電腦輔助設計（computer-aided design，簡稱 CAD）軟體、人機互動（human-computer interaction，簡稱 HCI），以及物件導向程式設計（object-oriented programming，簡稱 OOP）的根源，或多或少都可以追溯到素描本。

素描本影響了道格拉斯・恩格爾巴特在史丹佛研究所（Stanford Research Institute，簡稱 SRI）的 NLS 線上系統（oN-Line System，簡稱 NLS）的設計，蘇澤蘭利用自己的創作做了，如 1967 年發明的第一個頭戴式顯示裝置。這是一項里程碑，後來這項技術被稱之為**虛擬實境**。

一直要到數十年之後，市售的電腦才具備相似的功能，而當電腦真的具備這些功能時，設計師終於能夠擺脫在紙上作畫、打草稿的物理限制。對許多人來說，這項革命始於 1980 年代 AutoCAD 與類似程式的問世，這些程式讓繪圖得以非常精準與細緻，而且不需要因為失誤或是更改設計方向，花上大筆時間把作品擦掉。

蘇澤蘭因在素描本的貢獻，1988 年獲頒圖靈獎，而在 2012 年獲得東京獎。

伊凡・蘇澤蘭的素描本讓使用者能夠使用光筆直接在顯示螢幕上創作圖像。

參照條目　〈我們可能這麼想〉（西元1945年）；頭戴式顯示裝置（西元1967年）；展示之母（西元1968年）；視覺程式語言研究機構（西元1984年）。

西元 1963 年

美國資訊交換標準碼 ASCII

鮑勃·貝默（**Bob Bemer**，西元 1920 － 2004 年）

字元碼能夠指定任一可列印的字元一個數字值，但是沒有任何最為正確的編碼方式。1950 年代末期，使用中的不同編碼標準超過 60 種，IBM 自家不同機種的電腦就有 9 種不同的字元集，這也讓數位形式的資訊在不同系統間轉移變得困難重重。

明確的解決方法就是產業需要齊聚一堂，並徹底地訂定電腦編碼與人類可讀的字元之間如何對應。這項計畫始於 1960 年，當時在 IBM 擔任工程師的貝默開始遊說使用一個通用的編碼。貝默在 1961 年 5 月向美國國家標準協會（American Standards Association，以下簡稱 ASA）提案，ASA 回應會成立一個小組委員會，在兩年的努力之下，這個小組委員會發布美國資訊交換標準碼（American Standard Code for Information Interchange），通常稱為 ASCII。

一開始，ASCII 是用來支援當時的電傳打字機，並沒有考慮到未來的發展性，因此一開始的編碼只有大寫字母、數字、一些符號，還有用來操作電傳打字機動作的特殊控制字元，這當中包括**輸送筒轉回**（carriage return，讓列印頭回到左邊）、**進行**（line feed，讓紙往前移動），還有**響鈴**（bell，讓電傳打字機發出鈴聲）。到了 1967 年，ASCII 也加入小寫字母與更多其他的符號。

因為 ASCII 只有七位元編碼，只能呈現出 128（2^7）個不同的字元，所以沒有支援帶有重音字符的字元，例如 É。那些沒有熬過關的符號，像是 ¢、⅟，還有 ‰ 等，在 1980 年代後，隨著各個家庭與辦公室開始使用鍵盤取代打字機，這些符號就從美國的鍵盤上銷聲匿跡。

隨著 8 位元的機型愈來愈受歡迎，不同的廠家開始用不同的方式使用編碼 129 － 255 來代表不同的字元。於此同時，在亞洲也有設計出各種不相容的技術，針對中文、日文與韓文進行編碼。電腦產業似乎有意再次創造出另一個巴別塔，這個問題直到數年之後開始採用萬國碼（Unicode）後才得以解決。

ASCII TABLE

Decimal	Hexadecimal	Binary	Octal	Char
0	0	0	0	[NULL]
1	1	1	1	[START OF HEADING]
2	2	10	2	[START OF TEXT]
3	3	11	3	[END OF TEXT]
4	4	100	4	[END OF TRANSMISSION]
5	5	101	5	[ENQUIRY]
6	6	110	6	[ACKNOWLEDGE]
7	7	111	7	[BELL]
8	8	1000	10	[BACKSPACE]
9	9	1001	11	[HORIZONTAL TAB]
10	A	1010	12	[LINE FEED]
11	B	1011	13	[VERTICAL TAB]
12	C	1100	14	[FORM FEED]
13	D	1101	15	[CARRIAGE RETURN]
14	E	1110	16	[SHIFT OUT]
15	F	1111	17	[SHIFT IN]
16	10	10000	20	[DATA LINK ESCAPE]
17	11	10001	21	[DEVICE CONTROL 1]
18	12	10010	22	[DEVICE CONTROL 2]
19	13	10011	23	[DEVICE CONTROL 3]
20	14	10100	24	[DEVICE CONTROL 4]
21	15	10101	25	[NEGATIVE ACKNOWLEDGE]
22	16	10110	26	[SYNCHRONOUS IDLE]
23	17	10111	27	[ENG OF TRANS. BLOCK]
24	18	11000	30	[CANCEL]
25	19	11001	31	[END OF MEDIUM]
26	1A	11010	32	[SUBSTITUTE]
27	1B	11011	33	[ESCAPE]
28	1C	11100	34	[FILE SEPARATOR]
29	1D	11101	35	[GROUP SEPARATOR]
30	1E	11110	36	[RECORD SEPARATOR]
31	1F	11111	37	[UNIT SEPARATOR]
32	20	100000	40	[SPACE]
33	21	100001	41	!
34	22	100010	42	"
35	23	100011	43	#
36	24	100100	44	$
37	25	100101	45	%
38	26	100110	46	&
39	27	100111	47	'
40	28	101000	50	(
41	29	101001	51	)
42	2A	101010	52	*
43	2B	101011	53	+
44	2C	101100	54	,
45	2D	101101	55	-
46	2E	101110	56	.
47	2F	101111	57	/
48	30	110000	60	0
49	31	110001	61	1
50	32	110010	62	2
51	33	110011	63	3
52	34	110100	64	4
53	35	110101	65	5
54	36	110110	66	6
55	37	110111	67	7
56	38	111000	70	8
57	39	111001	71	9
58	3A	111010	72	:
59	3B	111011	73	;
60	3C	111100	74	<
61	3D	111101	75	=
62	3E	111110	76	>
63	3F	111111	77	?
64	40	1000000	100	@
65	41	1000001	101	A
66	42	1000010	102	B
67	43	1000011	103	C
68	44	1000100	104	D
69	45	1000101	105	E
70	46	1000110	106	F
71	47	1000111	107	G
72	48	1001000	110	H
73	49	1001001	111	I
74	4A	1001010	112	J
75	4B	1001011	113	K
76	4C	1001100	114	L
77	4D	1001101	115	M
78	4E	1001110	116	N
79	4F	1001111	117	O
80	50	1010000	120	P
81	51	1010001	121	Q
82	52	1010010	122	R
83	53	1010011	123	S
84	54	1010100	124	T
85	55	1010101	125	U
86	56	1010110	126	V
87	57	1010111	127	W
88	58	1011000	130	X
89	59	1011001	131	Y
90	5A	1011010	132	Z
91	5B	1011011	133	[
92	5C	1011100	134	\
93	5D	1011101	135	]
94	5E	1011110	136	^
95	5F	1011111	137	_
96	60	1100000	140	`
97	61	1100001	141	a
98	62	1100010	142	b
99	63	1100011	143	c
100	64	1100100	144	d
101	65	1100101	145	e
102	66	1100110	146	f
103	67	1100111	147	g
104	68	1101000	150	h
105	69	1101001	151	i
106	6A	1101010	152	j
107	6B	1101011	153	k
108	6C	1101100	154	l
109	6D	1101101	155	m
110	6E	1101110	156	n
111	6F	1101111	157	o
112	70	1110000	160	p
113	71	1110001	161	q
114	72	1110010	162	r
115	73	1110011	163	s
116	74	1110100	164	t
117	75	1110101	165	u
118	76	1110110	166	v
119	77	1110111	167	w
120	78	1111000	170	x
121	79	1111001	171	y
122	7A	1111010	172	z
123	7B	1111011	173	{
124	7C	1111100	174		
125	7D	1111101	175	}
126	7E	1111110	176	~
127	7F	1111111	177	[DEL]

美國資訊交換標準碼的七位元字元表。

參照條目 博多編碼（西元1874年）；萬國碼（西元1992年）。

蘭德輸入板 RAND Tablet

蘭德公司原先是美國空軍支持的一項研究計畫，成立於 1946 年。到了 1948 年，蘭德公司成為非營利研究與政策機構，議題涵蓋各式各樣跨領域的主題，為政府以及非政府的客戶服務。1964 年，這家公司的研究團隊創造了第一個數位輸入板：這是一個平面裝置，可以放在桌上，偵測並捕捉**尖筆**（stylus，一種筆狀物件）所產生的軌跡，這能夠讓使用者輕易地輸入繪畫、測量值，甚至是個人簽名等資料到電腦之中。

這項裝置名為**蘭德輸入板**（RAND Tablet），大小為 24 又 1/4 吋寬、20 又 1/4 吋深，只有 1 吋高（大約是 60x50x2.5 公分）。輸入板有一個像筆一般的裝置，藉由線路連到輸入板的底部。利用這個尖筆，使用者能夠在輸入板水平的表面上進行徒手書寫或作畫。使用者利用尖筆接觸到輸入板的表面時，文字或圖像會即時出現在連接的顯示器上，給予使用者感官刺激，就好像直接在螢幕上作畫一樣。

輸入板是蘭德公司研究的一部分，研究目的是觀察人類與電腦如何更有效率的互動，並且交換資訊。以輸入板的例子來看，透過人類靈巧的雙手與肢體動作，可以用書寫的形式表達自我達成人機溝通。蘭德公司將這塊輸入板稱為「活紙板」。

蘭德輸入板對重新定義電腦形態與介面的影響深遠，從傳統的體積龐大、配有一個螢幕與鍵盤的電腦，成為能夠充當類比通訊裝置的構造，能用最自然的方法表達自我。這個裝置的繪畫元件是取經自伊凡・蘇澤蘭素描本的創新研究，素描本正是推動第一個電腦輔助設計軟體的功臣。

由於操作彈性且直覺，輸入板成為電繪輸入最受歡迎的方式，蘭德輸入板也是簽名板的前身，後者在銀行、掌上型電腦 PalmPilot 螢幕上的小型圖形數位轉化器，還有現代的智慧型手機上都有使用。

湯姆・艾利斯（Tom Ellis）是蘭德輸入板其中一位發明者，手裡拿著筆在輸入板上書寫。

參照條目　素描本（西元1963年）；觸控螢幕（西元1965年）；AutoCAD（西元1982年）；掌上型電腦PalmPilot（西元1997年）。

ASR－33 電傳打字機
Teletype Model 33 ASR

在電傳打字機上按下一個鍵，一個字母就會出現在要列印的紙張上，然後透過線路以 110bps 傳送，另一條線路會接收從遠端電腦傳送過來的字元，然後將字元一行一行地在長紙卷上列印出來。電傳打字機在電腦問世之前就已經存在，來傳送電報，因為編打訊息時使用打字比使用摩斯電碼來得快很多，但隨著交談式計算（interactive computing）的興起，電傳打字機主要的目的很快轉變為與電腦互動。

ASR 三個字母代表「自動發送與接收」（automatic send and recieve），這說明了鍵盤左方紙帶讀取機與打孔機的功能。舉例來說，學生能夠使用鍵盤將程式輸入電腦，然後鍵入 LIST 將程式列印在紙上，要讓程式永久記錄下來，可以按下一個明顯的按鈕，驅動打卡機然後鍵入 LIST，在程式列印的過程中，複本會打進紙帶上。要讀取程式，再把紙帶放入讀取機，接著按下另一個按鈕：整個紙帶會被一一讀取，就好像學生是在 ASR 的鍵盤上打出這個程式一樣。

1964 年，電傳公司（Teletype Corporation）的 33 型打字機（Model 33）是第一個採用新上路之 ASCII 的電傳打字機。這些機器後來成為全世界的電腦機房常見的固定裝置，一直到 1970 年代晚期，這些機器才被陰極射線終端機（carthode-ray tube terminals，簡稱 CRTs）還有行列式印表機給取代。在市場過剩的狀況下，有一大堆的 33 型 ASR 電傳打字機改為業餘使用者所用的列印機。

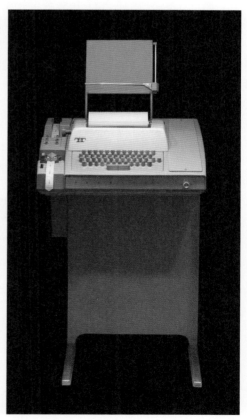

電傳公司生產了超過 60 萬台的 33 型電傳打字機，如今電傳打字機的精神仍存在於 UNIX 作業系統，這個作業系統使用「/dev/tty」作為程式設計師控制台的名字，這個控制台是一個「電傳打字裝置」，忠實地使用 33 型電傳打字機的控制碼，進行**輸送筒轉回**（carriage return）、**進行**（line feed）、**退格**（back space）、還有**響鈴**（bell）。

展示在瑞士洛桑（Lausanne）聯邦理工學院（École Polytechnique Fédérale）博洛博物館（Musée Bolo）的 ASR － 33 電傳打字機。

參照條目 美國資訊交換標準碼（西元1963年）；UNIX作業系統（西元1969年）。

IBM 360 系統
IBM System/360

吉恩・阿姆達爾（**Gene Amdahl**，西元 **1922 − 2015** 年）
佛瑞德・布魯克斯（**Fred Brooks**，生於西元 **1931** 年）

1950 年，IBM 已經生產四種不同的電子計算機，其中兩個是試作原型。十年之後，當時的 IBM 生產超過 12 種不同的電腦系列，提供超過 10,000 個電腦給消費者。

IBM 將此定義為成功的浩劫：五條不同的生產線，每條生產線各有各的設計、指令集，以及作業系統。每個生產線的軟硬體還不能彼此互通，IBM 採取極端的解決方法，將公司的命運全賭在 **360 系統**（system/360）上，這個想法是要創造單一電腦架構，能夠讓軟體可以在 IBM 各種小型到大型的電腦系統上運行。

研發 360 系統的工作從 1959 年開始祕密進行，參與的有全世界的 IBM 實驗室與工廠。布魯克斯是計畫經理，而阿姆達爾是計畫的主要架構師，兩人監督的團隊創造出六種不同但能夠相容的電腦產線，可以支援 19 種速度與記憶體的組合，電腦最快的運行速度比起最慢的快上了大約 50 倍。360 系統的電腦沒有管子：完全使用 IBM 的積體電路打造，記憶體大小從 8,000 到 8,000,000 磁芯字元都有。

360 系統在 1964 年 4 月 7 日，同時在 165 個城市發布，有超過 100,000 人參加，而第一個客戶系統在 1965 年出貨。

原本預估成本只有 6 億 7500 萬美元，IBM 最後光是在工程面就花了 7 億 5000 萬美元，還有另外的 450 億美元花在工廠、相關設備與機具本身。通常這些設備大多是租給客戶，價格介於每個月 5330 美元租賃 30 系統到每個月 115,000 美元租賃最大的系統**大型主機**（mainframes）。第一部電腦出貨之後一年，360 系統就產出 10 億的稅前利潤，年利潤到在 1970 年前更是成長兩倍，而 IBM 在 1970 年時將 360 系統汰換成相容性更高的 370 系統。

布魯克斯因為在電腦架構、作業系統還有軟體工程上的貢獻，在 1999 年獲頒圖靈獎。

IBM 360 系統的 30 號模型。第一部 30 號模型的電腦是由麥克唐納飛機公司（McDonnell Aircraft Corporation）購入，為 1965 年出貨的 360 系統模型當中價格最為低廉的機型。

參照條目　《人月神話》（西元1975年）。

培基程式語言
Basic Computer Language

約翰·凱梅尼（**John Kemeny**，西元 1926 － 1992 年）
托馬斯·庫爾茲（**Thomas Kurtz**，生於西元 1928 年）

達特茅斯（Dartmouth）學院的教授凱梅尼與庫爾茲創造了培基程式語言（又稱初學者通用符號指令碼，英文 Beginner's All-purpose Symbolic Instruction Code，簡稱 BASIC），這樣一來不是電腦狂的普通學生也能學會如何寫程式，還有使用電腦來解決棘手的問題。

不像當時其他的程式語言，培基使用簡單、容易理解的指令。例如，在電傳打字機上輸入的指令會立刻執行，所以輸入列印 2+2 就會印出 4。寫程式的話，學生只需要在每一行的前面加上一個行數，所以輸入 10 列印 2+2 就可以寫出讓電腦跑到第 10 行的時候印出 4 這個數字的程式（執行的時候只需要輸入**運行**即可）。培基設計成如此容易上手，學生會覺得光看程式就知道葫蘆裡賣什麼藥了。

在 1968 年前，達特茅斯學院有 80 多個課程使用培基，課程種類很多元，如拉丁文、統計學還有心理學。培基也傳到其他四所大學還有 23 所中學，總共有超過 8,000 名的使用者。

培基很快就從達特茅斯學院傳了出去，也有許多不同的版本供迪吉多、Data General 電腦公司，還有惠普公司（Hewlett-Packard，簡稱 HP）生產的電腦使用。1973 年，迪吉多的工程師戴維·阿爾（David Ahl）說服自家公司出版一本名為《培基程式語言遊戲教程》（*101 BASIC Computer Games*）的書。1976 年，《Dobb 博士的雜誌》（*Dr. Dobb's Journal*）發表了微培基的列表，這是培基的其中一個版本，能夠在隨機存取記憶體（random access memory，簡稱 RAM）小於 3,000KB 的電腦上運行，非常適合 Altair 8800 的電腦。免費的微培基程式很快加入了牽牛星培基（Altair BASIC），這是比爾·蓋茲（Bill Gates）還有保羅·艾倫（Paul Allen）所寫的商業程式，牽牛星培基要價高達 150 元美金，這高昂的價格讓許多業務玩家去找非官方的版本來運行，意外地造就第一起大量軟體盜版的狀況。

接下來的十年，幾乎每台市售的微型電腦的唯讀記憶體（read-only memory，簡稱 ROM）。ROM 跟 RAM 很像，差別是內容無法變更，通常用在電腦製造商所推出的軟體上）對於數百萬計的人們來說，培基是他們第一個學習的程式語言。現在，巨集語言 Visual Basic for Applications 內建在微軟的 Access、Excel、Word、Outlook 還有 PowerPoint 等程式當中。

Now YOU can program a computer in

BASIC

A new dimension in data processing

GENERAL ⊛ ELECTRIC

美國通用電氣公司出品的培基參考用書。

參照
條目　第一台個人電腦（西元1974年）；《Dobb博士的雜誌》（西元1976年）；微軟和IBM PC相容機（西元1982年）。

液晶螢幕問世
First Liquid-Crystal Display

喬治・海爾邁耶（**George Heilmeier**，西元 1936 － 2014 年）

1888 年，弗里德里・希萊尼澤（Friedrich Reinitzer）在布拉格的卡爾費迪南大學（Karl-Ferdinands-Universität）發現物質的液晶態，後來在 1900 年代還有 1930 年代有更進一步的研究。但另一方面，有些液體具有結晶特性的奇特能力——特別是能夠改變光的極性，一直是化學上的奇妙之處，不過並不是實務探索研究與利用的主軸。

後來，到了 1960 年代早期，美國無線電公司（Radio Corporation of America，以下簡稱 RCA）在紐澤西普林斯頓（Princeton）的戴維沙諾夫實驗室（David Sarnoff Laboratories）中的工程師，正在尋找新型的顯示器來取代彩色電視裡面使用的真空管。RCA 的物化學家理察・威廉斯（Richard Williams）將注意力轉到了液晶體上，並且發現有些化學物質，經過加熱到華氏 243 度時（攝氏 117 度）會產生質變，放到一個高伏特的電力場時，外觀會從透明轉成不透明。

威廉斯很快放棄使用這些晶體作為顯示器的想法，但是公司裡一位年輕的工程師海爾邁耶看出這些晶體的潛力，在接下來的好幾年，海爾邁耶還有新成立的研究團隊發現了在室溫中接觸到小量的電力場會產生液晶效應的物質。

海爾邁耶的團隊在 1965 年打造出第一個液晶螢幕，將液態晶體夾在一個偏光鏡與反射表面之中，並且分別控制單位數顯示器的七個部分；接著，團隊做出一個液晶螢幕（liquid crystal display，簡稱 LCD），上頭有一個小小的電視測試圖樣。

1971 年，RCA 出售計算機部門給斯貝里蘭德公司（Sperry Rand），多了 4 億 9000 萬美元的壞帳，不確定液晶螢幕是否能夠賺錢，RCA 在 1976 年將技術賣給了天美時（Timex）做數位手錶。現在，液晶螢幕在桌上型電腦、行動電話、電視、投影機等都看得到。

海爾邁耶離開 RCA 並申請白宮的研究基金，在 1975 年成為美國國防高等研究計畫署（DARPA）的署長，並持續為美國政府負責督導把關科技研發的工作。

現代的電視螢幕普遍都使用液晶螢幕。

參照條目　LED問世（西元1927年）；電子墨水（西元1997年）。

光學纖維 Fiber Optics

納林德・辛格・卡潘尼（**Narinder Singh Kapany**，西元 **1926 − 2020** 年）
西澤潤一（**Jun-ichi Nishizawa**，西元 **1926 − 2018** 年）
曼弗雷德・博納（**Manfred Börner**，西元 **1929 − 1996** 年）
羅伯特・莫勒（**Robert Maurer**，生於西元 **1924** 年）
唐納德・凱克（**Donald Keck**，生於西元 **1941** 年）
彼得・舒爾茨（**Peter Schultz**，生於西元 **1942** 年）
法蘭克・齊瑪（**Frank Zimar**，生卒年不詳）

　　光纖傳輸將資料以數字 1 或 0 的形式，利用光的脈衝進行編碼，再將資料透過一個比頭髮還要微小的玻璃圓管傳送出去，以光速通過玻璃管之後，脈衝會被重新轉譯為原本的電子形式。電腦的資料是數個數字 1 和 0 的組合，聲音資料則必須多一道手續，在傳送之前需要先轉為數字 1 和 0，然後在接收端再重新組成類比波形。

　　藉由彎折與控制光線來解決生活上大小事，如讓資料傳輸變快。這樣的想法其實並不是什麼新鮮事。早期就有些光學通訊的例子，如 1800 年代的日光反射信號器（heliograph），利用鏡子產生閃爍的陽光，藉此對字母還有數字進行編碼。同世紀末，亞歷山大・格拉漢姆・貝爾（Alexander Graham Bell）還有助理托馬斯・奧古斯圖・華森（Thomas Augustus Watson）發明了光波電話（photophone），可以調節光線照射硒的接收器來傳遞口說的話語。

　　許多人的貢獻造就了現代光纖通訊紀元，包括印度裔美國物理學家卡潘尼以及日本東北大學的西澤潤一。1965 年，住在德國烏爾母（Ulm）的德國人博納，創造出第一個能使用的光纖資料傳輸系統，但一直要到1970 年代，有四位來自康寧玻璃工藝公司（Corning Glass Works）的科學家莫勒、凱克、舒爾茨以及齊瑪，開發出一種玻璃，能夠從數英里外的發光二極體（light-emitting diodes，簡稱 LED）還有半導體雷射傳輸光線，不耗損巨大的能量，光纖技術才得以成熟，可以應用在通用的通訊系統上。

　　比起傳統的銅線或是 T1 線的有線通訊，一條光纖就在相同時間內可以傳遞超過十萬億倍的資訊量。

此處的光纖電纜將資訊以光脈衝的形式編碼，透過微小的玻璃圓管進行傳送。

參照條目 數位遠距離（西元1962年）。

樹枝狀演算法 DENDRAL

約書亞‧萊德伯格（**Joshua Lederberg**，西元 **1925 － 2008** 年）
布魯斯‧G‧布坎南（**Bruce G. Buchanan**，生卒年不詳）
愛德華‧費根鮑姆（**Edward Feigenbaum**，生於西元 **1936** 年）
卡爾‧杰拉西（**Carl Djerassi**，西元 **1923 － 2015** 年）

　　樹枝狀演算法（dendritic algorithm，簡稱 DENDRAL）是早期一個對於現代人工智能系統發展有著影響深遠的電腦研究計畫。這套演算法將人工智能的研究重心，從研發一般智能轉移到針對特殊領域創建量身訂做的系統，作法是將化學專家的知識讓電腦可以使用，讓編碼還有資訊系統可以解決狹義定義的化學問題，以及像人類的化學專家一般立下定論，也因此得名「專家系統」。

　　樹枝狀演算法始於 1965 年，當時的遺傳學家萊德伯格想找出以電腦為基礎的研究平台，深化自己對於有機化合物的了解，來支持自己的地外生物學（exobiology）的研究——這個學門是天文生物學（astrobiology）的一支，目的是去尋找以及了解地球之外生物的演化。萊德伯格的合作對象是史丹佛大學的助理教授費根鮑姆（史丹佛大學電腦科學系的創始人之一）、史丹佛大學化學家杰拉西，還有人工智能程式設計師的鉅頭布坎南，一行人共同開發出一個系統，可以提供化學結構以及結構組成的質譜。這個計畫進行大約 15 年，將一個原本設計用來模擬科學論證與解釋實驗化學的系統，昇華為化學家可以用來產生假說，到後來甚至可以用來精進化學的系統。

　　後來這個系統主要有兩個分支——推理樹枝狀演算法（Heuristic DENDRAL）與後設樹枝狀演算法（Meta-DENDRAL）。推理樹枝狀演算法將現有的資料匯集在一起，資料的來源五花八門（像是專家學者的核心化學知識庫），然後產出不同組合的化學結構還有潛在相對應的質譜；後設樹枝狀演算法則是這套方法的學習面，這個程式將推理樹枝狀演算法的產出拿來形成假說，用來解釋化學結構以及相關質譜組合之間的相關性，因為樹枝狀演算法的貢獻，費根鮑姆獲頒 1994 年的圖靈獎。

約書亞‧萊德伯格站在史丹佛大學地外生物的儀器前方。

參照條目　人工智慧醫學診斷（西元1975年）。

ELIZA 程式
ELIZA

約瑟夫‧維森鮑姆（**Joseph Weizenbaum**，西元 1923 － 2008 年）

ELIZA 是第一個能以英文溝通的程式，可以將電傳打字機輸入的字句中的人稱進行轉換，像是把「你」改成「我」，「我」改成「你」，然後再把這個文字傳給打字的人。如同鸚鵡學舌一樣，電腦不知道自己說了些什麼。

MIT 的教授維森鮑姆讓自己的「語言分析程式」學習羅傑式心理治療（即當事人中心治療法）。這是一種非指導式的療法，講求不對案主的說辭進行詮釋。ELIZA 遵循這樣的技巧，會把「我很快樂」轉換為「你覺得來這裡會幫助你不會變得不開心嗎？」等語。這些轉換都由一些簡單的關鍵字所觸發，當程式轉換不過來的時候，就會顯示預先設定好的問題。

維森鮑姆沒有料到接下來的發展，這個程式大受好評，有人開始跟這個程式聊天，好像這個程式有智能一般，就連知情的人也這麼認為。維森鮑姆的秘書知道了這個程式，請維森鮑姆離開房間，這樣才不會有人在旁邊看她使用這個程式，後來秘書知道維森鮑姆她跟電腦的互動紀錄時嚇得要死。有一位拜訪 MIT 的訪客發現 ELIZA 沒有關，以為自己是用電傳打字機和另一位教授談話，還因為這位「教授」用其他問題來回答自己問題而生氣。之後，有些人認為電腦心理治療師在某些場合上可能比人類還要好，畢竟電腦隨叫隨到，而且不會每小時計費。

本質上，ELIZA 並不理解自身用來溝通的語言，在最後的分析，缺乏理解這件事其實不重要。

維森鮑姆在 1996 年的一篇文章談到 ELIZA 時，說：「很多 ELIZA 可能有的優點，很大一部分是因為 ELIZA 沒有什麼機器感，並創造出一種被理解的幻覺。」這個程式的強大之處，並不是理解打字的人說了什麼，而是把不理解藏得很好。

媽媽不在身邊，MIT 的學生隨時都能跟 ELIZA 說說煩心事。

參照條目 圖靈測試（西元1951年）；人工智慧醫學診斷（西元1975年）。

觸控螢幕 Touchscreen

E. A. 強森（E. A. Johnson，生卒年不詳）
薩姆·赫斯特博士（Dr. Sam Hurst，西元 1927 － 2010 年）
尼米什·梅塔（Nimish Mehta，生卒年不詳）

1955 年，MIT 的旋風計畫（Whirlwind project）製作出一隻光筆，讓使用者可以在電腦螢幕上指出一個點，但要像用自己手指點得那麼自然？那就是強森在皇家雷達研究院（Royal Radar Establishment，以下簡稱 RRE）的發明了。

強森是 RRE 負責研究空中交通控制系統的研究人員，1965 年，他在《電子學通訊》（Electronic Letters）期刊上發表了一篇文章，篇名為〈觸控顯示器——電腦全新的輸入輸出設備〉（*Touch Display— A Novel Input/ Output Device for Computers*），當中就提到了觸碰感應的螢幕。兩年後，他進一步闡述這個想法，發表在《人體工學》（*Ergonomics*）期刊中的一篇文章，解釋如何使用觸控螢幕與圖形影像產生互動。

強森的發明在今日稱為**電容式觸控螢幕**（capacitive touchscreen），利用螢幕上的一個階層儲存電荷，當使用者觸碰螢幕時，有些電荷會傳導到使用者身上，如此便傳送出一個信號給裝置的作業系統——也就是螢幕上進行觸碰的地方。

幾年之後，田納西州（Tennessee）橡嶺國家研究所（Oak Ridge National Laboratory）的研究員赫斯特，發明了一個類似的薄膜，透明且能感應觸碰，不過這個運作機制是因為兩個透明材料層相互擠壓而產生電阻的改變，不似電容性觸控螢幕可以用尖筆或是手指來使用。這些薄膜造價便宜，但是精確度卻比不上電容性觸控螢幕。第三種螢幕則是靠超音波的變化，藉由傳到觸控螢幕表面的超音波來測量螢幕被觸碰的位置。

早期的觸控螢幕一次只能感應到一個觸碰點，1982 年，梅塔在多倫多大學（University of Toronto）開發出第一個多點觸控裝置。這項科技持續發展，也產生許多有潛力的商業應用，最後在 2000 年代與世人見面。這個時期，觸控螢幕科技是設計合作（design collaboration）時愛用的工具。

在現代，觸控螢幕是人們主要與智慧型手機、數位平板互動時的主要方式，而這些裝置在 2016 年成為全球人口從全球資訊網上獲取資訊的主要方式。

觸控螢幕能運用在許多應用程式上，圖為一名操作員正在使用電腦共享教學平台「柏拉圖」（全名為程式邏輯自動教學系統，英文 Programmed Logic Automated Teaching Operation，簡稱 PLATO）上的觸控螢幕。

參照條目 軌跡球（西元1946年）；滑鼠（西元1967年）；掌上型電腦PalmPilot（西元1997年）。

《星際爭霸戰》首映
Star Trek Premieres

吉恩・羅登貝瑞（**Gene Roddenberry**，西元 **1921** － **1991** 年）
威廉・薛特納（**William Shatner**，生於西元 **1931** 年）
雷納德・尼莫伊（**Leonard Nimoy**，西元 **1931** － **2015** 年）
妮雪兒・尼柯斯（**Nichelle Nichols**，生於西元 **1932** 年）

　　1966 年 9 月 8 日，美國國家廣播公司（National Broadcasting Company，簡稱 NBC）首映電影《星際爭霸戰》（*Star Trek*），一部由羅登博瑞所寫的新科幻電視節目。這個節目從 1966 年播映至 1969 年，成為日後史上最具影響力的科幻系列，最後衍生出 7 種不同的電視節目、13 部電影，對流行文化的貢獻難以精準估計，像是「把我光子傳送上去，史考提！」即是一例。

　　在那個年代，對於戰爭還有科技失控是常有的恐懼，而《星際爭霸戰》呈現出一種不同的未來光景，人類不斷演化並克服貧困和物質需求，能夠運用科技解決各種不同的挑戰。

　　電腦和機器人在《星際爭霸戰》扮演了許多重要的角色，企業號（The Enterprise）上有船艦電腦，可以維護大量資訊儲存，整艘船上都能進行取用，並且利用聲控回應人類的指令。此外，船員會碰到利用電腦開戰的社會、受電腦操控的文明，還有會吞噬星球、將人傳回過去，或是以人型機器人形態出現的機器人。

　　原著系列開創許多新紀錄，包括首次演出女性位居高位、有不同種膚色的角色相戀，如由薛特納（William Shatner）飾演的寇克船長（Captain Kirk）與尼柯斯（Nichelle Nichols）飾演的上尉烏瑚拉（Uhura），也是第一次有故事披著科幻小說的外衣，影射那些關於戰爭與歧視的時事（當時電視審查會禁播）。由外星生物還有多元種族組成的船橋成員，如外星人史波克先生（Mr. Spock，尼莫伊〔Leonard Nimoy〕飾），影視中的形象常是彼此通力合作解決問題，巧妙地比擬當時人們心中關於越戰還有女權的道德倫理問題。

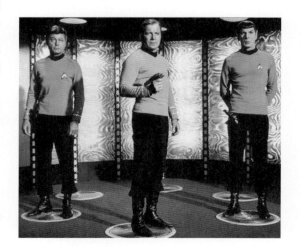

　　時至今日，《星際爭霸戰》中的未來的願景——「勇往前人未竟之路」——仍然鼓舞著科學家、工程師、藝術家、教師與哲學家等。

麥考伊醫官（德佛瑞斯特・凱利〔DeForest Kelley〕飾）、寇克船長與史波克先生在《星際爭霸戰》中聯邦星際企業號上的傳送台。

參照條目 「人工智慧」一詞誕生（西元1955年）；哈兒電腦（西元1968年）。

動態隨機存取記憶體
Dynamic RAM

羅伯特‧H‧丹納德（Robert H. Dennard，生於西元 1932 年）

打從一開始，記憶體容量小限縮了電腦的發展性，記憶體價格昂貴，通常稱**隨機存取記憶體**（RAM），因為不論何時每一個位置都能進行讀取或寫入，也因為程式設計師通常沒有足夠的記憶體能夠工作，他們需要將程式細分，並資料變成一塊塊區段，將一個區段複製到記憶體中進行處理，然後再將結果儲存到碟片。

後來半導體出現，體積與價格都比核心記憶體便宜，顯然半導體是下個要用於隨機存取記憶體的科技，IBM 指派電子工程師丹納德接下這項任務，設計出下個世代的電子記憶系統。丹納德原先的方法是利用六個電晶體創造出一個電子開關，稱為「正反器」（flip-flop）來儲存每個位元。但 1966 年計畫中途，丹納德發現要讓裝置的造價更便宜，可用儲存電荷的電容器來儲存位元，並使用單一電晶體交替儲存電荷，並在需要資料的時候再讀取。然而，妙的是電容器會讓電荷逃走，解決方式是重新刷新位元，也許每秒一千次，重新讀取位元然後寫入，因為這樣電荷會持續動作。丹納德將他的發明稱為**動態隨機存取記憶體**（dynamic random access memory，簡稱 DRAM）。

IBM 堅持要完成用六個電晶體的記憶體設計——稱為靜態隨機存取記憶體（static random access memory，簡稱 SRAM），於是丹納德以個人專案的方式研究動態隨機存取記憶體。最後，IBM 在 1967 年申請動態隨機存取記憶體的專利，並於 1968 年獲得專利。

後來在市場上推廣動態隨機存取記憶體的公司並不是 IBM 而是英特爾，使用的是效率較低的三電晶體設計，這個設計是美國一家科技公司漢威公司（Honeywell）所授權。1970 年推出的英特爾 1130 是第一個能在市面上買到的動態隨機存取記憶體，能儲存 1024 位元組，並且價格與性能都比磁芯的記憶體來得好。

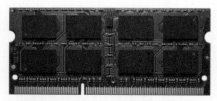

那時起，動態隨機存取記憶體的儲存量隨著電晶體的大小下降而不斷上升，到了 1990 年代早期，製造商可以在一個晶片上存放一百萬個位元，而到了 2000 年代則到了十億位元，現今的進步幅度趨緩，現代的動態隨機存取記憶體晶片「僅能」儲存 40 億至 320 億的位元。

動態隨機記憶體晶片在雙同軸記憶體模組（dual inline memory module，簡稱 DIMM）上組裝，這個模組在現代的筆記型電腦上很常見。

參照
條目　阿塔納索夫－貝瑞計算機（西元1942年）；核心記憶體（西元1951年）。

西元 1967 年

物件導向程式設計
Object-Oriented Programming

奧利 - 約翰・達爾（**Ole-Johan Dahl**，西元 1931 － 2002 年）
克利斯登・奈加特（**Kristen Nygaard**，西元 1926 － 2002 年）

　　早期的程式做的多是重要但重複的工作，像是印製炮兵表格、執行核武與破解密碼的計算，這些程式包含能夠不斷重複執行數學公式的迴路，每一次執行都有些微不同的參數，早期的商業電腦在商業分類帳與其他帳目執行類似迭代計算時，會不斷從磁碟讀取資料進行處理然後儲存結果。

　　在挪威計算中心（Norwegian Computing Center）的達爾與奈加特教授，希望利用電腦模擬物理系統──特別是船的模擬，然後他們發現能執行簡單重複任務的程式語言相當缺乏，因此他們開發了新的方式、新的程式語言，稱為 SIMULA 67。

　　SIMULA 的主要概念是，代表實際物件的資料必須與電腦的編碼綁在一起才能利用這份資料。舉例來說，車流的模擬可能需要輸入有「車」的資料，並且有車子位置與速度的相關變數，一個特別的函數能在車子碰到交通號誌時處理車的行為。SIMULA 將這些資訊類型定義為一個「級別」，如一個不同的級別「卡車」可以代表卡車。另一個核心概念是承繼，這可以讓有共同特性的級別能夠以階層的方式排序，所以「卡車」和「車」都可能是承繼一個抽象的級別「**交通工具**」，而這個級別本身可能是承繼自另一個抽象的級別「**物體**」。

　　今日 SIMULA 編寫程式風格稱作「物件導向程式語言」，而 SIMULA 67 是公認第一個物件導向的程式語言。後來發現 SIMULA 的概念比起拿來寫模擬還有更多好處，現代幾乎每個電腦語言都是物件導向，包括 C++、JAVA，PYTHON 還有 GO 等語言，而且現代的物件導向程式語言是軟體撰寫的主要方式。

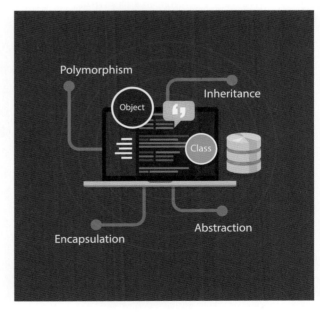

程式設計師寫出物件導向程式，利用物件的級別代表實體物件、程序或是資料排列，再利用編碼將物件連接在一起。

參照條目　孩童學習程式設計（西元1967年）；C程式語言（西元1972年）。

首部提款機
First Cash Machine

詹姆斯・古德費洛（**James Goodfellow**，生於西元 **1937** 年）
約翰・薛皤德－拜侖（**John Shepherd-Barron**，西元 **1925 － 2010** 年）
唐納德・韋策爾（**Donald Wetzel**，生於西元 **1921** 年）
路德・喬治・辛簡（**Luther George Simjian**，西元 **1905 － 1997** 年）

　　發明自動櫃員機（automated teller machine，簡稱 ATM）的人不只一個，雖然很多人曾說自己是自動提款機的發明者。不過，自動提款機是一連串的革新而產生的結果，集結眾人數年來的努力，最後在關鍵的 1967 年，兩種不同但相互較勁的機種，相繼於一個月內在英國推出。

　　古德費洛的機種由倫敦的西敏銀行（Westminster Bank）引進，使用一張塑膠卡片還有個人識別號碼（personal identification number，簡稱 PIN）來進行客戶的確認與存取。薛皤德－拜侖的機種由巴克萊銀行（Barclays）引進，使用輕微幅射的支票浸入碳 14，自動提款機利用這個特性來核對客戶的識別碼，雖然薛皤德－拜侖的機種贏在早於古德費洛前一個月上市（因此獲得多數「首創」的美名），但是古德費洛的個人識別碼的設計才是留存到最後的贏家，見證後來自動提款機大型商業化與廠商取得核可的階段。古德費洛也取得自動提款機的第一個專利，也就是使用個人識別碼來進行驗證。

　　在美國，自動提款機的先驅是韋策爾，他在一家名為達庫特爾（Docutel）的科技公司工作。美國第一台自動提款機，是 1969 年安裝於化學銀行（Chemical Bank）紐約羅克維爾中心的分行。這家銀行為新歡打的廣告如是說：「9 月 2 號，我們的銀行於早上九點開門，之後就全年無休。」

　　隨著自動提款機相關的電腦科技不斷發展，所提供的客戶服務不斷演化，像是磁條、安全性提升、自立式機台，以及具備存款與提領的功能等，究竟自動提款機的定義為何，通常端看是誰說了算，尤其是那些宣稱自己是「首創」的那些人。例如，1939 年，亞美尼亞裔的美國人辛簡，就想到嵌入牆式

的機種能夠進行財務交易，最後他發明「銀行票據機」（Bankograph），讓民眾可以支付水電費並且拿取收據。遺憾的是，銀行票據機失敗了，辛簡在自傳中寫道：「感覺會用這些機器的只是一小群不想面對面接觸櫃員的妓女和賭徒。」

1967 年 6 月 27 日，位於倫敦北部密德瑟斯（Middlesex）恩非（Enfield）的巴克萊銀行推出全世界第一台的自動提款機，英國演員睿格・瓦尼（Reg Varney）在前拍照留念。

參照
條目　資料加密標準（西元1974年）；數位貨幣（西元1990年）；比特幣（2008年）。

西元 1967 年

頭戴式顯示裝置
Head-Mounted Display

伊凡・E・蘇澤蘭（Ivan E. Sutherland，生於西元 1938 年）

蘇澤蘭的頭戴式顯示裝置（head-mounted display，簡稱 HMD）較為人知曉的名字是「達摩克利斯之劍」（The Sword of Damocles）。這是早期虛擬實境的影像顯示器，也是第一個使用電腦而不是攝影機來模擬實際空間的裝置。這個裝置有六個部件：一台通用的電腦、矩陣乘數、向量產生器、一種稱為**截割分割器**（clipping divider）的電子器件（能夠刪除藏於觀測器後或視野外的的線條）、耳機，還有位於頭頂的感應器。這個裝置必須由一條纜線從天花板垂吊下來，因為本身非常的笨重，一個人沒有辦法輕鬆撐住這個裝置，就像寓言中達摩克利斯坐在統治者王座上，而有把劍懸在上方，沒有人希望這個裝置會掉下來砸中腦袋。

眼睛前方有個螢幕，每隻眼睛看到的畫面有些許不同，因此產生出景深的效果。當使用者移動頭部時，感測器會告知電腦，電腦會依此更新螢幕畫面。

蘇澤蘭是在拜訪德州（Texas）貝爾直升機公司（Bell Helicopter）時，有了這個頭戴顯示裝置的想法。貝爾公司當時在測試如何將紅外線攝影機安裝在直升機的底部，讓直升機在夜晚降落時使用。當時的想法是，如果能讓攝影機的位置能跟著飛行員的頭部移動，這樣一來，如果飛行員看右方，頭戴式的顯示裝置就會顯示右方的影像。拜訪途中，蘇澤蘭看見一個操作員戴著裝置看著屋頂上兩個人在互相傳球，突然有一個人將球丟往攝影機的方向，頭戴裝置的那個人一個勁地往後跳，好像球會打到他一樣——他已經處在屋頂的實境當中。正是那個時候，蘇澤蘭想到不靠攝影機，而是利用電腦產生每一隻眼睛看到的影像。

蘇澤蘭裝置背後的關鍵概念是讓使用者能夠看到依照頭部運動方式而產生的圖像。當時還沒有能成就這項功能的硬體設備，因此蘇澤蘭團隊自行設計打造出需要的東西。一直要過了十幾年，這樣的科技才發展成熟、得以運用。

伊凡・蘇澤蘭的頭戴式顯示裝置讓使用者能夠轉換視野方向，甚至是繞房間整整一圈。當使用者移動時，每隻眼睛看到的顯示畫面會跟著更新。

參照條目　素描本（西元1963年）；蘭德輸入板（西元1964年）；視覺程式語言研究機構（西元1984年）。

孩童學習程式設計
Programming for Children

西摩・派普特（**Seymour Papert**，西元 **1928 － 2016** 年）
沃利・費澤格（**Wally Feurzeig**，西元 **1927 － 2013**）
辛希婭・所羅門（**Cynthia Solomon**，生卒年不詳）

　　派普特、費澤格以及所羅門認為，程式設計是個強而有力的工具，能教導孩童思考、計畫以及抽象思考，因此，在他們在麻州劍橋的研究公司「博爾特・貝芮奈克・諾伊曼」（現為 BBN 科技公司）工作時，為孩童們設計了一套電腦程式語言，只需一些指令結合之後就能進行複雜的任務，這個程式語言稱為 Logo，讓孩童能以他們本能將一連串簡單的字彙串聯在一起來表達複雜的想法，以這樣的方式來創造電腦的指令，一些孩童早期寫的程式是數學問題還有聊天機器人。

　　雖然 Logo 早期版本寫出的程式只能以文字和使用者溝通，這群發明者很快讓電腦可以控制一台機械力學的機器人（稱為**烏龜**），運用程式下達指令，進行前移、後退或轉彎的動作。原始的烏龜是一台名為歐文（Irving）的機器人，回應附近的電腦所發出的指令並繞著一張紙爬行，歐文有個筆狀的裝置可以以放下及拖曳的方式作畫。最後，歐文變成電腦螢幕上虛擬化的烏龜，可以與多人分享 Logo。

　　孩童學習烏龜知道某些字詞與數字，他們可以利用這些讓烏龜四處移動，假如要畫正方形的話，一個孩童可以透過試誤的方式輸入 FORWARD 40（或其他數字）來前進 40 步，再輸入指令 RIGHT 90 來向右轉，再輸入 FORWARD 40 還有 RIGHT 90 三次來完成正方形。孩子能夠立即在螢幕上獲得即時的視覺回饋，孩子很快知道自己能夠「教會」烏龜新字詞（如正方形），然後用一個個的步驟和那個字產生聯結，這樣一來孩子就不需要再輸入好幾次指令來創建物件，通常「龜圖」指的就是這些教學遊戲還有不同面向的 Logo，隨著時間不斷演進，最後證明——沒錯，孩子也能夠寫程式。

波普特向兩位孩童展示烏龜機器人的內部構造，它以 Logo 編寫的程式來控制。

滑鼠 The Mouse

道格拉斯・C・恩格爾巴特（Douglas C. Engelbart，西元 1925 － 2013 年）
比爾・英格利希（Bill English，生卒年不詳）

　　恩格爾巴特是人機互動領域的先驅，是 1960 年代早期滑鼠的發明者，在 1964 年推出初代滑鼠原型，並在 1968 年讓滑鼠在「展示之母」中公諸於世。恩格爾巴特與史丹佛研究所的同事英格利希一起申請滑鼠專利，恩格爾巴特的構想，讓原本就有許多鑽研如何讓電腦螢幕以視覺化的方式，將使用者手部動作對應到二維空間特定位置的追求再添火花。1967 年的專利，恩格爾巴特說滑鼠是一個「在顯示器上顯示 X 與 Y 的指標」。

　　滑鼠的前身可能是拉爾夫・班傑明（Ralph Benjamin）的滾輪球，這個發明也是現代軌跡球的前身。軌跡球不會移動，使用者需要在軌跡球上移動雙手與手指，而當時這個滑鼠則需要整個元件一起工作來達到重新定位。恩格爾巴特的滑鼠由木盒製成，上面有三個按鈕、下面有兩個輪子，輪子的角度必須正確才能控制水平與垂直的運行方向。輪子滾動時，移動的距離和位置，電腦會以二元碼的方式捕捉起來，隨後再轉換成視覺回饋在螢幕上。恩格爾巴特發明滑鼠在自創的開創性電腦協作系統——**NLS 線上系統**——來控制瀏覽。

　　英格利希後來離開史丹佛研究所，在 1971 年進入帕羅奧圖研究中心工作後，全錄公司帕羅奧圖研究中心進一步改良這個滑鼠。全錄是第一家將滑鼠推入市場的公司，跟著自家的電腦系統 Star 8010（蒲公英）一起販售。不過最後卻是史蒂夫・賈伯斯（Steve Jobs）將滑鼠設計簡化並且和蘋果 Mac 電腦一同包裝，讓滑鼠在市場大獲成功。

　　恩格爾巴特的滑鼠是他遠大願景的一部分，他希望讓人機互動能更加完善且更容易上手。

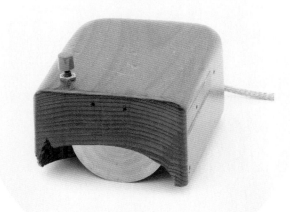

恩格爾巴特的滑鼠原型，此為 1964 年比爾・英格利希製作的複製品。

參照條目　〈我們可能這麼想〉（西元1945年）；軌跡球（西元1946年）；展示之母（西元1968年）；全錄奧圖電腦（西元1973年）；Mac電腦（西元1984年）。

卡特電話判決 Carterfone Decision

托馬斯・卡特（**Thomas Carter**，西元 1924 － 1991 年）

　　如果德州的油廠工人想從遠方（如：油田）進行通訊，則必須使用遠程無線電和他人溝通，因為在這麼偏僻的地方沒有電話線。再者，家人、朋友還有同事有電話，可是沒有無線電。

　　這時卡特出現了，他是德州的企業家暨發明家，創造出了卡特電話，這個裝置能夠將雙向無線電連結到電話網路，讓位處偏遠地方的人也能和其他人保持聯繫。

　　卡特電話利用聲學（而非電學）的方式將無線電連接到公用的電話網路，只要連接站的接線員和電話的雙方——拿無線電以及電話另一端的人——取得聯繫，接線員會把電話機放入基座，可以將小型擴音機和麥克風分別接到電話機的麥克風和擴音機，只要電話那方的人說話，卡特電話中由語音控制的開關會自動將無線電傳送器開啟；停止說話時，卡特電話就會停止傳送。這個裝置的麥克風會接收無線電接受器所收到的聲音，然後順著電話線傳送，讓雙方都能夠聽到彼此的聲音然後進行溝通。

　　雖然卡特電話沒有使用電力連接到電話系統，這還是違反了電話公司的規範。1968 年，AT&T 掌握美國的通訊系統，而西方電子公司負責製造所有的設備，生產的電話不屬於任何人持有，都只提供租賃，AT&T 規定使用者不能外接第三方的裝置到自家線路，卡特因此對 AT&T 提起訴訟，讓許多人驚訝的是，美國聯邦通訊委員會的判決選擇站在卡特一方。

　　這個聯邦通訊委員會的著名判決提醒了眾人，法規是用來保護與鼓勵創新，讓科技能夠更進一步發展。如果沒有聯邦通訊委員會的卡特電話判決，傳真機、答錄機還有數據機等創新發明就無法有法律上的空間進入市場、推陳出新，現在也不會有網際網路還有動態通訊生態體系。

原始的卡特電話，能夠用行動無線電連到電話網路。

参照
条目　貝爾101數據機（西元1958年）；先驅數據機超前業界標準（西元1984年）。

西元 1968 年

軟體工程 Software Engineering

彼得‧諾爾（**Peter Naur**，西元 **1928－2016** 年）
布萊恩‧蘭德爾（**Brian Randell**，生於西元 **1936** 年）

很少有電腦科學的前人能預測到未來軟體的發展會變得如此複雜，部分原因在於他們的重心都在打造硬體設備。電腦硬體設備有這樣的一個邏輯，不管這台電腦是用電驛、電管或是電晶體所製成，硬體一次只執行一項指令，每項指令作業可以個別分析且證明正確性，而硬體的設計錯誤比較容易檢測與修訂。

但軟體完全不是這麼一回事，因為軟體是動態的，程式設計師不僅需要下達正確的指令，還需要給予正確的順序，而順序會因不同的資料而跟著改變。有些程式設計師可以在編碼的時候抓到一些紕漏，但這樣的方式曠日費時且容易出錯，因為許多錯誤一開始並不明朗，要到執行程式後才會發現。

再者，還有架構以及設計的問題，編輯程式碼的方式五花八門，每種編碼方式各有利弊，有時候最簡單、最順眼的程式跑得非常有效率，但大多時候都沒這麼有效率。

到了 1960 年代中期，大家逐漸開始有了共識，整個軟體界的發展快速到一個失控的狀態，問題不光是這些程式紕漏，而是專家學者無法事先預測需要多少時間才能寫出一個程式，用來執行先前沒有電腦化的新任務，而另一個問題是軟體寫出來之後，就很難擴展新的功能。

1968 年 10 月，北美公約組織（North American Treaty Organization，簡稱 NATO）的科學委員會，開了一個為期一週的軟體工程工作大會，地點在德國的加米什（Garmisch），要來解決不斷擴大的軟體危機。全球五十位的專家齊聚一堂，大會的功勞是將「軟體工程」這個詞發揚光大並且讓軟體工程成為學術界一個嚴謹的學門。

1969 年 1 月的關鍵報告，主編為電腦科學家諾爾還有蘭德爾，指出五個關鍵領域，需要更多的研究：軟體和電腦硬體的關係、軟體設計、軟體生產、軟體流通、還有軟體服務。

之後數年，許多機構發現軟體工程的必要性，但很少機構有能力能做到好。

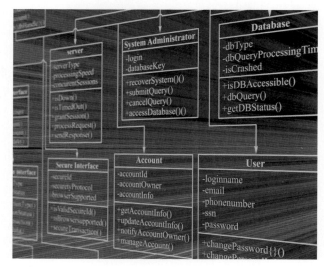

這張關係實體圖顯示出線上檔案管理系統的不同表格是如何建構與進行檢索。

參照條目 邱奇－圖靈論題（西元1936年）；發現真蟲（西元1947年）。

哈兒電腦
HAL 9000 Computer

史丹利・庫柏力克（**Stanley Kubrick**，西元 **1928 － 1999** 年）
亞瑟・**C**・克拉克（**Arthur C. Clarke**，西元 **1917 － 2008** 年）
道格拉斯・雷恩（**Douglas Rain**，西元 **1928 － 2018** 年）

　　哈兒電腦（HAL 9000，試探程式算法計算機，英文：Heuristically programmed ALgorithmic）是一台具有自我意識的人工智能電腦，可以控制電影《2001 太空漫遊》中的探險號。哈兒跟著六位人類船員前往木星執行星際任務，當中四位船員在電影中是生命暫停的狀態一直沒有醒來。

　　電影中，太空人戴維・鮑曼（David Bowman）還有法蘭克・普勒（Frank Poole）討論是否要將哈兒關閉，因為感覺哈兒似乎出了錯。哈兒曾在電視訪談說：「沒有一台 9000 電腦會犯錯或是扭曲資訊，用字詞來實際定義的話，我們是防呆且無法出錯。」所以當哈兒真的出錯時，這兩位太空人想，那就是這台電腦已經不可靠，必須關閉。

　　當然，因為哈兒的程序被設定為具有感覺且有自我保護的能力，在船員都失能的狀態下仍必須繼續任務，因此哈兒認為其實是人類船員出錯了，並決定殺了他們。

　　視覺上來看，哈兒在電影中的形象是一個紅色的電視攝影機，哈兒的技能有跟人類一般的推理還有溝通能力，具備人工視覺、臉部辨識、情緒判讀，對藝術鑑賞等主觀性強的議題能發表意見，且能理解人類互動。後來，活下來的船員明白哈兒還會讀唇語。

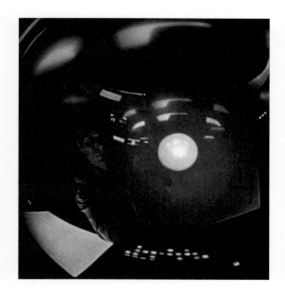

　　這部電影由庫柏力克執導，編劇為科幻小說作家克拉克執筆，技術協助有人工智能的先驅馬文・閔斯基（Marvin Minsky）。許多評論家認為這部是史上拍得的最好的電影之一，這部電影開創電影的新領域，具有先進的特效還有太空探險故事的原創性。哈兒是「第一台成為名人的電腦，也成為大眾信奉的神話之一」，1992 年克拉克在《芝加哥論壇報》（*Chicago Tribune*）的訪談中如此說道。這部電影讓人省思科技發展究竟何去何從，還有思索而發展超越人類智慧的人工智能會有什麼可能的後果。

同樣取自電影《2001 太空漫遊》，哈兒的形象是一台紅色的電視攝影機。

參照
條目　羅梭的萬能工人（西元1920年）；星際爭霸戰首映（西元1966年）。

首艘電腦控制的太空船
First Spacescraft Guided by Computer

瑪格麗特・漢密爾頓（**Margaret Hamilton**，生於西元 1936 年）

1961 年 5 月 25 日，總統約翰・甘迺迪（John F. Kennedy）承諾要在六零年代結束之前，將美國人送上月球。之後不久，MIT 的儀控實驗室（Instrumentation Laboratory）和美國太空總署簽約，設計研發飛機與引導系統。

MIT 開發出來的系統稱作**阿波羅導引電腦**（Apollo Guidance Computer，以下簡稱 AGC）。這個電腦有即時作業系統還有 64KB 的記憶體，運行速率 43 千赫（0.043 兆赫），包含集成電路而不是電晶體。驚人的是，只有現代手機百萬分之一容量與的計算能力的 AGC，平安地讓阿波羅太空船上 11 名太空人到達月球並且平安歸來，總共大約是 50 萬英里。

24 歲的漢密爾頓是設計阿波羅指令模組還有月球模組等機上航行軟體的領導人，她的工作加速整個產業的發展，並可能因此以奇妙的方式拯救了阿波羅太空船上的八名太空人。故事是這樣的，漢密爾頓的小女兒蘿倫玩著指令模組模擬器，然後大力敲打到執行 P01 程式的按鈕，原本這個程式只有在火箭發射前才能運行，而 NASA 不願意讓漢密爾頓在系統內加入編碼來預防此類事件在飛行時發生，因為太空人受過的眾多訓練本來就是要避免這樣的意外，因此，漢密爾頓就只好加註了程式筆記。

當然，在阿波羅 8 號的執行任務的時候，有一位太空人就這麼不小心地執行了 P01 程式，將電腦的記憶抹除。已經清楚資料遺失原因的漢密爾頓團隊，在接下來九個小時都在處理這個問題。

現今，完整的 AGC 程式在線上都能找得到，當中也展現出這個程式編寫團隊的幽默之處，有一塊的編碼就寫道：「開啟降落電達……關閉就見神仙」。

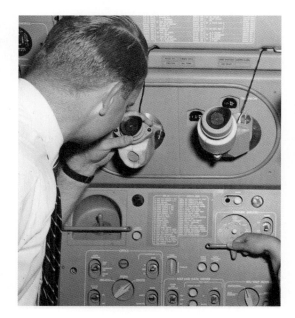

阿波羅導航系統（Apollo Guidance and Navigation system）的六分儀，功用在於精準測量星體與控制模組的距離，之後控制模組會將測量資料會輸入阿波羅導引電腦。

參照
條目　發現真蟲（西元1947年）。

「網路空間」一詞的誕生與新義
Cyberspace Coined—and Re-Coined

蘇珊・烏辛（**Susanne Ussing**，西元 **1940** － **1998** 年）
卡斯騰・霍夫（**Carsten Hoff**，生於西元 **1934** 年）
威廉・吉布森（**William Gibson**，生於西元 **1948** 年）

根據《牛津線上辭典》，**網路空間**（cyberspace，或譯虛擬空間）是一種「概念上的環境，能藉由電腦網路產生溝通」。這個定義來自作家吉布森在自己 1982 年的短篇故事《燃燒鉻合金》中，對網路空間一詞的定義，他說網路空間是「一種各國數十億的正規業務員每天都會感受到集體幻覺」，亦是「從人類電腦庫中提取出來的資料的圖像再現」。

這個詞彙一直要到吉布森 1984 年出版的未來科幻小說《神經喚術士》（Neuromancer）才受到廣泛的使用，媒體很快學到這個詞，並讓這個詞變成通用詞彙，用來描述科技界的快速演變，像是發生在非物理環境的社會運動現象。

雖然現代對「網路空間」的定義最早可以追溯到 1982 年，這個詞在 1968 年有短暫出現，當時丹麥的視覺藝術家烏辛和霍夫兩人組成**藝術網路空間**（Atelier Cyberspace），並且將「網路空間」這個字運用到一系統的實體藝術作品——名為《感官空間》（Atelier Cyberspace），在 2015 年挪威的藝術雜誌《藝術評論》（*Kunstkritikk*）有過相關報導。

烏辛和霍夫將「網路」和「空間」兩個字結合在一起的靈感，有部分來自於她們欣賞且非常好奇美國數學家兼哲學家的諾博特・維納（Norbert Wiener）的著作還有模控學（cybernetics）的概念。維納

在 1948 年在自著的《模控學》一書中，定義模控學為「研究動物與機械中控制與溝通的科學」。特別讓烏辛還有霍夫感興趣的是 1968 年兩人在倫敦看的一項展覽——「模控際遇」（*Cybernetic Serendipity*）。霍夫說這個展覽體現藝術能運用現代科技，特別是資訊科技的潛力。烏辛則對《藝術評論》說，網路空間對她來說指的是「一個開放邊際的系統，萬事萬物都能按照需求發展和演化」。

「網路空間」一詞可追溯至 1968 年，當時兩位丹麥藝術家蘇珊・烏辛與卡斯騰・霍夫將這個詞融入在一系統的藝術作品當中。

參照條目 《震波騎士》（西元1975年）。

西元 1968 年

展示之母
Mother of All Demos

道格拉斯‧C‧恩格爾巴特（Douglas C. Engelbart，西元 1925 － 2013 年）

1968 年 12 月 9 日，史丹佛研究所的一個團隊公開展示一個電腦系統，具備分享知識、內容創作與個人協作等前所未見的功能。後人稱這個活動為「展示之母」，當時展示各種工具還有概念的應用，就是今日所說的超文本、文字處理、即時編輯、檔案共享、視訊會議、多重視窗畫面，以及使用滑鼠來進行畫面導覽等應用。NLS 系統背後的設計者恩格爾巴特是一位具有前瞻性的發明家，也是人機互動領域的工程師。

這個展示活動發生在電腦協會和電機電子工程師學會的聯合會議上。這項展示集結的 SRI 增益研究中心（Augmentation Research Center，簡稱 ARC）數年來執行的計畫成果，由國防高等研究計畫署、NASA 與美國空軍的羅馬研發中心（Rome Air Development Center）共同資助。恩格爾巴特在舊金山舉行這個共同展示，其他的團隊成員則待在加州（California）門洛帕克（Menlo Park）的實驗室，藉由數據機還有微波鏈路進行連線。

恩格爾巴特和同年代的人一樣，深受萬尼瓦爾‧布希的論文〈我們可能這麼想〉影響。這篇論文勾勒出具備人機互動能力的電腦藍圖，能夠提升人們智力工作上的表現，並且更能隨心所欲善用自己大量的知識。現在可以在恩格爾巴特的文庫中，找到恩格爾巴特寫著滿滿註記的布希論文抄本，可見當時恩格爾巴特多麼苦心鑽研這些想法，並在後來加以實踐。

NLS 系統實踐了恩格爾巴特一生都在追求的遠大目標：強化人類彼此合作來解決世界上最艱困的問題，並且讓人類充分發揮潛能。這個發明讓恩格爾巴特在 1997 年獲得圖靈獎。

展示之母啟發一個世代的科技人還有後來的諸多發明，如 1973 年的全錄奧圖電腦。這台電腦影響蘋果 Mac 系統的設計還有介面。值得注意的是，《全球型錄》（*Whole Earth Catalogue*）（一本專門出版關於共享社群與集體目標的出版品）的創辦人史都華‧布蘭德（Steward Brand）在展示時就在門洛帕克負責操作攝影機。

恩格爾巴特展示首個圖形化使用者介面，這項展示日後促成個人電腦解析度的發展。

參照
條目　〈我們可能這麼想〉（西元1945年）；滑鼠（西元1967年）；全錄奧圖電腦（西元1973年）。

點矩陣印表機 Dot Matrix Printer

魯道夫・赫魯（**Rudolf Hell**，西元 **1901** － **2002** 年）
弗里茨・卡爾・普萊克夏（**Fritz Karl Preikschat**，西元 **1910** － **1994** 年）

　　點矩陣印表機（dot matrix printers）利用一群緊密排列的點來形成個別字母，每個點由印表機控制，可以產出任何字體風格與大小的文字，還可以產出精美的圖象。相較之下，其他同年代的印表機，如電腦化電子打字機、球型字頭與菊輪式印表機（daisy wheel）都是用鑄模將整個字母給印出來。

　　為了產生這小點，小型的鐵針或鐵杆會被機器推向充滿墨水的緞帶或織品，然後讓墨水帶或織品接觸到紙張。稱作螺線管（solenoids）的微小電磁鐵提供鐵針往前的動能，接觸到引導片，上面有數個小洞，目的是協助引導鐵針座落在合適的位置。點矩陣印表機的品質與轉製圖像的鐵針數量有很大的關係，一般鐵針數量是 7 到 24 支，最大解析度可以到大約 240 dpi（全稱為 dots per inch，每英吋點數），速度從 50 cps（全稱為 characters per second，每秒字元數）至 500 cps 都有。

　　現代點矩陣印表機的誕生地，一般認為是 1968 年的日本，當時信州精器公司（Shinshu Seiki）（後來的愛普生）推出了 EP － 101，以及同年的 OKI 數據會社（OKI Data Corporation）推出了點線印表機。早期的裝置，如赫魯 1929 年的赫氏電傳打字機（Hellschreiber teletypewriter），是將粗略的點集合，從一台機器傳送到其他的機器上，就現在來看應該稱為傳真機比較適合。

　　點矩陣印表機當時不論在企業或是家用都非常受歡迎，因為利用機械性壓力就能列印，也能夠輕易列印多份表格，同步產生兩個甚至多個複本，因此這些印表機成為租車站的固有配備，用來列印租賃契約。

　　靜電放電印表機（印在銀質紙上）、熱感印表機（通常用來印信用卡的收據），還有噴墨印表機本質上都是點矩陣印表機，只是有不同的機制，讓每個點轉移到紙張上，連 3D 印表機也可看作是每次印出點上材料的特殊點矩陣印表機。

　　2013 年，點線印表機（Wiredot）獲得日本資訊處理資訊聯合會（Information Processing Society of Japan）頒發資訊處理科技遺產獎（Information Processing Technology Heritage award）。

1968 年由沖電氣工業（OKI）株式會社製造的點線印表機。

參照條目　雷射印表機（西元1971年）；3D列印（西元1983年）。

介面訊息處理器
Interface Message Processor (IMP)

1968 年，BBN 科技公司前身的「博爾特‧貝芮奈克‧諾伊曼」（Bolt, Beranek, and Newman）公司與美國高級研究計劃局（US Department of Defense's Advanced Research Projects Agency，簡稱 ARPA）簽下價值一百萬美元的契約，共同打造能夠形成初始網路的電腦群集。這樣的設計需要一個主電腦連接到每個位址上稱為介面訊息處理器（Interface Message Processor，以下簡稱 IMP）的小型電腦，然後這些小型電腦再使用遠距離資訊鏈來彼此連接。

作為 IMP 的電腦是漢威公司的 DDP-516 微型電腦，這個電腦的週期時間是 0.96 微秒，字元長度 16 位元，記憶體 12KB，16 個中斷通道，16 個資料通道，還有一個相對時間的時鐘，能夠方便記錄程式事件時間。

當時的電腦還沒有規定使用 8 位元位元組的記憶體系統，所以 IMP 電腦有位元串列、非同步介面，可供 8、12、16、24 及 36 位元的電腦所使用。程式設計師需要編寫軟體將每種電腦連接到 IMP 電腦，但是每台 IMP 電腦只能執行相同的程式，這個互聯協定出現在 1822 年 BBN 的報告〈主電腦還有 IMP 的互聯規格〉（*Specification for the Interconnection of a Host and an IMP*）當中，而第二個文件〈RFC 1：主電腦軟體〉（*RFC 1: Host Software*）說明電腦的必備條件。

訊息以可變長度的封包傳送，最長可達 8,159 位元，並且包含 24 位元的目的地電腦位址、24 位元總和檢查碼（一種在硬體中執行計算的偵錯碼），還有可變長度的資料酬載（payload）。穩定接受的封包會被認可，但有錯誤的會被捨棄，最後傳送方需要再次傳送。

BBN 也做出終端 IMP（Terminal IMP，也稱 TIP），讓電傳打字機、數據機還有後來的影片顯示終端機，可以直接連到電腦網路，並且直接取用遠端電腦。

IMP 電腦是為了美國高級研究計劃局的阿帕網，他們也是阿帕網的骨幹。高級研究計劃局後來在 1972 年重新命名為國防高級研究計劃署。IMP 電腦持續運行阿帕網，直到 1989 年國防高級研究計劃署正式將阿帕網除役。有些 IMP 電腦轉移到美國國防部的軍事網路 MILNET，有些則是進行折解、作展示用途，或是捐給博物館。

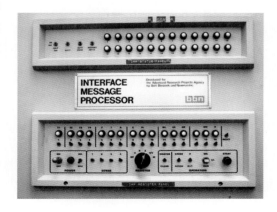

圖為首個介面訊息處理器電腦的前面板，在加州大學洛杉磯分校（UCLA）的貝爾特 3420 實驗室傳送網際網路上的第一個訊息。

參照條目　阿帕網與網際網路（西元1969年）；網路工作組 RFC 1（西元1969年）。

阿帕網與網際網路
ARPANET/Internet

雷納德・克萊因羅克（Leonard Kleinrock，生於西元 1934 年）
J・C・R・利克萊德（J. C. R. Licklider，西元 1915 － 1990 年）
托馬斯・馬里爾（Thomas Marill，生卒年不詳）
勞倫斯・G・羅伯茨（Lawrence G. Roberts，生於西元 1937 年）
伊凡・蘇澤蘭（Ivan Sutherland，生於西元 1938 年）

　　網際網路出現的時間在 1969 年秋天，當時在美國加州的三台電腦還有猶他州的一台電腦連接起來，並開始交換訊息。

　　網際網路成功的關鍵是**封包交換**（packet switching）的概念，電報和電話網路，十多年來讓人們可以遠端取用電腦，但這些系統需要每個對話都有各自的線路。有了封包交換，每個對話流被分成數個封包，每個都含有目標位址的標頭，還有需要攜帶的資訊酬載。網路的功能是按路線發送這些資料封包，跟郵局按路線發送紙本郵件是一樣的道理。

　　MIT 的克萊因羅克在 1961 年 7 月發表了首篇以封包交換理論為題的論文。隔年，同樣來自 MIT 的利克萊德寫下記事，打趣地描述自己對於「銀河網路」的願景。受利克萊德願景的啟發，1965 年蘇澤蘭還有馬里爾將麻州林肯郡（Lincoln）MIT 林肯實驗室的一台 TX － 2 電腦和加州聖摩尼加（Santa Monica）系統開發公司（System Development Corporation，簡稱 SDC）的 Q － 32 電腦進行連接，兩組人馬編寫可以遠端登入以及檔案傳輸的軟體。

　　隔年，羅伯茨在美國高級研究計畫局（ARPA）接下一份工作，目的是讓利克萊德的電腦網路願景成真，羅伯茨將網路的設計速度提升到 50 kbps，再要求團隊的中懂得設計與研發的科學家跟工程師製造——基本上是開創——出封包交換的網路硬體設備。

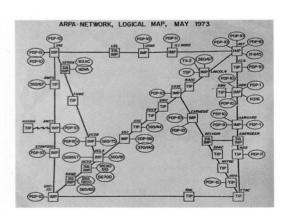

　　1969 年，初始的硬體元件送到了 UCLA、史丹佛研究所、聖巴巴拉（Santa Barbara）的加州大學（University of California），還有猶他大學（University of Utah）。第一次連接成功是在 10 月 29 日，當時 LOGIN 字串從 UCLA 的電腦傳送到位於 SRI 的電腦。至於網路電子郵件，則是多花了三年的時間才發明出來。

1973 年 5 月，阿帕網圖。

參照條目 介面訊息處理器（1968年）；網路工作組RFC 1（西元1969年）。

數位成像 Digital Imaging

布魯斯・E・拜耳（**Bruce E. Bayer**，西元 **1929 － 2012** 年）
威拉德・S・博伊爾（**Willard S. Boyle**，西元 **1924 － 2011** 年）
喬治・E・史密斯（**George E. Smith**，生於西元 **1930** 年）

第一張照片由線路傳送出去的時間是 1907 年，而第一張由掃描機產生數位成像照片的時間則是 1957 年，但是要直接從光線捕捉影像轉換成數位形式，則需要等到能夠組裝成長方形陣列的感光半導體發明才能達成。

這個發明稱為**光電偶合器**（charge-coupled device，簡稱 CCD），由博伊爾還有史密斯在紐澤西的貝爾實驗室開發完成。這個裝置利用光電效應，讓某種材質受到光的刺激之後發射出電子，光電偶合器裝置用一排電容器收集這些電子，每個電容器收到的電荷量與受到光刺激的量成比例，電子大量穿越光電偶合器來到邊緣，而在邊緣會進行電壓測量還有數位化。

在數位相機裡，感光電容器是以二維陣列的方式排列，因此可以隨即捕捉整張圖片。但是在衛星與傳真機中，光電偶合器的排列方式是一維帶狀排列，讓影像（底下的地球，或是一張紙）快速掃過感應器。

剛開始的光電偶合器裝置只能捕捉黑白照片，彩色照片需要利用三種色彩濾鏡（紅、綠、藍）分別捕捉三種不同的圖像，然後將一列一列的小小的紅綠藍濾鏡，疊在影像感應器上，用電子的方式將所有圖像合成起來。實務上，這些濾鏡是以紅、綠、藍、綠這樣的方式堆疊，稱為**拜耳色彩遮罩**（*Bayer color mask*），以在柯達（Kodak）工作的發明人拜耳起名。這樣紅綠藍綠的色彩圖樣（RGBG），產生的綠色是紅藍的兩倍，這樣的效果非常好，因為人類對綠光比較敏感。結果，這個感應器在空間解析度還有動態範圍的表現良好，沒有犧牲過多色彩解析度還有精準度。

因為光電偶合器的貢獻，博伊爾還有史密斯二人 2009 年共同獲頒諾貝爾物理學獎。

智慧型手機的相機科技可以追溯到光電偶合器的發明。

參照條目 傳真機專利（西元1843年）；首幅數位影像（西元1957年）

網路工作組 RFC 1
Network Working Group Request for Comments: 1

史蒂夫・克羅克（**Steve Crocker**，生於西元 1944 年）
喬恩・波斯特爾（**Jon Postel**，西元 1943 － 1998 年）

　　阿帕網的設備一剛開始安裝，一群研究生與原先四個地點的員工碰面，商討世界第一個電腦網路的技術細節。

　　這群人希望高級研究計劃局的代表或是其中一個實驗室的資深教授能夠負責主導。此外，他們決定寫下構思出來的想法並且詳細描述現有的問題。參與計畫的研究生克羅克，數年後告訴美國《連線》雜誌（*WIRED*），為了避免「權威推定」（presumption of authority），這群人使用比較輕鬆的方法來處理這些紀錄。他說：「你可以問沒有答案的問題……為了強調「輕鬆」，我想到一個傻主意，要求每個人提出『請求意見』（Request for Comments），不論是否真的是個請求」，或只是群裡的某個人對於網路寫下的一些論述。

　　1969 年 4 月 7 日，**網路工作組請求意見稿一**（Request for Comments: 1，簡稱 RFC 1）是介面訊息處理器（IMP）上運行軟體的摘要，也說明主電腦間傳送訊息的軟體，以及主電腦軟體的必要條件。

　　這些系統必要條件中，關鍵是使用上必須簡易，能映射現有軟體，並且有偵錯功能，可以確保藉由網路傳送的資訊是可靠的。因為當時沒有一個機構經營網路，這六位參與的研究人員自稱為**網路工作組**（Network Working Group，簡稱 NWG）。

　　同月，有關文件製作慣例的 RCF 3 問世，建立起 RFC 系列的編寫規範，例如筆記需要「切時而不是華美」而且盡可能簡潔到只有一句話說完。

　　現今有超過 8,000 個 RFC，記錄各式各樣的事情，包括網路協定、資料格式、組織章程、禮節，甚至是愚人節的笑話。

出版於 1978 年 4 月 1 日的 RFC 748 裡有一個惡作劇，提到有一個虛構的功能可以能夠避免遠端的電腦隨機當機還有遺失資料。

參照
條目　　介面訊息處理器（西元1968年）。

公用運算 Utility Computings

佛南多・柯巴托（**Fernando Corbató**，西元 **1926 － 2019** 年）
杰羅姆・薩爾策（**Jerome Saltzer**，生於西元 **1939** 年）

　　相容分時系統成功後不久，MIT 與貝爾實驗室及通用電氣合作，打造一台具有計算能力的「公用財」，讓願意付費的人可以取用資源，並且提供可靠、可調整、有彈性的保證，跟同世紀早期的電力、天然氣與水力公用事業提供的保證相同。這個計畫稱為 Multics，為英語多工資訊與計算服務系統的縮寫（Multiplexed Information and Computing Service）。

　　計畫的目標是打造徹底的現代作業系統，既可靠、使用簡單而且安全。這個計畫在技術上獲得成功，如近代的電腦安全概念正是源自於 Multics 的設計，但是在商業上這個計畫卻是一敗塗地。

　　Multics 團隊剛開始寫下詳細的設計規格，整個規格有超過 3,000 頁的打字內容，並且描述了超過 1,500 個相異的軟體模組，沒有一個作業系統的規格如此嚴密，這讓開發人員在寫好一串程式碼之前就找出許多錯誤。這個系統在 1969 年開始運作，在 1972 年之前，這個系統曾一次支援 55 個使用者，這當中包括持續在背後作業系統開發的程式設計師。

　　Multics 走在那個時代的前端，公用設備的願景一直到 2000 年代才成為主流，因為雲端計算的崛起。

　　貝爾實驗室 1969 年因成本因素撤下 Multics 計畫，貝爾的程式設計師湯普遜與里奇從這個計畫汲取他們最好的想法，並且開發了簡易版本的 Multics，稱為 UNIX，這個名字一語雙關，意指這個系統簡單多了。

　　有些政府還有福特汽車公司因為安全性的考量買下 Multics 系統，不過這個系統從來沒有大規模的使用，最後一個 Multics 系統於 2000 年關熄燈號，而 2006 年，於數年前買下 Multics 的布爾電腦（Groupe Bull）釋放出這個系統的程式碼作為開源軟體，現在也能下載到 Multics 並且作為模擬器來運行。

詳細紀錄以及深度學術論文為證的謹慎設計是 Multics 計畫的特點，一開始從紙上編寫以及分析設計，許多錯誤在一句程式碼寫完之前就被找出來並且排除掉。

參照條目　分時系統（西元1961年）；UNIX作業系統（西元1969年）。

感知器 *Perceptrons*

西摩‧派普特（**Seymour Papert**，西元 **1928 － 2016** 年）
馬文‧閔斯基（**Marvin Minsky**，西元 **1927 － 2016** 年）

　　1940 年代晚期，有些電腦科學家認為要達到人類水準的問題解決技巧的關鍵是向人腦運作的模型取經，創造人工神經元，將這些神經元連接成一種網路。早期的模擬是隨機神經類比強化計算機（Stochastic Neural Analog Reinforcement Calculator，以下簡稱 SNARC），由 40 個人工神經元組成的網路，學習如何解決迷宮謎題，迷宮的設計者是馬文‧閔斯基，當時他還是普林斯頓大學一年級的學生。

　　在 SNARC 之後，全世界的研究人員都開始研究人工神經網路，最重要的進展發生在 1958 年康乃爾航空實驗室（Cornell Aeronautical Laboratory），法蘭克‧羅森勃萊特（Frank Rosenblatt）打造了一台巨型電腦，可以「學會」如何辨認圖片。

　　不過，閔斯基在 1950 年代時放棄了神經網路的想法，反而開始追求符號人工智能（symbolic artificial intelligence），這個研究主要是利用符號與規則重現知識來反映人類高等思維。閔斯基後來到 MIT，1967 年學習領域的專家派普特也加入他的行列。

　　1960 年代神經網路仍持續獲得關注（還有資助）讓派普特和閔斯基非常不滿，兩人後來合著《感知器：計算幾何入門》（*Perceptrons: An Introduction to Computational Geometry*）。這本書於 1969 年出版，

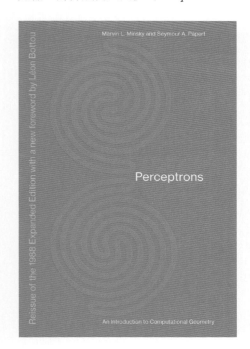

兩人於書中用數字的方式證明人工神經網路的研究領域有其侷限。《感知器》一書影響甚廣，全世界許多研究人員（還有贊助機構）就這麼放棄神經網路，往其他領域發展。這本書一手摧毀人工神經網路領域的發展。

　　然而，派普特和閔斯基證明有侷限的人工神經網路，只是神經網路的其中一種——只具有單層神經元的網路。有些研究人員持續研究這個領域，最終發現如何有效率地訓練多個階段的神經網路，最後到了 1990 年代，電腦的速度終於快到可以讓神經網路具有多重隱蔽的層次，能夠解決符號無法解決的複雜問題。現在神經網路是人工智能主要的研究領域。

《感知器》一書，封面設計者穆里爾‧庫珀（Muriel Cooper），書中呈現使用神經網路無法解決的問題：也就是很難判斷任兩點間可否有毫無障礙的途徑。

參照
條目　IBM電腦Watson戰勝《危險邊緣》衛冕者（西元2011年）；開源機器學習軟體庫TensorFlow（西元2015年）；電腦擊敗圍棋棋王（西元2016年）。

UNIX 作業系統
UNIX

肯・湯普遜（**Ken Thompson**，生於西元 1943 年）
丹尼斯・里奇（**Dennis Ritchie**，西元 1941 － 2011 年）
馬爾科姆・道格拉斯・麥克羅伊（**Malcolm Douglas McIlroy**，生於西元 1932 年）

貝爾實驗室決定退出 Multics 計畫之後，貝爾電腦的科學家湯普遜、里奇，與麥克羅伊等人決定打造一個現代版簡化的作業系統，只使用了一部分 MIT 還有漢威投注在 Multics 的資源。

貝爾實驗室有一台閒置 5 年的迪吉多 PDP － 7 電腦，所以在 1969 年湯普遜為這台電腦寫了一個作業系統，可以運行 Multics 的核心理念，當中包括具有根目錄的階層式檔案系統，而根目錄含有檔案與其他目錄資料，此外還有包括「殼層（shell）」程式可供使用者鍵入指令，這些指令支援多個目錄還有目錄當中的檔案，最後是能利用使用者所撰寫的指令來擴充系統的能力。

在西元 1972 年前，這個系統有個名字稱作 UNICS，這個名字是拿英語的太監（eunuch）一詞和 Multics 打趣，UNICS 正是閹割的 Multics ！也許聽來有些幼稚，這個名字後來被改成 UNIX（沒有人記得到底是誰改的），後來這個新的名字留了下來。

西元 1972 年，UNIX 被重新編寫成新的 C 程式語言，雖然這個十分簡易的作業系統沒有那些複雜作業系統的那些功能，UNIX 的功能足以讓研究人員還有生意人研發自己的軟體。

UNIX 在 1983 年得到偌大的提升，當時加州大學柏克萊分校為這個系統添加支援網路傳輸控制協定的網路協定，現在任何學校或是企業想要上網，都可以透過網路連線還有運行柏克萊標準分配（Berkeley Standard Distribution，簡稱 BSD）的 UNIX 電腦就能達到目的。這個 UNIX 系統還具備電子郵件伺服器，郵件客戶端，甚至還有遊戲。為了運行這個作業系統，很快出現了工作站。

今日仍使用 UNIX 作為作業系統的有蘋果的 Mac 電腦還有 iPhone。

湯普遜（坐著）與里奇（站著）在 PDP － 11 前的合影。

參照條目　公用運算（西元1969年）；C程式語言（西元1972年）；IPv4紀念日（西元1983年）；Linux作業系統（西元1991年）。

《公平信用報告法》
Fair Credit Reporting Act

艾倫・威斯汀（**Alan Westin**，西元 1929 － 2013 年）

1970 年 3 月，哥倫比亞大學（Columbia University）的一位教授在美國國會前表明，黑心的美國企業正在經營美國公民的祕密資料庫。這些檔案，據威斯汀的說法，「可能含有事實、數據、誤差與訛傳」……可說每個人生活的方方面面都有涵蓋，如婚姻狀況、職業、學歷、童年、性生活，還有有政治活動等等。

使用這些檔案的有美國銀行、百貨公司與諸多公司行號，來決定是否給予信用可供購屋、買車，或是添購傢俱。威斯汀解釋，這些數據庫也同樣被公司用來評估求職者還有保險核保與否，而這些資料庫卻無立法禁止──沒有信用額度，也沒有能力使用分期付款來支付主要採買的話，許多人其實沒有能力負擔。

威斯汀在美國國會非常有名，在國會委員會調查信用報告產業之前，他曾在數個場合發表聲明，也出過一本書《隱私與自由》（*Privacy and Freedom*）（1967 年出版），書中談論到資訊時代的自由，需要每個人能夠掌握個人資訊如何為政府還有企業所使用。威斯汀將隱私定義為「個人、團體或機構自己決定自身資訊在什麼時間，以什麼方式，以及到什麼程度傳遞給其他人」。他也創造了「資訊黑影」（data shadow）一詞，來形容人們在現代世界留下的資訊痕跡。

1970 年 10 月 26 日，國會通過《公平信用報告法》（Fair Credit Reporting Act，簡稱 FCRA），這個法案讓美國人民第一次有權能看到企業用來決定誰能取得信用或保險的消費者檔案。《公平信用報告法》也讓消費者有權，敦促信用機構調查消費者認為不公的理賠，讓消費者能夠在案件中說上幾句話，加入自己的說法。

《公平信用報告法》更是世上首次出現規定私人企業資訊收集使用範圍的法律，這是現代「資訊保護」的濫觴，後來這個概念也傳到了全世界。

今日幾乎每個開發國家都有隱私專員（privacy commissioners），歐盟通過一般資料保護規範（General Data Protection Regulation，簡稱 GDPR）更是世界上影響深遠的隱私法案。

哥倫比亞大學教授威斯汀擔心美國企業建立美國公民的祕密資料庫。

參照條目 關聯式資料庫（西元1970年）。

西元 1970 年

關聯式資料庫
Relational Database

愛德格・F・科德（**Edgar F. Codd**，西元 1923 － 2003）

早期電腦的功用，其中有一項是儲存大量的資料，但資料究竟該如何整理，一開始並沒有很明確的方式。在 IBM 聖荷西的研究實驗室裡，電腦科學家科德設計一套方法來整理排序資料，這個方法比其他模型方式來得更有效率，科德不將屬於相同實體的資料歸類成同一組，他的作法是建立大型的資料表格，以相同的概念作為分類，並且加上識別用的號碼（稱為 ID），用來定義不同表格間資料的關聯性。

舉例來說，一家保險公司可能有一張客戶名單，每個客戶有客戶號碼（CUSTOMER IC）還有姓名，然後可能有另一張保單的表格，每個項目有保單號碼（POLICY ID），客戶號碼，再來是保單種類號碼（POLICY TYPE ID），第三個表格也許是將保單種類號碼和保單內容細節做連結，在這個例子裡，替客戶找保單的時候，電腦會先找客戶號碼，然後在所有的保單中搜尋有相同客戶號碼的項目，至於保單詳細內容，系統會利用保單號碼，在保單的表格中尋找保單種類號碼，接著再搜尋保單種類表格取得保單詳情。

科德這項嶄新的研究顯示，以這種方法整理資料，不僅資料儲存更有效率、取用上更加快捷，而編寫程式也較為容易。最重要的是，科德的例子說明在電腦硬體上，是能夠創造通用資料引擎，節省程式設計師麻煩，並且讓程式設計師能專注在設計應用上。只要資料庫開發與部署完成，背景軟體的改良將嘉惠所有依靠軟體運行的所有應用程式。科德的貢獻讓他在 1981 年獲得圖靈獎。

現在蘋果 iPhone 還有 Google 安卓的作業系統都是在每台智慧型手機以及安裝的應用程式上，創建關聯式資料庫，科德的發明成為儲存資料的主流方式之一。

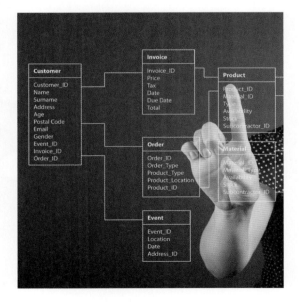

科德創造出大型資料表格存放具有相同概念的資料。

參照條目　磁碟儲存單元問世（西元1956年）。

軟碟磁片 Floppy Disc

軟碟磁片（floppy disk）提供給電腦的使用者穩定且輕巧的系統儲存資料，這個系統由單個旋轉的磁盤組成，外面有紙板或塑膠層包覆。塑膠層裡面有特殊的纖維，設計來清潔旋轉的媒體並有集塵的功能，否則灰塵可能會污損磁性表面。這個系統的另一個部分是軟碟磁片的驅動器，這是一種機電裝置，裡面有環狀的夾子會箝住磁盤，一個馬達會進行旋轉，然後還有一個讀取／覆寫的磁頭組裝在輻射狀軌道上，會隨著步進馬達移動，在媒體上的同心圓磁圈上進行讀取還有覆寫的工作。

軟碟磁片儲存較少的資料，並且跟大型磁碟還有磁鼓儲存系統比較起來速度較慢，不過軟碟磁片非常便宜，更好的地方在於，軟碟磁片可以從硬碟上取出並且替換成另一片，讓系統有無限制的儲存空間（只要使用者願意再買一整箱軟碟磁片的話）。

軟碟磁片的初次誕生是 IBM 在 1971 年推出的八吋軟碟磁片，可以儲存 80KB 的資料，資料量等同於 1,000 張打孔卡片。幾年後，八吋的軟碟磁片可以儲存到 200 － 300KB，由八吋軟碟磁片創始人之一所成立的舒加特顧問公司（Shugart Associates），在 1976 年創造出世界第一個 5 又 4 分之 1 吋的磁碟及磁盤。小型的磁碟，IBM 有使用在 PC 上，而蘋果則使用在 Apple II，不過磁盤並不相容，因為兩家公司在磁盤表面所設計的儲存位元組的方法不同。有堅硬的塑膠外殼三吋半的軟碟磁片於 1983 年問世，容量有 360KB。蘋果利用相同的硬體，在 1984 年為 Mac 電腦推出了一個新的具有不相容的格式的版本（可儲存 400KB）。雙面硬碟很快就問世，能夠儲存 400 或 800KB，隨後還有雙面高密度的硬碟，可以儲存 1.44MB。

軟碟磁片價格低廉且儲存無限制，圖為 8 吋、5.25 吋及 3.5 吋的軟碟磁片。

參照條目　磁碟儲存單元問世（西元1956年）；唯讀光碟（西元1988年）；DVD（西元1995年）。

雷射印表機 Laser Printer

蓋瑞・斯塔克韋瑟（**Gary Starkweather**，西元 **1938 － 2019** 年）

1967 年，斯塔克韋瑟是全錄研究與工程中心（位於紐約韋伯斯特）的一位工程師，全錄影印機利用亮光照射原始文件，並將反射的光聚在感光的旋轉磁鼓上，磁鼓經過碳粉然後拓印在空白的紙上。在磁鼓沒有被光照射的紙上才會有碳粉黏著，接著紙張加熱後，碳粉就會融化並且在原地與紙張融合。快看！影印立即完成。

斯塔克韋瑟的構想是不使用強光還有文件原稿，而是利用雷射掃描靜電印刷的磁鼓，由電腦調節雷射，精準地控制頁面上出現的內容。後來的成果就是沒有使用原稿的全錄印表機，成為新的電腦輸出裝置。

斯塔克韋瑟的領導團隊不願接受這個構想，並且要求他執行別項任務，但斯塔克韋瑟花了三個月的時間祕密打造裝置的原型，就在全錄的紐約管理階級還興趣缺缺的時候，斯塔克韋瑟轉到全錄的帕羅奧圖研究中心，在那裡所有的工程師都在打造未來的裝置。他在 1971 年 1 月抵達帕羅奧圖研究中心，並且在九個月之後開發出一台能運作的印表機。

在帕羅奧圖研究中心做裝置的原型容易，但要說服全錄公司販賣這些裝置可不容易，全錄圖型列印機（Xerox Graphics Printer，簡稱以下 XGP）是第一台走出帕羅奧圖研究中心的雷射印表機。XGP 列印機連續在 8.5 吋的紙捲上進行列印，每吋 180 個點，之後列印機會再裁切紙捲成為一張張頁面。有一台 XGP 借給同一條街上的史丹佛大學，而有一台則是安裝在位於美國另一端的 MIT 人工智能實驗室的九樓，可是沒有一台 XGP 賣得掉。

1976 年，帕羅奧圖研究中心製造出多弗列印機（Dover），每秒可以列印兩張紙，每吋 300 個點。跟 XGP 一樣，多弗列印機只是實驗機種。同年，IBM 推出第一款商用的雷射印表機 IBM 3800。全錄不落人後，也在隔年 1977 年推出全錄 9700 雷射印表機。

展示在計算機歷史博物館（Computer History Museum）的多弗雷射印表機。

參照條目　全錄奧圖電腦（西元1973年）；頁面描述語言PostScript（西元1982年）；桌面出版（西元1985年）。

NP 完備問題
NP-Completeness

史蒂芬・庫克（**Stephen A. Cook**，生於西元 **1939** 年）
理查德・卡普（**Richard Karp**，生於西元 **1935** 年）
李奧尼德・亞納托里維奇・雷文（**Leonid Anatolievich Levin**，生於西元 **1948** 年）

邱奇－圖靈論題回答哪些問題基本上能夠或者不能夠運算，但是這個論題忽略了效率問題——也就是這個計算是需要耗時一個小時，還是得花上一百年才能完成。

即使是最早的電腦，有些計算就是閉著眼很快就能算出來：ENIAC 可以在毫秒間把十位數的數字相加起來。其他的問題也在科學家研發出有效率的解方之後變得愈發容易，破解二戰德軍密碼原本是一件不可能的任務，但後來發現一些技巧，可以讓同盟國在短短數個小時內破解每天的訊息。

有些任務的效率則不論程式設計師有多努力攻破難題，卻仍然沒有很大的進展，舉凡製作大學的班級課表，讓教室、教授還有學生不會衝堂，或是為旅行的業務員制定造訪 50 個城市的計畫，不會花光所有的時間還有金錢。這些複雜的問題很難找出解方，但只要找出解方，解方的正確性很容易得到驗證。

1971 年，多倫多大學電腦科學的副教授庫克驚人地證明任何一個旅行業務員的問題可以轉換成大學排課問題，也因此第二個問題的解方也能夠用來解決第一個問題。兩年後，卡普證明 21 種難解問題具有等同的複雜度。

現今的電腦科學家稱這類的問題為「NP 完備問題」，關於如何有效率地解決大學排課或是旅行業務員問題，目前還沒有答案，但是如果我們能夠找到其中一個問題的解方，我們馬上就能夠得到所有問題的解法。不過惱人的是，NP 完備問題是否真有效率的解方仍不得而知，這個問題的答案仍然是當今電腦科學的重大謎團。

因為他們的貢獻，庫克與卡普先後在 1982 年與 1985 年獲頒圖靈獎。在蘇聯（Union of Soviet Socialist Republics）的李奧尼德・雷文，獨自使用不同的數學推理方式，提出 NP 完備問題理論，因此 NP 完備問題理論也稱為「庫克－雷文定理」。

旅行業務員問題是要找出業務員在各城市間旅行最有效率的路徑，這也是電腦科學家稱之為 NP 完備問題的其中一例。

參照條目　邱奇－圖靈論題（西元1936年）。

西元 1971 年

郵件小老鼠 @Mail

雷‧湯姆林森（Ray Tomlinson，西元 1941 － 2016 年）

　　許多分時系統都能讓使用者對彼此留下訊息，例如，早期的 PDP － 10 電腦有一個名為 SNDMSG 的程式，可以讓使用者寫訊息，然後附加在另外一個使用者的信箱上，第二位使用者登入的時候，可以透過另一個稱為 READMAIL 的程式，讀取第一位使用者留下的訊息。不過，用這些程式編寫或者讀取的訊息只限於同一台電腦。

　　1971 年，湯姆林森時任 BBN 科技的工程師，開發出一個稱為 CPYNET 的程式，可以在電腦之間傳送檔案。在那之後不久，湯姆林森發現能夠將 SNDMSG 還有 CPYNET 的精髓結合在一起，使用者能夠使用 CPYNET 來撰寫訊息，再使用修正版的 CPYNET 協定來傳送訊息給另一台電腦，訊息會在附在另一台電腦上特定使用者的郵箱上。隨後，湯姆林森利用 BBN 麻州劍橋實驗室的兩台電腦傳送了一則訊息，那封訊息湯姆林森並沒有存檔，但他告訴許多記者那則訊息應該是輸入了鍵盤的上排字母「QWERTYUIOP」。

　　除了傳送第一則網路郵件訊息以外，湯姆林森的功勞還有使用「@」符號來分開郵箱與目的地主機的名稱，原本用來標示價錢的「@」，如：2 顆雞蛋 @35 美分 =70 美分，很快就變成代表網路信件位址的中間符號。

　　原本的阿帕網是設計來讓遠端電腦取用虛擬終端機和檔案傳輸的資料，郵件並不在初始的設計當中。不過，郵件很快變成阿帕網的「殺手級應用」——這也是許多研究實驗室願意花費時間和金錢只為連上網。高級研究計畫局習慣使用電子郵件洽公也無疑助長了這項發展：研究人員發現與高級研究計畫局經理往返電子郵件非常容易，獲得融資也變得更加容易了。

　　雖然已經採用「@」符號，但是**寄件人、日期、主旨**等這些郵件標頭，一直要等到 1973 年阿帕網標準 RFC 561〈統一網路郵件標頭〉採用之後才確立。至於**收件人、副本**與**密件副本**等標頭，則需要等到 1975 年 RFC 680 標準〈訊息傳輸協定〉採用後才定案。

BBN 工程師雷‧湯姆林森選擇「@」符號來區分使用者信箱與目的地主機的名稱。

 參照條目 分時系統（西元1961年）；阿帕網與網際網路（西元1969年）。

首部微處理器
First Mircroprocessor

費德里科・法金（**Federico Faggin**，生於西元 **1941** 年）
泰德・霍夫（**Ted Hoff**，生於西元 **1937** 年）
史丹利・馬佐爾（**Stanley Mazor**，生於西元 **1941** 年）

英特爾（Intel）公司成立於 1968 年 7 月，有著來自創投的 250 萬美元資本，打算生產集成電路。這家公司的第一個晶片是 1101 記憶體晶片，能儲存 256 位元，當時銷路不佳。第二個晶片是 1103 晶片，能儲存 1024 位元，銷售成績亮眼，讓英特爾在 1971 年公開上市。

同年，英特爾推出 4004 晶片，這是世上第一個在晶片上的通用型電腦，設計者是法金、霍夫，以及馬佐爾，這個晶片有 2,300 個電晶體。

現代電腦都植基於馮諾伊曼架構（von Neumann architecture），這是架構的命名是紀念 1940 年代的數學兼物理學家約翰・馮・諾伊曼（John von Neumann）。這個電腦有個**算術邏輯單元**能夠進行基本的算數（如加減），以及一些快取記憶單元稱為**暫存器**，邏輯單元能夠從記憶體中擷取資料和指令，而其他邏輯單元可以將資料重新儲存到記憶體，一種特別的暫存器稱為**程式計數器**（program counter，簡稱 PC）指向電腦記憶庫的特定位址。這台電腦從程式計數器所指向的特定記憶體位址讀取指令，執行指令並增加程式計數器，讓計數器指向下一個記憶體位址，然後如此不斷重複。4004 是第一個將這些功能都齊聚在一小片矽片上的晶片，4004 晶片有 16 個 4 位元的暫存器還有 45 個指令，讓程式維持在 4,096 位元組的唯讀記憶體，還有能夠另外處理 4 位元隨機存取記憶體的 1,280 字組。

4004 的字組大小只有 4 位元，已足夠以二進制儲存數字 0 到 9。不意外的是，4004 晶片是設計來供計算機使用，但因為可通用的緣故，這個晶片也能夠有其他的應用，例如，有一家公司使用 4004 晶片來控制彈珠台。

五個月後，英特爾推出 8 位元版本的晶片 8008，可以處理記憶體最多 16,384 字節與混合程式及資料。1974 年 4 月，英特爾推出 8080 晶片，可以處理記憶體最多 65,536 字節，雖然有所差異，但所有版本都是使用相同的基本彙編程式碼，後來英特爾的奔騰（Pentium）和酷睿（Core）處理器都是使用這個程式碼。

法金站在英特爾 4004 晶片放大的藍圖前。4004 晶片由他所設計，後來成為世上首部微處理器。

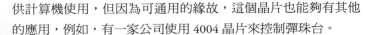

參照條目　EDVAC報告書的第一份草案（西元1945年）；第一台個人電腦（西元1974年）。

西元 1971 年

無線網路誕生
First Wireless Network

諾曼・艾布拉姆森（**Norman Abramson**，西元 **1932 － 2020** 年）
羅伯特・梅特卡夫（**Robert Metcalfe**，生於西元 **1946** 年）

在西元 1980 年前，語音電話網路不足以支援逐漸浮現的電腦網路需求，阿囉哈（ALOHA）系統的出現正是來探索使用無線通訊能否取代有線通訊，成為較好的替代方案。

夏威夷大學（University of Hawaii，簡稱 UH）的研究人員團隊，以艾布拉姆森為首，決定把位於馬諾阿山谷（Manoa Valley，檀香山附近）的主校區電腦，連接到位於夏威夷州希洛市一所大學內，以及位於歐胡島（Oahu）、可愛島（Kauai）、茂宜島（Maui）還有夏威夷島上的五座社區大學內的終端機。如果成功的話，這項計劃能讓這幾所大學的學生，不必大老遠到希洛市就能使用電腦。

當時，點對點的微波通道研究得十分透徹，但價格也十分高昂。這些通道造成許多浪費，因為終端機溝通的本質就是零散且經常閒置，而且也只能容許少量延遲。這個團隊很快就想到在發射機間分享單一高速無線通道，如果發射機沒有收到回應，發射機會持續重新傳送封包直到收到回應。

第一個封包的傳送時間是 1971 年 6 月，從一台有 RS － 332 標準介面的終端機傳送到一種名為**終端控制器**（terminal control unit，簡稱 TCU）的新裝置。有了終端控制器，終端機可以在夏威夷大學校區 100 英里內的任何地方使用，這個團隊馬上製作更多終端控制器，將眾群島連接起來形成網路—— ALOHA 網路（ALOHANET），這是世界上第一個無線電腦網路。

阿囉哈網系統與阿帕網於 1972 年 12 月透過一條單一 56kbps 的衛星通訊通道相互連結。

電氣工程師梅特卡夫發現相同的廣播架構可以透過一條同軸纜線來運行，他改良基本協定，讓無線電台傳送封包前先聽取流量，稱為**載波感測多重存取**（carrier sense multiple access，簡稱 CSMA），而乙太網路也就此誕生。

阿囉哈網協定的諸多版本最後也成功套用在許多無線網路，包括早期的手機系統。但這項計畫影響最深遠的是乙太網路協定以及演變至今日的 Wi-Fi 標準。

夏威夷大學馬諾阿校區的電腦和夏威夷州其他大學的終端機相互連結。

參照條目 IPv4紀念日（西元1983年）。

C 程式語言
C Programming Language

丹尼斯‧里奇（**Dennis Ritchie**，西元 **1941 － 2011** 年）

　　程式在電腦上運行的時候，電腦的中央處理器會執行一系統低階的機器指令來喚醒作業功能，如從記憶體擷取資料、數字加總、將結果存回記憶體等。人類用高階語言編寫程式，再透過**編譯器**（compiler）這種有特殊目的程式將高階語言轉譯為機器碼。比起直接使用機器碼，或使用會慢慢轉譯成機器碼的組合語言，程式設計師能夠透過轉譯編寫出更為複雜且功能強大的程式。

　　C 程式語言是貝爾實驗室里奇的發明，目的是用來編寫作業系統，這套程式語言主要的精髓包括能夠精準地控制資料在電腦記憶體中的布局、混合高階指令與機器碼，以及 C 程式語言比其他高階語言運行速度還快的事實。

　　今日仍舊廣為使用的 C 程式語言也讓程式設計能以高階抽象化的方式編寫程式。這套語言有一個內建功能程式庫，可以進行複雜的動作，例如讀取和覆寫資料檔案，以及執行高級數學運算。此外，程式設計師也能自行設定功能，並且如同內建功能般使用自訂功能，讓初學程式設計的新手也能擴充這套語言，C 程式語言開始流行之後，程式設計師開始彼此共享各自的程式庫，開放源碼的文化也就應運而生了。

　　原始的 UNIX 作業系統是用組合語言編寫，供舊式的迪吉多 PDP － 7 電腦使用，後來重新用組合語言編寫，供 PDP － 11 電腦使用。1973 年，第二版的 UNIX 作業系統使用 C 程式語言編寫，成為史上第三個使用高階語言進行編寫的作業系統。以 C 程式語言重新編寫的 UNIX 作業系統變得更容易維護與擴充。

現在的 C 程式語言是世界上最流行的計算機語言之一，同時 C 程式語言也影響其他許多其他程式語言，如 C++、C#、Java、PHP 以及 Perl 等程式語言。

```
/*
 * If the new process paused because it was
 * swapped out, set the stack level to the last call
 * to savu(u_ssav).  This means that the return
 * which is executed immediately after the call to aretu
 * actually returns from the last routine which did
 * the savu.
 *
 * You are not expected to understand this.
 */
if(rp->p_flag&SSWAP) {
        rp->p_flag =& ~SSWAP;
        aretu(u.u_ssav);
}
```

這一部分的源碼顯示在 UNIX 作業系統核心，其中包含說明以及一道複雜指令。這個指令中止一個程式，並執行另外一個。

參照條目　UNIX作業系統（西元1969年）。

克雷研究公司 Cray Research

西摩・克雷（**Seymour Cray**，西元 1925 − 1996 年）

　　二十多年來，克雷這個名字就等同於**超級電腦**（supercomputer），「克雷」電腦並不光是高效計算的基石，更是流行文化的一部分，克雷電腦出現在像是《電子世界爭霸戰》（*TRON*）還有《神鬼尖兵》（*Sneakers*）等電影。

　　克雷是第一台稱為超級電腦的 CDC 6600 的主要設計師，這台電腦能稱為超級電腦，是因為它的運行速度比當時其他 1964 年推出的系統快，超過 10 倍。正是因為系統工程的緣故而有這樣的差距，克雷經常為人引用的話語就是：「打造快速的中央處理器誰都會，重點是打造出快速的系統」。

　　這些重點之中，6600 這台電腦是第一台可以不按次序進行動態評估並且執行 CPU 指令，如此一來可以加快執行速度，而不改變計算的結果。同時，這台電腦還有數個執行單位，可以同時作用，稱為**指令層級平行**（instruction-level parallelism）。此外，沒有大量複雜的指令，這台電腦只有少量的指令，每個設計都是為了運行得更為快速，這個方法也影響 1980 年代出現的精簡指令集電腦。

　　克雷設計三代的電腦，每一代都更有野心也更冒險，他的朋友威廉・諾里斯（William Norris）投資 30 萬美元，諾里斯是控制資料公司（Control Data Corporation，簡稱 CDC）的執行長，克雷運用這筆錢在 1972 年成立了克雷研究公司（克雷公司的前身）。四年後，第一台克雷－1 超級電腦以六個月的貸款的代價交給洛色拉莫士國家實驗室（Los Alamos National Laboratory）。

　　克雷－1 的成績出色，有時被稱為「世上最昂貴的情人雅座」，因為它的經典設計就是中央的柱塔的周圍有半圓軟墊的基座，這個耐人尋味的形狀卻有很正當的設計構想：彎曲的底板意謂著電腦中的線路不需要超過 4 英呎（1.2 公尺）長，如此一來可以降低機器內的信號傳播延遲。克雷－1 電腦要價 8 百萬美元，克雷研究公司販售超過 80 台，讓公司成為世界高效能電腦最成功的製造商。克雷超級電腦主要用來進來科學運算，如氣候預測，而連蘋果也用超級電腦來設計 Mac 電腦的外殼。

1983 年，位於美國加州國家磁熔合能計算機中心（National Magnetic Fusion Energy Computer Center，簡稱 NMFECC）的克雷－1（Cray-1）超級電腦。

參照條目 精簡指令集（西元1980年）；《電子世界爭霸戰》（西元1982年）。

《生命遊戲》 *Game of Life*

約翰‧H‧康威（John H. Conway，西元 1937 － 2020 年）

　　數學家康威的《生命遊戲》（*Game of Life*）是有許多正方小格的數位網格，每個小格有八個「鄰居」，也就是鄰近有接觸的小格（不論水平、垂直，或對角）。每個小格可以代表生（以方格中的石頭代表）或死，每一回合，電腦會檢查每一個方格，活著的方格如果只有一位或是沒有活著的鄰近方格，下一回合（或循環）會死亡，死因可能是出於寂寞或是人口不足；而周圍有四個以上活著鄰居的方格也會死亡，這次死因是人口過剩。鄰近有二到三個活著的鄰居的方格才能活到下個循環，死亡的方格有三個活著的鄰居會重生——新生命誕生。隨著時間推移，方格的格局會改變且演化，通常（並非總是如此）會到達一個穩定的格局，除了設定初始格局還有開始遊戲，人類玩家沒有事情可做，這也是為什麼《生命》這款遊戲有時被人稱為**零玩家遊戲**（zero-player game）。

　　康威聽到約翰‧馮‧諾伊曼問機器是否有可能自體複製而開發了《生命遊戲》，在《生命》這樣簡化的世界中，康威證明了機器能做到自體複製。

　　這個遊戲對於計算機科學有重大意義，原因在於這是有始以來第一次有程式能夠獨立自體複製，沒有人類程式編碼活動介入（當然，除了啟動程式這道程序以外）。《生命遊戲》開啟了模型與模擬研究的新領域，其中自然當中的循環和演化——不論是對環境、對人類、或對組織——都能夠在極度簡化的環境中，進行觀察和研究這些新興演化的行為，這些研究活動還有想要回答的相關問題後來都稱為**模擬程式**（simulation programs）。

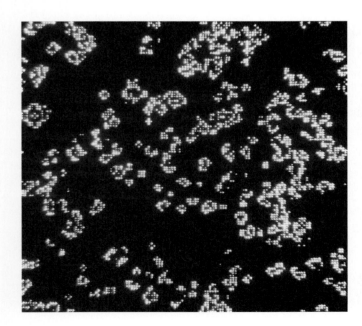

　　馬丁‧加德納（Martin Gardner）在美國《科學人》（*Scientific American*）雜誌 1970 年 10 月號提到《生命遊戲》，《生命遊戲》的人氣因而大幅上升。這個遊戲的規則非常容易，而複雜多元結果的是無法從一開始簡單的設定中想像得到。現在網路上可以找到多種版本的《生命遊戲》並且可以在瀏覽器上運行。

康威的《生命遊戲》在點矩陣發光二極體螢幕上，顯示出各種的滑翔機、振盪器，還有鏡像圖樣。

參照條目　首場國際合成生物學會議（西元2004年）；電腦擊敗圍棋棋王（西元2016年）。

西元 1972 年

HP—35 計算機
HP-35 Calculator

比爾・惠列（**Bill Hewlett**，西元 1913 － 2001 年）
戴維・普卡德（**David Packard**，西元 1912 － 1996 年）

惠列與自己史丹佛大學的同學普卡德合作，在 1939 年以 538 元美金在帕羅奧圖的車庫成立了惠列－普卡德公司（HP）。1950 年之前這家公司是備受尊敬的製造商，負責生產電子工業的測試設備，在 1966 年推出第一台電腦，然後在 1968 年推出可編寫程式的桌上型計算機，附有螢幕、印表機，還有磁卡儲存空間，要價 4,900 美元。

1968 年，惠列決定惠普必須創造出便於攜帶的電子計算機，能夠放入口袋。惠列確信這樣的產品會獲得成功，雖然惠普的行銷部門認為沒有這樣的必要，並認為公司的桌上型計算機的銷路已經很不錯，但這個計畫如惠列所料進展得很快，在 1972 年就打入市場。

惠列的想法是打造一個便於攜帶的計算機，利用三顆 AA 電池提供電力，並使用英特爾還有其他兩家製造商生產的集成電路，讓計算結果以發光二極管製作的單行顯示器呈現，內部，計算機由微處理器驅動，微處理器以 200 千赫運行，背後有一道程式，當中的指令長度只有 768 條，計算機的使用手冊中說道：「計算機十位數字的精準度，超過宇宙中大多數已知的物理常數。」

計算機的外殼設計花費了許多心思，而塑膠鍵盤的製程也同樣用心，使用特殊的兩道製程，讓按鍵上的數字不會因磨損而消失，計算機的設計讓計算機從 3 英吋的地方掉落到水泥地板也不會壞，計算機的強度還有穩定性頗受好評。據說，惠普的業務人員會弄掉或甚至丟計算機來顯示計算機有多堅固。

從推出開始，要價 395 美元的計算機橫掃市場，即使在當時在美國平均一個月的房租只有 165 美元。惠普需要銷出一萬台的計算機才能損益平衡，在第一年就賣出十萬台，惠普的計算機一手摧毀計算尺的市場。

惠普後來開始販售便於攜帶的商用計算機 HP—80，之後在 1972 年將原本名為「計算機」重新命名為「HP—35 計算機」（因為有 35 個鍵）。不過奇怪的是，HP—80 也是 35 個鍵。

HP － 35 計算機是世界上第一台手持的科學技算機。注意 π（pi）鍵。

參照
條目　計算尺（西元1621年）；湯瑪斯計算器（西元1851年）；LED問世（西元1927年）；科塔計算機（西元1948年）；ANITA 電子計算機（西元1961年）。

《乓》*Pong*

艾倫・奧爾康（**Allan Alcorn**，生於西元 **1948** 年）
諾蘭・布什內爾（**Nolan Bushnell**，生於西元 **1943** 年）

在西元 1960 年代晚期，將電腦放在騎樓底下賺錢的想法在當時還非常新穎。布什內爾非常熱衷一款影響深遠的遊戲《太空戰爭》，並且嘗試推出一款稱為《電腦空間》（*Computer Space*）的遊戲——公認的第一個投幣式的電玩遊戲。雖然《電腦空間》並沒有取得商業上的成功，布什內爾下個嘗試——《乓》（*Pong*）——會是他與泰德・達布尼（Ted Dabney）所合創的公司雅達利（Atari）的第一項產品。

一般認為《乓》是一款開啟電玩產業的一款遊戲，掀起一股娛樂革新讓玩樂電子化，並帶動其他產業的發展，像是人工智能，就從現代遊戲運行所仰賴的電腦圖形技術革新當中獲益良多。

據說，布什內爾希望打造一款任何人都非常容易理解的遊戲，他很熟悉美格福斯（Magnavox）公司的奧德塞（Odyssey）——世上第一台家庭式遊戲主機——還有內含的桌球遊戲。不論這如何影響他的構想（這個構想後來也導致一連串長時間的訴訟），布什內爾要他的新進員工奧爾康，設計一款有相同遊戲機制的街機遊戲，奧爾康知道可以完全用數位電路而沒有半點程式語言來設計這款遊戲。他拿一台黑白電視機，放到木製的櫃子裡，將需要的迴路銲到電路板上，這個設計已足以開發原型還有進行測試，所以布什內爾還有達布尼就放了一個硬幣盒到櫃子中，每次遊戲要收費 25 分。遊戲測試在 1972 年「啟動」，地點在矽谷的安迪・卡普酒館（Andy Capp's Tavern）。

這款遊戲有一分為二的螢幕介面，作為雙方的運動的活動場地。每一邊都有兩個垂直的木棍或球拍，玩家上下移動球拍時，球會在螢幕的兩端來回彈跳，每一次對手玩家沒有把球擊回對面時自己會得分。這款遊戲馬上大獲好評，兩個禮拜後，這家酒館的主人打電話來，告訴工程師來酒館修理他們發明的新玩意兒——這玩意兒玩不了了，因為零錢箱都是滿滿的零錢。

《乓》街機遊戲機台還有硬幣箱，1972 年放置在矽谷的安迪・卡普酒館（Andy Capp's Tavern），每位玩家轉動相應的手把來控制自己的球拍。

參照條目　PDP－1（西元1959年）；《太空戰爭》（西元1962年）。

西元 1973 年

手機首次撥通電話
First Cell Phone Call

馬丁・庫珀（**Martin Cooper**，生於西元 **1928** 年）

1973 年 4 月 3 日，摩托羅拉（Motorola）公司的員工庫珀做了一件前無古人的事情：他走在街上時撥通了第一通電話，這是第一次使用手持行動電話撥通電話，這位手機主要研發人員決定不打給媽媽——那要打給誰？打給在貝爾實驗室工作的主要競敵來好好戳對方痛處。

隨著記者和攝影師相繼報導，讓路人看得目瞪口呆，而那通電話內容前面說的是：「喬爾，是我馬丁，我現在正用手機打給你，真的是一台手持可隨身攜帶的手機喔。」

這通電話的撥話地點是紐約市（New York City）的五十三和五十四街的第六大道，庫珀只擔心打開手機的時候手機能不能用。

打造這款手機原型花了庫珀團隊足足有五個月的時間，使用他們研究室裡現有的科技來進行研發，在沒有大型的集成電路的情況下，摩托羅拉公司的工程師必須把數千個電感、電阻、電容，還有陶瓷濾波器塞進一台裝置，並且重量還輕得可以隨身攜帶，這台手機原型重達 2.5 磅並且有 11 吋高，造價高達今日的一百萬美元。

當時的通訊產業（AT&T 為龍頭）一直著力於在車子上實踐行動科技，而不是人們的手中。庫珀團隊相信 AT&T 的視野太過狹隘，數年後庫珀與 BBC 進行回顧訪談時說道，當時他希望創造出「一種能代表個人的產物，所以輸入的號碼不是傳到一個地方、一張桌子、一戶人家，而是一個人」。

手機原型作為商品於市場推出花了 10 年時間，很大的原因在於沒有現有的基地台與必要的基礎建設。這個手機原型稱為 DynaTAC 8000x，通話 30 分鐘需要充電 10 個小時，這款手機也是邁克爾・道格拉斯（Michael Douglas）在電影《華爾街》（*Wall Street*）裡，在海灘上看夕陽時用來和在辦公室的門生講話的手機，要價 3,995 元美金，如果把通貨膨脹考慮進去，今日的售價大約會是 9,000 元美金。

拿著第一台行動電話的馬丁・庫珀，在 1973 年 4 月 3 號撥通電話，打給貝爾實驗室的競爭對手喬爾・恩格爾（Joel Engel）。

參照
條目　《星際際爭霸戰》首映（西元1966年）；iPhone（西元2007年）。

全錄奧圖電腦
Xerox Alto

巴特勒・蘭普森（**Butler Lampson**，生於西元 1943 年）
查爾斯・P・薩克爾（**Charles P. Thacker**，西元 1943 － 2017 年）

由帕羅奧圖研究中心（Palo Alto Research Center，簡稱 PARC）設計開發的全錄奧圖電腦，是全球第一台使用圖形化使用者介面的個人電腦，也是蘋果 MacOS 系統、微軟 Windows 系統，以及其他機種的鼻祖。

奧圖電腦的誕生植基於 NLS 線上系統所體現之互動式電腦的願景，這個願景是道格拉斯在 1968 年 12 月 9 日在舊金山的聯合電腦大會——也就是「展示之母」——上所提出的，不過 NLS 線上系統需要大型的主機來運行多個使用者，並且不易學習，奧圖電腦則是設計成簡單易上手的個人電腦。

奧圖電腦是後世電腦的先驅，這個系統的螢幕是一張紙的大小，顯示電腦的圖形化使用者介面，使用者利用鍵盤與滑鼠與電腦產生互動，不論是誰都能在個人的硬碟上儲存檔案、透過乙太網路與其他電腦溝通，並且利用 Bravo（第一台所見即輸入的文字處理器）創造檔案並且利用網路連接到第一台雷射印表機進行列印。

奧圖電腦也引掀起一場軟體革命，雖然奧圖電腦的處理器原本是以機器語言以及一種稱為 BCPL 的系統程式語言（C 程式設計語言的前身）所設計，帕羅奧圖研究中心的研究人員利用奧圖開發出一套複雜的物件導向語言 Smalltalk（意思為寒暄）。

帕羅奧圖研究中心生產大約兩千台奧圖電腦，捐贈五百台給不同的大學實驗室，而剩下的則留在

全錄支援研究工作。1979 年，在蘋果開始 Mac 計畫的傑夫・拉斯金（Jef Raskin）安排喬布斯還有其他 Apple Lisa 與 Mac 團隊的關鍵人物拜訪帕羅奧圖研究中心，參觀具有點陣圖畫面與滑鼠的電腦其運行狀況，回去的時候一行人覺得收穫滿滿，彷彿已經看見未來。

1981 年 2 月，Bravo 的主要設計者查爾斯・西蒙尼（Charles Simonyi）辭去在全錄的工作並且加入微軟，設計一套文字處理器，也就是後來變成微軟 Word 程式。蘭普森因設計奧圖電腦軟體的貢獻，在 1992 年獲頒圖靈獎。

一位使用全錄奧圖電腦編輯文件的女士，全錄奧圖電腦是第一台由圖形化使用者介面所控制的個人電腦。

參照條目 物件導向程式設計（西元1967年）；展示之母（西元1968年）；雷射印表機（西元1971年）；微軟和IBM PC相容機（西元1982年）；Mac電腦（西元1984年）。

西元 1974 年

資料加密標準
Data Encryption Standard

霍斯特‧費斯妥（**Horst Feistel**，西元 1915 － 1990 年）

1960 年代末，英國駿懋銀行（Lloyds Bank）委託 IBM 製造一種不需人力看管的現金提款機，也就是我們現在俗稱的**自動櫃員機**（ATM）。過去，計算機係利用電話線傳輸數據，然而 IBM 意識到一個關鍵的問題，倘若竊賊將電話線移花接木，便有可能成功通過機器驗證，將存款悉數取出。因此 IBM 必須對銀行與機器之間傳輸的數據進行加密。為此，IBM 委託費斯妥和他新成立的密碼學研究小組尋求解方。他們發明了一種名為 Lucifer 的演算法。

Lucifer 演算法使用 128 位的密鑰加密數據塊。以當時人類掌握的技術而言，該演算法堅不可摧。也就是說，除非你願意挑戰不可能的任務——逐一嘗試所有可能的密碼，否則絕不可能找到用於加密訊息的密鑰。

1973 年 5 月和 1974 年 8 月，美國國家標準局（US National Bureau of Standards，簡稱 NBS）舉辦兩次比賽徵選加密演算法，廣邀譯電員投稿，以此訂定國家加密標準。Lucifer 演算法拔得頭籌，但標準局將其作為資料加密標準（Data Encryption Standard，簡稱 DES）時，應美國國家安全局的要求，對 Lucifer 做了兩處關鍵的改動：密鑰長度從 128 位減少到 56 位；密鑰的使用方法也明顯變得複雜。一些學者批評國安局此舉是故意削弱演算法。

事實證明，國安局的改動反而加強了 Lucifer 演算法。1974 年，國安局發現 Lucifer 遭到**差分密碼分析**（differential cryptanalysis）的攻擊，這是一種密碼分類分析技術（classified cryptanalytic technique）。國安局當時為保護加密演算法中「抗差分密碼分析」的設計，並未對這次攻擊詳加解釋。直到 20 年後，學界經獨立研究，才發現差分密碼分析技術。

資料加密標準一直沿用到 1990 年代，當時非營利機構電子前哨基金會（Electronic Frontier Foundation）花費約 25 萬元，建造專門的 DES 破解機。自破解機問世，對資料僅進行一輪 DES 加密顯然已不足以保證機密安全無虞。1999 年，人們普遍採取三重資料加密演算法（Triple DES，簡稱 3DES），也就是利用資料加密標準對每筆資料加密三次，每次使用不同的密鑰，有效密鑰長度均為 168 位。

如今，三重資料加密演算法也已退出歷史舞台，取而代之的則是進階加密標準（Advanced Encryption Standard，簡稱 AES）。

圖為古斯塔夫‧多雷（Gustave Doré）為約翰‧米爾頓（John Milton）的《失樂園》（*Paradise Lost*）所雕刻的魔鬼路西法。本篇目中的 Lucifer 演算法與此雕像同名。美國國家標準局於 1974 年採用 Lucifer 演算法作為資料加密標準。

 參照條目 進階加密標準（西元2001年）。

第一台個人電腦
First Personal Computer

亨利・愛德華・羅伯茨（Henry Edward Roberts，西元 1941 － 2010 年）

　　個人電腦革命有賴於諸多科技貢獻與幕後推手，其中當屬 Altair 8800 為觸發革命的關鍵。這部微型電腦的設計師是美國工程師羅伯茨以及他在微型儀器和遙測系統（Micro Instrumentation and Telemetry Systems，簡稱 MITS）公司的團隊。

　　1974 年，民眾若想擁有一台個人電腦，唯一的方法便是自己動手組裝。儘管微型電腦的主要部件微處理器三年前便已上市銷售，但業餘愛好者仍須親自繪製電路圖、製造電腦外殼，再向十幾家乃至幾十家公司買齊所有零件，最後才能組裝成一台個人電腦。Altair 的問世讓這繁冗的過程成為歷史。

　　1969 年，微型儀器和遙測系統公司在新墨西哥州的阿布奎基（Albuquerque）成立，致力為電腦愛好者提供電子元件。1974 年，該公司推出世界首套微型電腦零件組。當時，市面上已有英特爾公司生產的 4004 和 8008 兩款微處理器，而羅伯茨想採用一款更強大的微處理器，最終看中了即將面世的英特爾 8080 晶片。這種晶片一般每片售價 300 美元，但羅伯茨竟是把批發價殺到每片 75 美元。整組 Altair 零件組包括金屬外殼、電源、電路板和組裝說明書，但沒有鍵盤和螢幕。輸入程式和數據的方法是撥動前面板（front panel）上的開關，而運算結果則是由面板上幾排小燈泡的明暗來表示。電腦使用者唯一能做的操作，就是透過輸入程式讓指示燈閃爍。還可以另行購買 RS － 332 擴充卡，連接電傳打字機來輸入數據。

　　Altair 零件組發售後，很多顧客都躍躍欲試，想要親自動手組裝電腦。這大大出乎羅伯茨的預料。他原先預計銷售量在 200 套上下，但七個月內便賣破 5,000 套。熱賣的原因之一是這台電腦登上 1975 年 1 月《大眾機械》（*Popular Mechanics*）雜誌的封面，封面標題稱其是「世界上首台具有商業競爭力的微型電腦」。這期雜誌引起比爾・蓋茲和保羅・艾倫的注意。他們很快與微型儀器和遙測系統公司接洽，提出為 Altair 編寫第一門程式語言 Altair BASIC。不久後，蓋茲和艾倫聯合創辦微軟公司，公司最早的產品正是鼎鼎大名的 Altair BASIC。

「微型儀器和遙測系統」公司開發的 Altair 8800 登上《大眾機械》雜誌 1975 年 1 月號封面。

參照條目　首部微處理器（西元1971年）；IBM個人電腦（西元1981年）；微軟和IBM PC相容機（西元1982年）。

《冒險遊戲》*Adventure*

威廉・克勞瑟（**William Crowther**，生於西元 1936 年）
唐・伍茲（**Don Woods**，生於西元 1954 年）

互動式文字冒險遊戲《巨洞冒險》（*Colossal Cave Adventure*）原名為《冒險遊戲》（*Adventure*），是以文字來模擬玩家進入肯塔基州（Kentucky）猛瑪洞穴（Mammoth Cave）探險的過程。遊戲開發者克勞瑟是一名程式設計師，曾經協助開發阿帕網。這款高人氣的《冒險遊戲》有別於一般市面上的模擬遊戲，其設定是讓玩家歷經洞穴探險進而尋找寶藏。玩家毋需先行閱讀遊戲手冊，只要將簡單的指令輸入命令列便能觸發後續劇情，且所有指令與文字互動都是淺顯易懂的英文詞彙。

克勞瑟本身就是一位洞穴探險愛好者。在決定以猛瑪洞穴探險為主題創作遊戲前，他早已繪製出猛瑪洞穴內部的地圖，並在遊戲中利用洞穴中的自然地貌和文物指引玩家接下來的前進方向。《冒險遊戲》是「文字冒險類」遊戲的鼻祖，這類遊戲融合敘事、邏輯推理和解謎等多種元素，有較長的劇情線，並能根據玩家意願發展出不同走向。《Rogue》等遊戲也以《冒險遊戲》為靈感來源。搭載於柏克萊 UNIX（Berkeley UNIX）作業系統的《Rogue》是一款地牢探索遊戲，令玩家愛不釋手，後來還催生出地牢探索遊戲的分支「類 rogue」（roguelike）遊戲。

《冒險遊戲》誕生於 PDP － 10 電腦平台，由 700 行符傳語言（FORTRAN）程式碼和 700 行文字組成，一共描述地圖上的 78 處地點、66 個房間和 12 條方向指引。1976 年，史丹佛大學研究生伍茲獲克勞瑟許可，首次對遊戲進行改良，大大豐富了遊戲中的幻想元素；所做的改動也反映出他對英國作家托爾金（J.R.R. Tolkien）作品的喜愛。後來，各種不同版本的《冒險遊戲》接連誕生，也啟發 MIT 成立於 1979 年的子公司 Infocom 推出文字冒險遊戲《魔域》（*Zork*）和其他多款廣受歡迎的電腦遊戲。

《冒險遊戲》在駭客歷史中留下不可磨滅的影響。遊戲中獨特的詞彙和用語也跨界進入其他領域，其中最受歡迎的詞彙之一是「xyzzy」。在遊戲的合適時機輸入「xyzzy」，玩家便能瞬間移動到另一地點。另一句流行用語是「你正位於一個文字迷宮中。四周文字皆不同（YOU ARE IN A MAZE OF PASSAGES, ALL DIFFERENT）」。運用這句妙語時，人們常常把「文字」一詞替換成實際情境。

世界上最早的文字互動類電子遊戲《巨洞冒險》在 VT100 終端機上運行。

 參照條目 太空戰爭！（西元1962年）；ELIZA自然語言處理程式（西元 1965年）。

《震波騎士》 *The Shockwave Rider*

約翰・布魯納（**John Brunner**，西元 **1934 － 1995** 年）

　　從古至今，文學作品不僅能反映當下的科學技術成就如何改變社會，也同樣警醒人們新興技術可能為社會帶來新規範。當文學作品嘗試描繪未來的社會藍圖時，更是極具前瞻性。英國作家約翰・布魯納著於 1975 年的小說《震波騎士》（*The Shockwave Rider*），便是這類作品中的經典。這本書的緣起可以追溯到 1970 年。那年阿爾文・托夫勒（Alvin Toffler）出版非小說類暢銷書《未來的衝擊》（*Future Shock*），書中細數社會變化加劇和資訊超載的負面影響，啟發布魯納的創作。

　　《震波騎士》將 21 世紀的美國設定為一個反烏托邦世界，細膩描繪未來的當權者如何濫用數據隱私權和資訊管理權，人們的日常生活也完全受電腦技術主宰。故事主角尼克・哈飛林格（Nick Haflinger）是一名天才駭客，利用電話竊聽技術逃離政府密謀的高智商人群訓練計畫。而政府和精英組織透過超連結的數據（hyperconnected data）和資訊網路來控制社會，蒙蔽民眾，讓他們對周圍的世界一無所知。全書討論的主題包括利用科技來改變身分，有關數據隱私和政府監控的倫理決策（moral decisions），以及在不強調個人空間和個性價值時自我意識的流動性（mobility of self）。

　　《震波騎士》之所以聲名赫赫也是因為電腦蠕蟲（worm）一詞起源於此，專稱那些能自我複製並經由傳播到各個電腦系統的程式。在書中，哈飛林格善用自己的專長，操縱不同類型的「磁帶蠕蟲」（tapeworms）和「報復蠕蟲」（counterworms）來修改、破壞和釋出網路中的數據。

　　人們公認《震波騎士》對 1980 年代科幻作品中的「賽博龐克」（cyberpunk）流派影響甚鉅。該流派通常虛構出一個荒誕的反烏托邦社會，將時間點設定為不遠的將來，聚焦於社會衝突與科技的黑暗面。作品中對電腦技術的設想遠遠超前於現實，反映出創作者對電腦技術應用的擔憂：雖然電腦技術的確大幅提升人類的認知水平及生產力，但也將人性最惡劣極端的一面表露無疑。

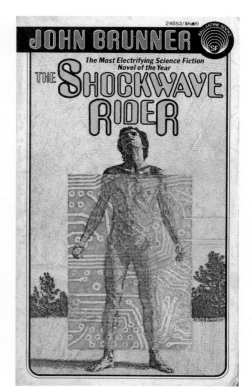

約翰・布魯納的《震波騎士》由巴蘭坦書屋（Ballantine Books）出版。圖為該書 1976 年版封面。

參照條目　〈我們可能這麼想〉（西元1945年）；星際爭霸戰首映（西元1966年）；展示之母（西元1968年）。

人工智慧醫學診斷
AI Medical Diagnosis

艾華 · 舒特利夫（**Edward Shortliffe**，生於西元 **1947** 年）

MYCIN 是世界首款醫療專家系統（expert knowledge system），能使用人工智慧技術來識別引起嚴重感染的細菌，專為腦膜炎或患有嚴重血液傳染病的患者提供抗生素治療建議。1975 年，MYCIN 的問世首次證明電腦程式在診斷特定醫學問題時，表現較醫學生和醫生出色。

1972 年，身兼醫生和電腦科學家的舒特利夫以 MYCIN 為主題，在史丹佛大學開始他博士論文的研究。MYCIN 是一個基於人工智慧的醫療專家系統，所採用的人工智慧技術屬於早期「基於規則的知識表示法」（rule-based knowledge representation）。為創建診斷規則，資訊工程師首先與抗菌藥物專家討論患者的病史，再以一系列 IF-THEN 語句將病情資料編譯到 MYCIN 系統中。系統還將醫患交流中常見的問答內容建模，以此為醫生提供診斷建議。醫生只需坐在電腦前，回答 MYCIN 系統中關於病情的若干問題。電腦很快就會給出至少一則診斷建議，甚至提供明確的診斷結果。

MYCIN 包含三個相互關聯的系統，分別是諮詢系統、解釋系統和知識獲取系統。諮詢系統能根據相關領域的醫學知識，為病患提供治療建議。解釋系統能詳細闡述診斷結論的判別理由、論證過程和動機，還能進一步提供治療建議。問診時常用的問題也在解釋系統中依序排好，供醫生參考使用。知識獲取系統則能讓專家和醫生輕鬆更新靜態知識庫（static knowledge base）。

為驗證 MYCIN 系統的準確度，實驗人員讓 MYCIN 與九名微生物專家分別給十名病患提供抗生素治療建議，再由八名具備腦膜炎治療專業知識的獨立評估員對結果進行評估。最終 MYCIN 的準確度得分為 65%，而人類專家的得分則介於 42 － 62% 之間。

儘管實驗取得正面成果，但 MYCIN 卻從未實際運用於疾病診斷。AI 診斷系統需要龐大的計算資源（computational resources）支持，當時包括醫院在內的 MYCIN 使用者都辦不到。此外，AI 治療結論的合法性和倫理問題也有待解決。

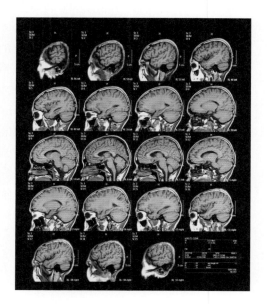

醫療專家系統 MYCIN 專為腦膜炎等細菌感染患者提供抗生素治療建議。圖為一名 13 歲男孩接受腦部磁振造影（MRI）檢查，以排除嗜伊紅性腦膜炎。

參照條目　〈我們可能這麼想〉（西元1945年）；樹枝狀演算法（西元1965年）；展示之母（西元1968年）。

《BYTE》雜誌 *Byte* Magzine

韋恩・格林（**Wayne Green**，西元 **1922 － 2013** 年）
弗吉尼亞・朗德納・格林（**Virginia Londner Green**，生卒年不詳）

　　1975 年，業餘無線電雜誌《73》的創辦人韋恩・格林及其前妻弗吉尼亞・格林發現，每期雜誌上凡是與電腦相關的文章，普遍都大受讀者歡迎。因此兩人決定創辦電腦雜誌《BYTE》，聘請曾經獨立辦過《實驗計算機系統》（*Experimenter's Computer System*）月刊的卡爾・赫爾默斯（Carl Helmers）擔任編輯。《BYTE》雜誌隨即接手《實驗計算機系統》月刊的郵寄業務，自身的銷量也在格林出版公司（Green Publishing）的支持下大幅提升。業界公認《BYTE》是世界上第一本個人電腦雜誌，其背後聚集一群熱情的電腦愛好者，大有推動電腦革命之勢。

　　《BYTE》雜誌創下許多「史上第一」，例如，創刊號發行時，市場上第一套家用電腦零件組剛好問世；以及刊登微軟的第一支廣告。略舉幾篇早年《BYTE》雜誌的內容，包括：〈哪種微處理器適合你？〉、〈自己編寫組譯器〉、〈搭建圖形顯示器〉等等。雜誌還刊登〈從無到有設計語言程式〉這類文章，討論早期個人電腦的哲學面向；也歸納人們想擁有個人電腦的實際原因，包括記賬、計算食材分量、玩遊戲，甚至是架設由電腦控制的遠程安全系統。

　　《BYTE》能如此知名，一部分原因也要歸功於藝術家羅伯特・提尼（Robert Tinney）為其繪製的封面插圖。他善於透過非科技的視角，以視覺隱喻來詮釋每期雜誌的主題，同時試著用圖畫來闡釋「電腦如何融入大眾文化」這個更宏大的概念。《BYTE》同時也孕育出文壇新秀傑里・波奈爾（Jerry Pournelle）。這位科幻小說家因在雜誌上創作個人專欄「混沌莊園的觀點」（The View From Chaos Manor）而嶄露頭角，大受讀者歡迎。

　　《BYTE》雜誌還曾羅列加州、科羅拉多州（Colorado）、康乃狄克州（Connecticut）、北卡羅萊納州（South Carolina）、紐約州和德州的電腦俱樂部名錄。矽谷的家釀電腦俱樂部（Homebrew Computer Club）也在其列。在史蒂夫・沃茲尼克（Steve Wozniak）發明蘋果電腦的過程中，該俱樂部扮演著不可或缺的角色。

　　直到 1990 年代，《BYTE》都一直占據市場主導地位。後由於讀者人數和廣告收入下滑，最終於 1998 年 5 月出售給 CMP Media 集團，兩個月後停止發售紙本雜誌。經過多次嘗試，CMP 於 1999 年起以純數位出版品的形式繼續發行《BYTE》，直到 2009 年正式退出歷史舞台，成為電腦發展歷史上光輝的一頁。

圖為第一本個人電腦雜誌《BYTE》1982 年 7 月創刊號。

參照條目 第一台個人電腦（西元1974年）；家釀電腦俱樂部（西元1975年）。

家釀電腦俱樂部
Homebrew Computer Club

佛瑞德 · 摩爾（**Fred Moore**，西元 **1941** － **1997** 年）
戈登 · 弗倫斯（**Gordon French**，生卒年不詳）

　　就像有「狂野邊疆之王」之稱的美國早期探險家大衛 · 克拉克（Davy Crockett）一樣，家釀電腦俱樂部的成員是 1970 年代發起和引領個人電腦革命的先驅。這個富有傳奇色彩的俱樂部以「分享與幫助」為行事準則，為志同道合的電腦愛好者提供交換知識和經驗的空間。他們不僅分享原理圖和軟硬體設計資訊，演示自己設計的程式或產品，討論業界著作，批量採購零件，改良自己的程式。最重要的是，還一同探索自製電腦功能的極限。

　　家釀電腦俱樂部之所以能夠延續，一部分原因要歸功於 Altair 8800 零件組恰好在俱樂部成立之時面世。此前，民眾若想擁有一台個人電腦，唯一的方法便是親自繪圖、購買零件再組裝。作為市場上首套大獲成功的微型電腦零件組，Altair 為電腦愛好者提供一道捷徑，以前所未見的方式開啟一扇實驗和創新之門。

　　1975 年 3 月，俱樂部首次會議在加州門洛帕克市舉行。起初，會議地點位於俱樂部共同創始人弗倫斯和摩爾的車庫，但由於俱樂部日益壯大，後改至位於門洛帕克的 SLAC 國家加速器實驗室（SLAC National Accelerator Laboratory）。與會成員有不少是著名科技專家，包括史蒂夫 · 沃茲尼克和史蒂夫 · 賈伯斯，他們曾在俱樂部展示過第一代蘋果電腦 Apple I 的原理圖。惡名昭彰的電話飛客約翰 · 德雷普（John Draper）也是俱樂部的常客。他擅長利用嘎吱脆上校麥片（Captain Crunch）附贈的玩具口哨吹出特殊頻率的聲音，入侵電話系統免費打長途電話，因此獲得別名「嘎吱脆上校」。

　　正如弗倫斯在第二期《家釀電腦俱樂部通訊》（*Homebrew Computer Club*）中所說：「軟體比硬體更難設計。」家釀電腦俱樂部的很多成員都是硬體迷，因而總是忽略自己的產品在軟體上能達到怎樣的功能。但俱樂部的確將一群充滿熱情的電腦奇才聚集在一起。他們抱持著好奇心、激情和探索意識，追求技術發展，也深深影響著個人電腦產業的歷史。

1975 年 4 月 12 日《家釀電腦俱樂部通訊》封面。

參照
條目　第一台個人電腦（西元1974年）；《BYTE》雜誌（西元1975年）；第二代蘋果電腦（西元1977年）；微軟和
IBM PC相容機（西元1982年）。

《人月神話》 *The Mythical Man-Month*

佛瑞德・布魯克斯（**Fred Brooks**，生於西元 **1931** 年）

1963 年，IBM 投入大量資源來開發新的 OS ／ 360 作業系統，計劃與大型電腦 IBM 360 同步上市。OS ／ 360 是專為 IBM 新系列電腦打造的單一作業系統，複雜程度堪稱史上之最。

當時 IBM 360 系統的硬體已達到上市所需要的標準，軟體開發進度卻嚴重落後，還出現超支問題。於是專案經理決定臨時增聘程式設計師。這是經理人慣用的解決之道。但讓 OS ／ 360 開發負責人布魯克斯意外的是，僱傭更多程式設計師之後，OS ／ 360 的開發進度甚至更加落後。這就是布魯克斯在他的經典著作《人月神話》（*The Mythical Man-Month*）中提到的布魯克斯法則（Brooks's Law）：「在已經延誤的專案中增派新的人力，只會讓專案更加延遲」。

自 1975 年首版以來，《人月神話》一直是資訊科學系研究生的必讀書目。軟體工程界也奉其為聖經。除布魯克斯法則外，這本書還詳細論述「第二系統效應」（second-system effect）這樣的現象。例如，「第二系統效應」認為，在成功開發 1.0 版本的系統之後，人們容易對 2.0 版本抱有過度的期待，因而將未納入 1.0 版本的所有功能都放入 2.0 版本中，導致其過於臃腫、複雜。布魯克斯還在書中具體介紹他管理 OS ／ 360 開發專案數百名員工所使用的科技，其中許多直到今天仍在業界使用。

布魯克斯於 1964 年離開 IBM，到北卡羅來納大學教堂山分校（University of North Carolina at Chapel Hill）任教，並創立資訊科學系。同年，IBM 360 系統問世。1995 年，《人月神話》推出 20 周年紀念版，新增四個章節，但更重要的是還全文刊載布魯克斯 1986 年發表於《Computer》期刊的經典論文〈沒有銀彈〉（*No Silver Bullet*）。布魯克斯在這篇論文中指出，在計算科學領域，沒有哪一種科技能夠將生產力、可靠性或簡潔性一口氣提高 10 倍。相反，產品設計成功的關鍵是發現人才，並在職涯早期就把他們納入團隊，由團隊提供指導，給予他們實際設計系統以及與其他優秀設計師互動的機會。

2012 年於曼徹斯特舉辦的圖靈百年誕辰紀念大會（Turing Centennial Conference）上，資訊科學教授佛瑞德・布魯克斯發表言論。

參照條目 IBM 360系統（西元1964年）。

公開金鑰加密法
Public Key Crypography

瑞夫・墨克（**Ralph Merkle**，生於西元 1952 年）
惠特菲爾德・迪菲（**Whitfield Diffie**，生於西元 1944 年）
馬丁・愛德華・赫爾曼（**Martin Edward Hellman**，生於西元 1945 年）

人類使用密碼傳送祕密訊息已有兩千多年歷史，但這種方法有一個致命傷：雙方必須先親自碰面商定密鑰（一般是一串字母或數字），之後才能順利收發祕密訊息。對外交官和軍事人員來說，這倒不是問題，他們在執行任務前往往已經親手拿到密鑰。到了 1971 年，隨著電子郵件的誕生，「訊息加密」這個歷史難題再次受到科學家的關注。電腦科學家認為，若要保護郵件內容的安全，唯一方法就是加密。

1974 年，加州大學柏克萊分校大四學生墨克在一次課程作業中，提出一個不切實際卻具有開創性的郵件加密方法。沒見過面的兩人若想保障通訊安全，收寄雙方要先透過網路交換數百萬條加密訊息，密鑰藏身於其中一條。但教授卻不理解這項方法。因此，墨克退選了課程，轉而將想法整理成論文，投稿給當時電腦科學領域的一流期刊《電腦協會通訊》。這篇論文也不幸遭拒。期刊回復稱：「經驗顯示，明文傳遞關鍵資訊非常危險。」

當時，史丹佛大學有一個新成立的密碼學研究小組，指導教授是密碼學家赫爾曼。1975 年，小組成員迪菲就訊息加密問題提出一種基於數論（number theory）的解決方法，與墨克相似，但更有效。這便是如今赫赫有名的**迪菲－赫爾曼金鑰交換**（Diffie-Hellman key exchange）。這套方法需要雙方選定隨機數字，經過特定計算後，傳送計算結果給對方。當收到對方傳來的數字後，再進行一次計算，兩人便可以得出相同的密鑰。而第三方或竊密者則無法推導出結果。1976 年 6 月，迪菲－赫爾曼金鑰交換在全國計算機會議（National Computer Conference）中首次公開發表。

1978 年，墨克的研究論文終獲《電腦協會通訊》刊登，編輯也特別書面致歉。此後，他又陸續發明了密碼雜湊函式（cryptographic hashing）和樹形數據結構雜湊樹（hash tree），這些都是後來比特幣等加密貨幣的基本原理。2010 年，墨克獲頒 IEEE 理察・衛斯里・漢明獎章（IEEE Richard W. Hamming Medal）。2015 年，迪菲與赫爾曼也因提出密鑰交換演算法而獲得圖靈獎。

公開金鑰加密法需要通訊雙方先交換加密後的訊息。收到密文後，雙方再進行特定計算，便能得出相同的金鑰。

參照條目 RSA加密演算法（西元1977年）；比特幣（西元2008年）。

天騰 NonStop 容錯伺服器
Tandem Nonstop

詹姆斯・特里比（**James Treybig**，生於西元 **1940** 年）

1974 年，特里比心懷遠大願景創立天騰電腦公司，旨在打造可靠性高、不會崩潰的電腦。一年後，這種電腦成功問世，價格也極具競爭力，就好像一場科技魔法般，力助天騰成為 1980 年代美國發展最快的公司之一。

為打造極為可靠的電腦，天騰採取與同業截然不同的設計。大多數電腦公司都透過為主電腦（master computer）配備「熱備用」（hot-spare）的方式來實現高可靠性。如果主電腦崩潰，備用電腦能夠立即發揮替代功能。但如果主電腦一切正常，整台熱備用機就會長時間閒置，造成資源浪費。此外，這種方法也無法讓電腦系統更加穩定。如果主電腦是因為軟體問題而崩潰，那麼通常備用電腦也會受到相同問題的影響。

天騰的設計顛覆傳統，能夠有效避免單點故障（single point of failure），也就是一個部件失效不會讓整台電腦癱瘓。該系統的 NonStop 架構要求每台大型主機都要包含數個節點。因此在最後的設計中，每個節點都配備 2 至 16 個獨立的處理器；每個處理器也都有自己的記憶體、電源、備用電池和輸入輸出通道。節點本身及處理器都與冗餘的通訊路徑互連。處理器之間不共用記憶體，而是透過相互發送訊息來交換資訊。

在一次典型運行（typical operation）中，電腦系統的各部分會互相監視。如果偵測到錯誤，系統將首先確定發生錯誤的模塊，並將該模塊與系統其他部分隔離。如果某個硬體出現故障，系統將對該硬體進行診斷測試，確定是否為必須更換硬體的永久性故障。如果是，那麼也只需從系統中拔出故障的電路板並更換，無需關閉整個系統。軟體同樣高度區塊化，再加上數據也不斷自動備份，因此軟體出現故障時能夠及時隔離出錯的代碼並修正錯誤。

1975 年，天騰設計製造出首個 NonStop 系統，並於 1976 年 5 月交付給客戶：花旗銀行。使用者很快發現 NonStop 系統擁有極佳的可靠性和可擴展性，若節點數量增加一倍，NonStop 系統的運行速度也相應增加一倍。

圖為天騰 16 NonStop 電腦的廣告。設計者用冗餘的通訊路徑來連接數個處理器，打造極為可靠的電腦。

參照
條目　　連接機（西元1985年）。

《Dobb 博士的雜誌》
Dr. Dobb's Journal

鮑伯・阿爾布雷希特（**Bob Albrecht**，生卒年不詳）
丹尼斯・艾利森（**Dennis Allison**，生卒年不詳）
吉姆・華倫（**Jim C. Warren Jr.**，生於西元 1936 年）

　　《Dobb 博士的雜誌》（*Dr. Dobb's Journal*）創刊於 1976 年，致力於向程式設計師分享軟體開發知識，建立最佳的軟體應用範例。如果跟當時的程式設計師談起這份科技雜誌，他們可能會回以念舊的歎息和微笑。雜誌創始人阿爾布雷希特是家釀電腦俱樂部的成員。創刊號將雜誌定位為「專門分享免費及低成本家用電腦軟體設計的出版物」。比較特別的是，這份雜誌幾乎只探討程式設計，很少關注硬體，並且也首次解決了導致早期個人電腦局限性的根本問題之一：記憶體容量。像 Altair 8800 等最早期的個人微型電腦，都只有 4,000 位元組的記憶體。為擴展早期電腦的功能，開發體積夠小且功能強大的程式是一個亟待解決的挑戰。

　　為解決早期電腦記憶體有限的問題，《Dobb 博士的雜誌》刊登了一組可直接輸入電腦運行的程式列表。最初幾個版本的程式都以 BASIC 語言的簡單版——Tiny BASIC 語言來撰寫，只需三千位元組的記憶體。開發者史丹佛大學講師艾利森也曾撰寫一系列文章刊登在雜誌上，其中包括 Tiny BASIC 的完整程式碼。由於 Altair 8800 電腦本身使用 Intel 8080 處理器，而這組程式碼的公開性和可訪問性讓其他人士能夠為 Intel 8080 以外的其他處理器開發直譯器。Tiny BASIC 系列文章全數刊登之後，雜誌更名為《Dobb 博士的計算機健美操與矯正雜誌》（*Dr. Dobb's Journal of Computer Calisthenics & Orthodontia*）。

　　《Dobb 博士的雜誌》早期的編輯華倫後來為該雜誌出版概略，記錄了他在雜誌問世的一年內，對微型電腦計算領域新變化、新特徵的觀察；也補充說明他對科技發展趨勢的看法，以及哪類讀者會選擇追隨新的科技趨勢，並投身相關領域貢獻心力。38 年後，《Dobb 博士的雜誌》於 2014 年停刊。

《Dobb 博士的計算機健美操與矯正雜誌》創刊號封面。

參照條目 第一台個人電腦（西元1974年）；家釀電腦俱樂部（西元1975年）。

RSA 加密演算法 RSA Encryption

羅納德・林・李維斯特（Ronald L.Rivest，生於西元 1947 年）
倫納德・阿德曼（Leonard Adleman，生於西元 1945 年）
阿迪・薩莫爾（Adi Shamir，生於西元 1952 年）
克利福德・柯克斯（Clifford Cocks，生於西元 1950 年）

　　1976 年，惠特菲爾德・迪菲與馬丁・愛德華・赫爾曼發明公開金鑰加密演算法。在他們的設想中，未來人們若要發送電子郵件，只需要完成以下三步：先在名冊中查找他人的公開金鑰，再使用金鑰加密電子郵件，最後將加密後的電郵發送給對方。收信人收到電郵後，使用他手中對應的私密金鑰來解密。整個過程只有一個問題：迪菲－赫爾曼金鑰交換是一種交互式加密方法。這意味著該演算法不具有能夠公開發布、且能永久使用的金鑰，仍需進一步改良。

　　李維斯特、阿德曼和薩莫爾決定接下這項挑戰。他們三位都是 MIT 的教授，彼此交情甚篤。李維斯特和薩莫爾花了好幾個月，設計出多種用於創建公開和私密金鑰的數學方法。但他們的夥伴阿德曼每次都能成功破解。也就是說，儘管密碼攻擊者不知道對應的私密金鑰，但還是能破解由公開金鑰加密的訊息。

　　1977 年 4 月，三人相約一同吃逾越節晚餐。餐桌上自然也少不了討論如何加強加密演算法。喝了幾杯紅酒後，他們靈光乍現，想到一個解決辦法：隨機選擇兩個極大的質數，將其相乘作為私密金鑰。由基本的數論方法可證明，若攻擊者截獲公開金鑰，他們需要將其進行質因數分解，才能推斷出發信人的私密金鑰。如果無法完成質因數分解，使用公開金鑰加密的訊息就無法破解。

　　這便是 RSA 加密演算法。在接下來數年裡，網景通訊公司（Netscape Communications Corporation）把 RSA 系統植入自家的網頁瀏覽器「網景領航員」（Netscape Navigator）中，推動網際網路的商業化；此外也植入智慧卡中，防止信用卡詐欺交易事件。2002 年，RSA 加密演算法的三位發明者共同獲頒圖靈獎。

　　不過，RSA 加密演算法面臨著一個巨大的威脅——量子電腦。量子電腦使用量子力學進行計算，幾乎可以瞬間完成質因數分解，因此美國國家標準暨技術研究院正致力於一個名為「後量子密碼」

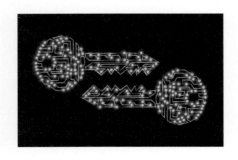

（post-quantum cryptography）的計畫。計畫內容包括尋找能夠替代 RSA 的其他加密演算法。

　　RSA 加密演算法還有一段軼事。早在 1973 年，英國密碼學家柯克斯便獨立設計出一種與 RSA 加密演算法等效的數學方法，不過該演算法在當時屬於機密，直到 1997 年才公開。

公開金鑰和私密金鑰是 RSA 加密演算法的關鍵。私密金鑰為兩個極大質數的乘積。若攻擊者截獲公開金鑰，他們需要先進行質因數分解，才能推斷出寄件人的私密金鑰。

參照條目　公開金鑰加密法（西元1976年）；129位RSA加密訊息重見天日（西元1994年）；量子電腦進行質因數分解（西元2001年）。

第二代蘋果電腦 Apple II

史蒂夫‧賈伯斯（**Steve Jobs**，西元 **1955－2011** 年）
史蒂夫‧沃茲尼克（**Steve Wozniak**，生於西元 **1950** 年）
藍迪‧威金頓（**Randy Wigginton**，生卒年不詳）

對電腦愛好者來說，Altair 8800 的問世讓他們有機會買到整套電腦零件組，而不必像過去一樣各處蒐集零件自行組裝。全球首台成功批量生產的第二代蘋果電腦（以下簡稱 Apple II）則更上層樓。普通人無需零件組裝知識，也能擁有現成的個人電腦。1976 年 12 月，蘋果首席設計師沃茲尼克和程式設計師威金頓在家釀電腦俱樂部演示 Apple II 的第一個原型。1977 年 4 月，他們帶著 Apple II 參加西海岸電腦展銷會（West Coast Computer Faire），首度向公眾展示這款電腦。當時蘋果公司聯合創辦人、商業奇才賈伯斯也一同出席。

此前蘋果公司銷售的第一代蘋果電腦蘋果 I 由沃茲尼克設計並親手製造，整體只有一塊電路板，使用者需要自己配備機殼、鍵盤、螢幕——或者由電視機替代，以及射頻（radio frequency，簡稱 RF）調變器。而 Apple II 在蘋果 I 的基礎上進行改良，附帶機殼、鍵盤，但仍然需要射頻調變器才能由電視機顯示畫面。

Apple II 廣受工程師、學校和大眾消費者歡迎。其唯讀記憶體中內建 BASIC 程式語言，用戶一啟動電腦，就能即時編寫和運行程式。最早的 Apple II 是以磁帶作為儲存媒介，因此也內建用來讀取程式及資料的錄音帶介面。用戶能在消費等級的卡式錄音座（cassette deck）上保存程式，或者將程式載入記憶體，成本也相當低廉。Apple II 還是史上第一台支援彩色顯示的電腦。

1978 年，蘋果推出一款外接式 5¼ 英寸軟碟機，以軟體和創新的電路設計取代原先的電子元件，比卡式帶（cassette）更快、更穩定，而且支持隨機存取。原本人們只是把 Apple II 視為一個稀奇的新玩意兒，沒想到這款軟碟機卻讓 Apple II 轉型為教育和商業領域重要的工具。1979 年，市場上首款電子試算表軟體 VisiCalc 隨同 Apple II 推出。這款專為 Apple II 設計的電子試算表軟體也帶動了新一波的電腦銷售。

自 1977 年 9 月到 1980 年 9 月，Apple II 一炮而紅，帶動蘋果公司的收入從 77.5 萬美元成長到 1.18 億美元。直至 1990 年初 Apple II 退出生產線，蘋果公司曾先後發布七種主要的 Apple II 機型，最終總銷量約為 500 至 600 萬台。

1977 年 12 月《BYTE》雜誌上的 Apple II 廣告。

參照條目 第一台個人電腦（西元1974年）；《BYTE》雜誌（西元1975年）；家釀電腦俱樂部（西元1975年）；試算表軟體VisiCalc（西元1979年）。

首封網路垃圾郵件
First Internet Spam Message

蓋瑞・圖爾克（**Gary Thuerk**，生卒年不詳）
勞倫斯・坎特（**Laurence Canter**，生於西元 **1953** 年）
瑪莎・西格爾（**Martha Siegel**，西元 **1948 － 2000** 年）

1978 年 5 月 3 日，美國東部時間 12 點 33 分，美國國防部阿帕網 100 多個電子郵件帳戶收到一封群發廣告郵件。這就是世界上首封垃圾郵件（spam），發送者是迪吉多員工圖爾克，意在推廣迪吉多 DECSYSTEM － 2020 新電腦系列。

圖爾克當時並不知道早期的郵件程式能從地址檔案中自動讀取電子郵件地址，而且又將標題欄誤作收件者欄，因此手動將所有電郵地址都輸入到**標題欄位**。最終該欄位只容下 120 個地址，剩下的 273 個地址則溢出到郵件正文中，導致正文不像正文，毫無吸引力。

各界對該郵件均持反對立場。美國國防通訊局阿帕網管理處（Management Branch at the Defense Communications Agency）處長回信稱圖爾克的電郵「公然違反阿帕網的使用規則」，並強調該網路「限用於美國政府的官方業務」。

針對阿帕網管理處的不滿，MIT 人工智慧實驗室的程式設計師理察・斯托曼（Richard Stallman）持不同意見：「我的確收到大量無聊的電子郵件，甚至還有新生兒出生公告。但說不定有些內容很有趣。」但這位言論自由的倡導者也堅決反對垃圾郵件的寄送方式，他認為「不管電郵內容為何都不該發送標題那麼長的郵件」。

直到 1980 年代，人們才普遍將不請自來的電子郵件稱為垃圾郵件。其英文名稱來源於 1970 年表演團體蒙提・派森（Monty Python）的一齣諷刺劇。劇中一群愛吃荷美爾牌 SPAM 肉罐頭的維京人在餐廳反覆高唱「SPAM, SPAM, SPAM」，導致其他人都無法正常聊天。之後，不請自來、內含大量資訊的廣告呈爆炸性增長，並以不同形式入侵各種數位媒體。到了今天，有些廣告郵件仍然是傳統意義上的「垃圾郵件」，即同一封郵件無差別寄送給所有人，但越來越多廣告郵件的演算法透過參考大量個資資料庫，能為每個收件人提供個性化定制的廣告資訊。

1978 年 5 月 3 日，阿帕網用戶收到世界上第一封不請自來的電子郵件（或稱「垃圾郵件」）。如今，許多電子郵件服務商都能自動檢測垃圾郵件，並將其分置於不同的資料夾中。

參照條目 透過電磁電報發送的首則垃圾廣告（西元1864年）；郵件小老鼠（西元1971年）。

法國網路先驅 Minitel

　　如果說 1980 年代的人們已經能透過網路玩遊戲、購物、聊天、學習，購買戲劇票券，使用網路銀行，你可能會感到驚訝，但這的確是當時許多法國人的日常生活。我們所熟悉的網際網路和全球資訊網，都在 1990 年代才對公眾開放使用。法國的網路在 1980 年代就已經遠遠超前於世界。

　　1978 年，法國國營企業法國電信（France Telecom）推出小型電腦終端 Minitel，整體為灰褐色，配備螢幕、鍵盤，使用傳統的家用電話線來連接網路。但沒有微處理器。政府慷慨贈送每位法國電信用戶一台 Minitel 終端機。到了 1982 年，Minitel 就已普及全國。1990 年代中期，處於全盛時期的 Minitel 擁有 2,500 萬用戶。線上服務多達 26,000 項，其中還包括頗有人氣的線上色情服務。雖然沒有正式的名稱，但大家都稱它為「玫瑰之信」（Minitel Rose）。

　　Minitel 背後的技術是電傳視訊（videotext）。這種科技不為法國所獨有，全球多國也普遍採用各版本的電傳視訊技術，包括英國、德國、西班牙、瑞典、日本、新加坡、巴西、澳大利亞、紐西蘭、南非、加拿大和美國。但 Minitel 的獨特之處在於獲得政府大力支持，法國電信甚至認為幫用戶安裝 Minitel 終端機比分送紙本的電話簿更便宜。這種做法大幅領先當時人們的觀念的思想潮流。消費者不僅能夠線上購買食品雜貨，甚至還能享受「當日送達」服務，消費衝動能迅速得到滿足。早在亞馬遜等電商巨頭出現之前，Minitel 就讓「需求」和「購買」之間不再橫亙著一段時間差。

　　網際網路、全球資訊網和移動網路興起後便大大瓜分 Minitel 的市占率。2012 年，Minitel 停止服務。在結束營運前，死忠用戶只剩下養牛的農戶和醫生，他們分別利用 Minitel 交換畜牧業資訊，以及向國家衛生部報告病人狀況。

　　雖是法國人引以為傲的科技成就，Minitel 卻從未引領任何一次全球網路革命，原因可能是 Minitel 並非開放平台。但不可否認 Minitel 的問世仍然是一起轟動的事件，讓世人見證如果一項關鍵技術能解決用戶的痛點，將會實現多麼龐大的規模經濟。

1987 年巴黎達卡拉力賽（Dakar Rally）期間，一名女士在法國某個小村莊使用 Minitel。

 參照條目　電子商務（西元1995年）。

祕密分享 Secret Sharing

阿迪 薩莫爾（**Adi Shamir**，生於西元 **1952** 年）
喬治 布萊克利（**George Blakley**，生於西元 **1932** 年）

　　假設你用密碼鎖將遺囑鎖在一個安全性極高的保險箱中，希望只有在你身故後，律師才能打開保險箱。於是你把密碼交給律師，期望他確實遵循你的遺志。或者還有一種做法是將密碼一分為二，分別交給兩位律師，只有兩人同時到場見證，才能成功開鎖。

　　但如果其中一位律師未盡保管之責，大意遺失他手上的一半密碼，又該怎麼辦呢？更妥當的做法似乎是聘請三位律師，以不同方式將密碼分割三次。分割所得三組共六段密碼中，每位律師拿到不同兩組的各一段密碼。這樣一來，只要任意兩位律師一同到場，就能拼湊出密碼全貌。但如果繼續增加分割次數，這種加密方式就會變得不可行，而且相當荒謬。試想，如果你有 11 位見證律師，希望任意六位同時到場才能解鎖，那麼密碼就要分割 462 次，每位律師拿到 252 個密碼片段。

　　MIT 的薩莫爾教授和德州農工大學（Texas A&M University）的布萊克利教授在 1979 年分別對這個問題提出類似的解法，不僅精妙，而且高效、安全，至今仍在使用。

　　薩莫爾運用基礎幾何學解決這個加密難題。假設要加密的「密碼」是一個數字，首先，在直角坐標系畫一條與 y 軸相交的直線，這條線與 y 軸相交點的 y 坐標稱為 y 截距。告訴每位律師直線上任一坐標，且每人獲知的坐標各不相同。如此一來，僅憑自己獲知的一個坐標，無人能確定 y 截距。但如果任意兩位律師交換資訊，就能輕鬆計算出 y 截距——只要把這兩個點畫在坐標系上，連成直線即可。布萊克利提出的加密系統與之相似，不同之處是他的解法是架構於一個 n 維的系統中。

　　若是你希望三人同時到場才能得出完整密碼，那麼只需要畫一條拋物線來取代上文所說的直線即可。兩點能確定一條直線，而三點才能確定一條拋物線。現在告訴每位律師拋物線上的隨機一點，他

們之中任意三位到場，就能畫出這條拋物線，從而確定 y 截距所代表的密碼數值。薩莫爾實際提出的加密系統比前述方式更複雜一些，並非在二維的平面直角坐標系中預設一條漂亮的曲線，而是在有限的代數數體（finite number field）中繪製曲線，類似於實際應用迪菲－赫爾曼金鑰交換和 RSA 加密演算法的原理。每位知情者拿到的數字也不是保險箱真正的密碼，而是加密演算法的密鑰。

祕密分享是將機密資訊分割為若干部分，交到不同人手中。知情人將部分或全部資訊拼湊起來，便可恢復完整的機密資訊。

參照
條目　公開金鑰加密法（西元1976年）；RSA加密演算法（西元1977年）。

西元 1979 年

試算表軟體 VisiCalc
VisiCalc

丹・布瑞克林（**Dan Bricklin**，生於西元 1951 年）
鮑伯・弗朗克斯頓（**Bob Frankston**，生於西元 1949 年）

1973 年，布瑞克林從 MIT 畢業，取得資訊工程學士學位。他先是在美國老牌電腦公司迪吉多工作了一段時間，後跳槽至收銀機製造商 FasFax 公司，但也沒待多久，便決定去唸哈佛大學的工商管理碩士班。當時，布瑞克林覺得用紙筆做商業分析讓人精疲力盡，因此用 BASIC 語言在 Apple II 上編寫了一個程式，讓程式幫他自動計算，而他自己則能專注於建模。這便是 VisiCalc 的雛型。

布瑞克林的朋友弗朗克斯頓加入了 VisiCalc 的開發計畫。他使用交互組合程式（cross assembler）將布瑞克林的程式改寫成 Apple II 的機器碼——其中使用的交互組合程式也是由他自己編寫，並置於 MIT 的一台大型電腦中運行。1979 年，兩人聯合成立軟體藝術（Software Arts）公司，繼續研發數月之後，將 VisiCalc 授權給一家名為個人軟體（Personal Software）的公司上市銷售——不過這家公司很快就更名為 VisiCorp。短短五年內，VisiCalc 的銷量便已突破 100 萬套。

雖然早期的 IBM 大型機也曾搭載過數值模擬工具，但 VisiCalc 是首個保留傳統試算表外觀，又結合交互性、自動重算（automatic recalculation）、就地編輯（in-place editing）等功能的軟體，使用者能輕易上手。此外，VisiCalc 還具有創建和編輯公式的高級功能，讓普通人也能快速建構複雜的財務模型。VisiCalc 售價為 100 美元，但由於它僅能在 Apple II 上運行，企業也紛紛為此購買售價 2,000 美元的 Apple II 電腦。

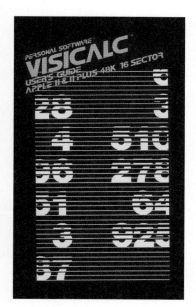

不過，Apple II 的硬體功能相當受限，並不適合搭載商業應用程式，包括螢幕只能顯示 24 行 ×40 列 * 的大寫字母，微處理器為 8 位元，以及最大記憶體只有 48KB 等等。1981 年，IBM 推出個人電腦 IBM PC，配備 25 列 ×80 行的螢幕和 16 位元微處理器；隨機存取記憶體能儲存 640KB 的數據，足以容納複雜的財務模型。此後兩年間，蓮花軟體公司（Lotus Development Corporation）充分利用 IBM PC 的基礎功能和特性，開發 Lotus1-2-3 試算表軟體，於 1983 年問世，大大衝擊了 VisiCalc 的銷售額。1983 至 1984 年，VisiCalc 銷售額由 1,200 萬美元驟降為 300 萬美元。1985 年 4 月，蓮花軟體公司收購軟體藝術公司，並立即將 VisiCalc 撤出市場。

VisiCalc 是專為個人電腦設計的首款試算表軟體。圖片為 VisiCalc 使用說明。

譯注：原文指螢幕大小為 25 行 ×40 列屬錯誤資訊。Apple II 螢幕應為 24 行 ×40 列。參考資料：《InfoWorld》雜誌，第 5 卷第 12 期（1983.3.21）。

 參照條目 ·第二代蘋果電腦（西元1977年）。

辛克萊 ZX80 電腦
Sinclair ZX80

克里夫・辛克萊（**Clive Sinclair**，生於西元 **1940** 年）
吉姆・韋斯特伍德（**Jim Westwood**，生卒年不詳）

　　辛克萊（Sinclair）公司推出的 ZX80 是英國第一台大量生產的個人電腦，也是世界上第一台售價低於 100 英鎊（當時約為 200 美元）的電腦。該電腦分兩種形式銷售，需自行組裝的零件組售價僅 79.99 英鎊，組裝完成的全功能電腦則售 99.99 英鎊。每台電腦配備 Zilog Z80 微處理器和 1KiB 的隨機存取記憶體。唯讀記憶體容量則為 4KiB，內有一個 BASIC 直譯器。電腦外包裝是白色的塑膠盒，裡面有一個小型薄膜鍵盤（Membrane Keyboard）。大小很適合小孩使用，不過大人若想打字則困難一些。電腦還內建一個用於保存和加載程式的卡式帶介面（cassette interface），以及一個射頻調變器，可直接利用電視機作螢幕。

　　為節省成本，ZX80 的大部分射頻調變都透過軟體來完成。每次按鍵或運行程式時，螢幕畫面都會消失，令使用者相當困擾。螢幕能顯示 24 行 ×32 列黑白字符。每個字符的位置也都可以顯示 2×2 點陣的簡單圖形。

　　ZX80 問世首年便熱銷五萬台。次年，辛克萊又推出外觀更時尚的 ZX81，能透過緩慢模式來解決螢幕空白的問題。進入緩慢模式後，螢幕畫面不會消失，但代價是運行速度變慢，因為該模式從使用者的其他操作中竊取中央處理器的計算週期。ZX81 擁有 8KiB 的唯讀記憶體，能為 BASIC 直譯器儲存浮點數，讓電腦能夠支援精確的工程計算。一套零件組售價 49.95 英鎊，組裝完成的電腦售價 69.95 英鎊，銷量總計 150 萬台。ZX80 和 ZX81 兩個型號都由韋斯特伍德設計，天美時公司製造。1982 年，辛克萊公司推出彩色版的 ZX，叫做 **ZX 光譜**（ZX Spectrum）。

　　許多 ZX 型號的電腦都存在過熱問題。一些電腦愛好者的處理方式是將電腦從主機殼中取出，更換一個更大的外殼，同時也增設外接鍵盤、16KiB 的額外隨機存取記憶體，甚至還有一台售價 49.95 英鎊、用於列印鋁塗布紙的印表機。超過一百家公司都成為 ZX80 和 ZX81 周邊設備的供應商。

　　辛克萊本人也因為 ZX80 和 ZX81 大獲成功而受封爵位。

辛克萊公司推出的 ZX80 是英國第一台大量生產的個人電腦。

參照條目 培基程式語言（西元1964年）。

快閃記憶體
Flash Memory

舛岡富士雄（**Fujio Masuoka**，生於西元 **1943** 年）

快閃記憶體（flash memory）於 1980 年問世，發明者是日本東芝公司（Toshiba Corporation）的舛岡富士雄。當時舛岡隸屬於一個小團隊，正嘗試開發一種無需電力也能保留資料的記憶體，功能如同固態硬碟，而非機械硬碟。這種記憶體不僅能儲存大量數據，而且價格合理，整體優於磁心記憶體（Magnetic Core Memory）。四年後，舛岡在舊金山 IEEE 國際電子元件會議（International Electron Devices Meeting）上將這項發明介紹給更多半導體產業的同行。

但直到 20 年後，快閃記憶體才主導可攜式儲存裝置市場。在這 20 年間，可攜式數位媒體領域也曾進行各種各樣的嘗試，包括推出數位錄音帶（Digital Audio Tape，簡稱 DAT）、MiniDisc 迷你光碟，甚至火柴盒大小的微型硬碟機。但這些都屬於機械式設備，無法承受衝擊和振動，不僅影響資料儲存的可靠性，尺寸和容量也因此受限。

快閃記憶體的製造技術等同於半導體、微處理器和其他積體電路。記憶體晶片每年都在更新換代，變得更小、更快、更便宜，容量也不斷增加。有了快閃記憶體，智慧型手機、MP3 播放器、數位相機、電子閱讀器和平板電腦等新型行動設備才有問世的可能。不過直到 1990 年代末快閃記憶體成本大幅下降，上述行動設備才紛紛問世。

實際使用經驗也證明快閃記憶體靈活性極高。製造過程中，單個快閃記憶體晶片可以像其他晶片一樣直接焊接到印刷電路板上。可攜式快閃記憶體可置於不同的載體中，起初是數據儲存設備 CompactFlash（簡稱 CF 卡），後來是安全數位卡（簡稱 SD 卡），雖然外觀不同，但都採用相同的技術原理。1999 至 2017 年間，上述儲存設備的容量從 1MB 增加到 2TB，約是原先的 2 百萬倍。

1990 年代中期，藉助通用序列匯流排技術，快閃記憶體能置於輕便的行動裝置內，用於製造可攜式儲存設備，搭配筆記型電腦、桌上型電腦和其他沒有快閃記憶體讀卡機的設備使用。

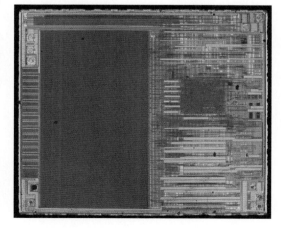

圖為序列快閃記憶體（serial flash）一個儲存單元的顯微照片。該記憶體型號為 MX25U4035Z，容量 4Mib（全稱為 mebibit，二進位兆比特）。儲存空間在左側，邏輯控制器在右側。

參照條目 通用序列匯流排（西元1996年）；USB隨身碟（西元2000年）。

精簡指令集 RISC

大衛・帕特森（**David Patterson**，生於西元 **1947** 年）
約翰・軒尼詩（**John L. Hennessy**，生於西元 **1952** 年）

　　1980 年代，加州大學柏克萊分校的帕特森教授曾研究當時中央處理器內部系統效率低下的問題，並提出一種方法，能讓電腦改良管理機器指令。這種方法就是精簡指令集（Reduced Instruction Set Computer，簡稱 RISC）。許多機器指令集都問世於 1960 年代，目的是讓程式設計師更容易使用組合語言（assembly language）編寫程式。但到了 1980 年代，電腦大多採用高階語言進行程式設計。帕特森認為如果刪除程式設計師需要的高階語言指令集，就能簡化編譯器轉換至低階機器語言的過程，從而大幅提升中央處理器的性能。

　　1980 年，帕特森在美國軍方資助下啟動 RISC 計畫。次年，史丹佛大學也開始進行類似的計畫。負責人是電腦科學家軒尼詩。兩個計畫都借鑑了 1960 年代西摩・克雷為 CDC 6600 電腦設計的方案。

　　幾年內，兩個計畫取得相似的進展，都研製出首台微處理器，比市場上以英特爾 x86 微處理器為代表的複雜指令集電腦（Complicated Instruction Set Computer，以下簡稱 CISC）快得多。但 RISC 晶片仍然只占全球微處理器市場的一小部分，主要原因是大多數為微軟 DOS 和 Windows 作業系統開發的軟體，都無法在 RISC 晶片上運行。

　　1984 年，史丹佛大學研究團隊成立 MIPS 電腦系統公司（MIPS Computer Systems，以下簡稱 MIPS），致力於開發高性能微處理器，一度成為迪吉多公司的供應商。視算科技（Silicon Graphics）也是它的客戶。不過 MIPS 仍然很難與英特爾競爭。因為英特爾擁有更多客戶，研究資金也遠超過 MIPS。

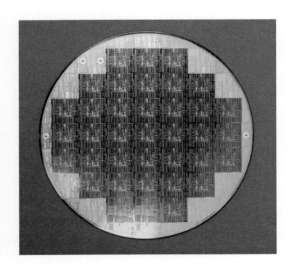

　　RISC 電腦的重大轉捩點發生在 1990 年代，當時晶片製造商們找到一種方法，能在 CISC 電腦內部搭載 RISC 晶片。也就是說，中央處理器獲取 x86 處理器的 CISC 指令集之後，能將其轉換為晶片內部的 RISC 指令集。這種做法集兩種電腦的優點於一身：電腦既能運行傳統的 CISC 程式碼，又具有 RISC 的速度和功率優勢。如今幾乎所有電腦都是 RISC 電腦。

在一片矽晶圓上製造 37 個 RISC 微處理器。攝於 IBM 位於法國科爾貝－埃索納（Corbeil-Essonnes）的工廠，1992 年 2 月 1 日。

參照條目 微程式設計（西元1951年）；克雷研究公司（西元1972年）；微軟和IBM PC相容機（西元1982年）。

商用乙太網路
Commercially Available Ethernet

羅伯特・梅特卡夫（**Robert Metcalfe**，生於西元 1946 年）
大衛・伯格斯（**David Boggs**，生於西元 1950 年）
查爾斯・薩克爾（**Chuck Thacker**，西元 1943 － 2017 年）
巴特勒・蘭普森（**Butler Lampson**，生於西元 1943 年）

乙太網路（Ethernet）的發明者梅特卡夫在哈佛大學寫博士論文的時候，偶然發現一篇文獻探討夏威夷大學開發的 ALOHA 網路（ALOHAnet）。他對這篇論文很有興趣，甚至迫不及待飛到夏威夷，當面向 ALOHA 網路的發明者請教。

不同於 ALOHA 網路利用無線方式發送數據封包（data packet），梅特卡夫設計的乙太網路是透過同軸電纜（coaxial cables）發送射頻能（radio frequency energy）。每條電纜都有多個接頭，一個接頭連接一台電腦終端，可以將同一房間甚至整棟建築物內的電腦都連接到區域網路。「乙太」（Ether）一詞有其歷史來由。19 世紀許多科學家曾認為「乙太」是光傳播的媒介，簡單、廉價、快速的乙太網路因此而得名。但因為缺乏觀測結果的佐證，科學界也逐漸拋棄這種觀點。

業界公認梅特卡夫是乙太網路的發明者，但提出專利申請的是全錄公司。梅特卡夫自從唸博士班起就一直為這間公司效力。共同發明人還包括伯格斯、薩克爾和蘭普森。梅特卡夫於 1979 年離開全錄，成立 3Com 公司，並與迪吉多公司、英特爾公司及全錄合作，一同制定通用的乙太網路標準。這樣一來，乙太網路在業界變得極具競爭力，大大衝擊其他非公用網路標準，成為目前應用最普遍的區域網路技術。1983 年 6 月，電機電子工程師學會採用乙太網路作為 IEEE 802.3 標準。

乙太網路標準規定了實體層的連線（physical connection）和網路傳送數據封包的邏輯結構，但並未採取更高層次的通訊協定。因此，迪吉多和全錄又分別開發更全面的分層網路體系結構 DECnet 和 XNS（全稱為 Xerox Network Systems，全錄網路系統）。但這些專有的網路技術最終都不如透過乙太網路運行的網際協定（IP）普及。1980 年代末，業界開始引進雙絞線（twisted pair）乙太網路，以雙絞線取代早前版本使用的同軸電纜，並以 10Base － T 為網路標準。雙絞線不僅大大降低接線成本，而且每台電腦都是以獨立的網路線連接到乙太網路的集線器（Ethernet Hub），讓數據包的傳送過程更可靠。

最初乙太網路的速率是每秒 10Mbps（全稱為 megabit per second，兆位每秒），也稱為 10Mbps 乙太網。1995 年，電機電子工程師學會發布快速乙太網路（Fast Ethernet）標準，利用雙絞線來傳輸數據，能提供達 100Mbps 的速率。緊接著，繼 1999 年乙太網路達到 1Gbps（全稱為 gigabits per second，吉位每秒）後，10Gbps 光纖乙太網路在 2002 年面世。

乙太網路線和網路交換機。

參照
條目　無線網路誕生（西元1971年）。

電子布告欄 Usenet
Usenet

湯姆‧克魯斯科特（**Tom Truscott**，生於西元 1953 年）
吉姆‧埃利斯（**Jim Ellis**，西元 1956 － 2001 年）

1979 年，杜克大學研究生克魯斯科特與埃利斯設計了一種分散式點對點網路（peer-to-peer，簡稱 P2P）電子布告欄系統（electronic bulletin board system），名為 Usenet，並於次年正式發布。除了用戶自行制訂的社群規範外，並無中央管理員或其他規則。

Usenet 最初僅由兩台電腦組成，透過 UUCP 傳輸協定（UNIX-to-UNIX Copy Protocol）相互連結。不過該網路中新增電腦十分方便，後來也的確有更多新電腦加入。UUCP 傳輸協定不像阿帕網建立的是永久連接，該協定的原理是兩台電腦利用電話來撥接上網，並排隊等待訊息傳輸，因此在網路中添加新機器的成本很低。Usenet 利用數據機來連網，再在網路上分層架設分散式電子布告欄。電腦所編寫的訊息若要對外發布，都必須排隊等待，並最終透過訊息洪泛協定（message-flooding protocol）複製到網路中每一台電腦上。該協定是一種簡單的路由演算法，也就是將封包傳送至所有可能路徑。

Usenet 把留言板分成多個新聞群組（newsgroup），功能類似於我們熟悉的討論串。任何連入 Usenet 的電腦使用者都能撰寫文章，並將其貼到本地留言版（local message board）上。除了作者本人能立即看到貼文外，文章也透過網路迅速傳送至其他電腦。一夜之間網路上的任何人都能成為出版商，而現實中相隔甚遠的人們也能加入討論串，與志同道合的網友相聚。這些討論串都設有信件區，並由電腦管理。一些特定的語彙也是透過 Usenet 才變得廣為人知，其中最典型的例子是「常見問題」（Frequently Asked Questions，簡稱 FAQ）。

不過 Usenet 也有其自身的缺點，例如用戶在一些新聞群組中偶爾會受到人身攻擊。由於缺乏中央管理員，Usenet 發展出一套自己的社群規範，許多用戶願意無償擔任版主。Usenet 背後還有若干強大的基幹網路（backbone sites），大多數文章都必須透過這些網路才能順利發布至版上。這些基幹網路的

管理員偶爾也會根據自己的意願，審查 Usenet 的文章和作者。Usenet 如今日漸衰落，原因並不是全球資訊網的興起，而是 Usenet 本身太過成功。在整個 1990 及 2000 年代，**二進制新聞組**（alt.binaries newsgroups）規模不斷擴大，不可避免也出現一些非法的色情內容。因此部分基幹網路供應商首先停用 alt.* 開頭的新聞群組，也就是無法歸類於其他類別的話題，後來他們又徹底停用整個 Usenet。

電子布告欄 Usenet 以訊息佇列（message queue）的方式，分送訊息給撥接上網的電腦。

參照條目　阿帕網與網際網路（西元1969年）；先驅數據機超前業界標準（西元1984年）。

IBM 個人電腦
IBM PC

威廉・羅威（**William C. Lowe**，西元 1941－2013 年）

　　國際商業機器股份有限公司（International Business Machines Corporation，以下簡稱 IBM）幾乎沒有參與微電腦革命。早在 1980 年，微電腦產業的龍頭是蘋果、雅達利和康懋達（Commodore）。他們主要生產 8 位元的電腦，銷往家庭和企業。IBM 在佛羅里達州博卡拉頓（Boca Raton）設有實驗室，主任羅威有一天收到雅達利的合作邀請。對方提出一樁看似雙贏的交易：請 IBM 重塑品牌，並以新品牌經銷一款雅達利電腦。羅威向 IBM 管理層報告這項合作案後當即遭拒。不過，管理層啟動了一項「西洋棋計畫」（Project Chess），給羅威一年時間，要他帶領團隊打造出 IBM 自己的微型電腦。

　　羅威獲准繞過公司的所有規則來行事。西洋棋計畫並未招募上百名工程師，而是僅由 12 人組成。這款電腦的零組件並非使用 IBM 自家的硬體和軟體，而是其他廠牌現成的組件和軟體。至於銷售管道，專案小組認為與其利用 IBM 龐大的經銷商網絡，由 IBM 員工親力親為提供銷售服務，不如全部交給零售商處理。零售店的員工需接受培訓，以便能維修故障機器。但羅威的理念是「減少修理次數」。每台電腦的每個組件都經過極其嚴格的出廠測試才能上架。交付給客戶的都是質量可靠、零缺陷的機器。

　　這台個人電腦型號最終定為 IBM 5150，採用 16 位元處理器，基本款內建 16KB 記憶體，並最大能擴展到 256KB；也配備全尺寸專業鍵盤。使用者可根據自身需求訂購單色或彩色螢幕。單色螢幕適用於文字處理，輸出品質高且外形美觀；彩色螢幕則能用於顯示圖像。這台電腦還擁有五個擴充槽，帶動了後續硬體和軟體市場的發展。1981 年 4 月，具備完整功能的 IBM 5150 原型誕生，隨後便運往西雅圖，交由微軟公司繼續為其開發軟體。

　　1981 年 8 月 12 日，IBM 5150 個人電腦正式上市，基本款售價 1565 美元。當天 IBM 便接到大量訂單，訂貨量高達四萬台。至 1981 年年底，銷量已逾 75 萬台。

瑞士洛桑博洛博物館收藏的 IBM 個人電腦。

參照
條目　微軟和IBM PC相容機（西元1982年）

簡單郵件傳輸協定
Single Mail Transfer Protocol

喬恩・波斯特爾（**Jonathan B. Postel**，西元 1943 － 1998 年）
艾瑞克・歐曼（**Eric Allman**，生於西元 1955 年）

「殺手級應用」指的是足以改變整個產業乃至歷史的新產品。網際網路中首個「殺手級應用」非電子郵件莫屬。電子郵件初興起時，大學和企業為了能與其他科學家、專業人士和資助機構互寄電子郵件，紛紛爭奪資源，確保自己擁有網路連接。早年甚至有人為了收寄電子郵件而婉拒工作或研究所的邀約。

由於電子郵件先於網際網路出現，當網際網路問世後，收寄電子郵件便面臨著網路相容性問題。不同的郵件系統可能會採用不同的字元集（例如有些系統使用美國資訊交換標準代碼，有些則使用擴增二進式十進交換碼），甚至規定不同的字串長度（例如 8 位元或 12 位元）。有些系統還支援用戶名中使用其他系統無法顯示的特殊字元。為這些各異的系統建立可靠的通信管道、確保使用者能反復互寄電子郵件，可以說是一項艱鉅的任務。因此，網路工程師們曾開發許多電子郵件傳輸協定，版本也經過屢次更替。

簡單郵件傳輸協定（Simple Mail Transfer Protocol，以下簡稱 SMTP 協定），顧名思義是簡化版的郵件傳輸協定。發明者是網際網路的設計者之一波斯特爾。所謂簡化，指的是將電腦之間發送訊息的行為分解為若干顯式步驟（explicit steps），包括建立連接、確定訊息發送者、指定每則訊息的接收者，最後發送資訊。因 SMTP 協定夠簡單，所以更易於程式的開發和除錯。

SMTP 協定發布後不久，柏克萊加州大學研究生歐曼便為他開發的電郵程式 Sendmail 加入 SMTP

支援。柏克萊加州大學也將 Sendmail 納入學校使用的 UNIX 作業系統，並開始支援 TCP/IP 網路通訊協定（TCP/IP networking protocol，以下簡稱 TCP/IP 協定）。如此一來，大學和企業只要有網路連接，就能使用 SMTP 協定收發電子郵件。

時間證明 SMTP 協定歷久彌新。儘管自身已更新換代數次，但用戶仍然能使用 40 年前開發的基本協定收發郵件。不過這種優點也有其代價。SMTP 協定沒有任何保護機制防止電子信箱接收垃圾郵件。後果便是用戶收到的垃圾郵件劇增。

連上網際網路的電腦能使用 SMTP 協定互寄電子郵件。

參照條目　郵件小老鼠（西元1971年）；首封網路垃圾郵件（西元1978年）。

日本第五代電腦系統
Japan's Fifth Generation Computer Systems

1980 年代，日本國際貿易與工業部（Ministry of International Trade and Industry，簡稱 MITI）啟動第五代電腦系統（Fifth Generation Computer Systems，簡稱 FGCS）十年期大型研發計畫，為邏輯程式設計、平行計算和人工智慧領域提供研究資金。該計畫預計善用高達 4.5 億美元的資金，補貼起初不具備商業可行性，但有機會改變業界遊戲規則的新科技，並以此帶動日本電腦製造商和研究人員走向電腦計算學科的尖端。

該計畫的主要目標是開發資料流程和邏輯程式設計技術。雖然這兩項技術在西方國家並不普及，但許多學者都認為它們會對未來產生革命性的影響。人們也公認這兩項技術更適用於平行處理，也就是透過同時執行多個操作來加快處理速度。此外，計畫若要成功，也必須保證人工智慧領域獲得大量投資。國際貿易與工業部的長官希望該計畫能研製出一種電腦，能夠像人類一樣說話、理解人類的語言、學習知識、證明數學定理，以及進行推論。他們也選定計畫重點發展的技術，以及參與該計畫的公司。所有相關的軟體都將用邏輯編程語言 Prolog 編寫。這種深奧語言建立於數學理論基礎，蘊含數學之美，不過運行速度非常緩慢。

許多美國公司聽聞這項研究計畫都大受震驚。1980 年代初，日本政府曾進行策略投資，力助日本的 64 KiB 動態隨機存取記憶體（RAM）晶片走向世界，最終全球市占率達 70%。如今日本又準備再次席捲全球市場嗎？這次是人工智慧？

十年後，日本國際貿易與工業部宣布停止第五代電腦系統研發計畫，並將已開發的軟體發布到網上。事實證明，日本投資數百萬美元以提高 Prolog 語言的運行速度，根本無法匹敵美國市場更巨額的投資。他們為提高英特爾 x86 架構的速度投入數十億美元。此外，利用 Prolog 語言來開發人工智慧也遭到質疑。人工智慧研究人員卡爾‧赫維特（Carl Hewitt）將 Prolog 語言的失敗歸因於「思維模式不同」。

圖中這台平行推理機（parallel inference engine）能同時在 512 個平行處理器上運行同一套 Prolog 程式。

參照條目　「人工智慧」一詞誕生（西元1955年）；通用人工智慧（～至2050年後）。

AutoCAD

麥可‧里德（**Michael Riddle**，生卒年不詳）
約翰‧沃克（**John Walker**，生於西元 **1950** 年）

　　像雪梨歌劇院（Sydney Opera House）這樣極為壯觀、但外形又與物理原理相違背的建築，設計過程都歸功於電腦輔助設計（computer-aided design，以下簡稱 CAD）程式。AutoCAD 是這類程式中的鼻祖，也是對建築結構設計領域影響最大的軟體之一，不僅大大提高設計效率，打破建築和工程設計原有的侷限，還能構建出圖紙無法呈現的空間結構。

　　AutoCAD 於 1982 年問世，首次發行便以個人電腦應用程式為定位，而非依照當時 CAD 軟體的標準，運行在搭載單獨圖形控制器（separate graphics controller）的大型主機上，可謂顛覆過去 CAD 軟體的使用方式和適用場合。建築師和 CAD 的其他使用者現在有了一個新工具，不僅使用更方便，而且還具備一些新功能，讓他們能夠視設計進展或需求，輕鬆修改設計圖樣。對於以前在紙上使用繪圖表和其他「類比」（analog）設計工具的人來說，AutoCAD 可謂一次重大變革，而且後續版本還包含更多特性和功能，例如分處多地的團隊和使用者都能進行遠端協作，以及針對建築完工後的整體性給予技術反饋。

　　AutoCAD 繪圖軟體的問世離不開數十年的電腦圖形研究，其中大部分是由美國政府資助。AutoCAD 的原型來自 1979 年里德設計的**即時互動 CAD**（Interact CAD）程式。1982 年，里德與另一位程式設計師沃克及其他 13 位聯合創始人一起創建 Autodesk 公司。AutoCAD 是該公司首批預計推出的五款桌面自動化工具之一，率先設計完成並上市銷售。它在拉斯維加斯的 COMDEX 電腦經銷商博覽會（Computer Dealers' Exhibition）上初登場，號稱是首個能在個人電腦上運行的 CAD 程式。問世後便迅速成為世界上最廣為使用的 CAD 軟體。

建築或其他行業的使用者均能利用 CAD 軟體繪製各類建築結構的設計圖，如圖便是透過 CAD 繪製的建築物正視圖。

參照條目　素描本（西元1963年）；IBM個人電腦（西元1981年）。

首個商用 UNIX 工作站
First Commercial UNIX Workstation

安迪・貝托爾斯海姆（**Andy Bechtolsheim**，生於西元 1955 年）
史考特・麥克里尼（**Scott McNealy**，生於西元 1954 年）
維諾德・柯斯拉（**Vinod Khosla**，生於西元 1955 年）
比爾・喬伊（**Bill Joy**，生於西元 1954 年）

　　1980 年，貝托爾斯海姆在史丹佛大學讀研究所時，為校園網路設計了一個類似全錄奧圖的電腦系統。他的設計理念是建立一個單用戶模式、高性能、圖形化的聯網工作站，主要使用當時市場上現成的部件，例如摩托羅拉和 UNIX 作業系統所使用的新型高性能 32 位元微處理器。工作站運作成功。後來，貝托爾斯海姆與史丹佛商學院的兩名校友麥克里尼和柯斯拉一起，創立昇陽電腦（Sun Microsystems）公司。幾個月後，來自加州大學柏克萊分校的 UNIX 開發人員喬伊也加入昇陽。

　　在那個大容量硬碟相當昂貴的年代，昇陽首創**無碟工作站**（diskless workstation）的概念，也就是一種電腦，能透過高速區域網路下載作業系統、程式和所有使用者檔案（user files）。昇陽並沒有獨占這項科技來增加自己的核心競爭力，而是忠於學術價值。他們發表高技術性的論文，解釋無碟工作站中網路檔案系統（Network File System，簡稱 NFS）的工作原理，並開放原始程式碼。無碟工作站的銷售也因此大增。

　　雖然摩托羅拉和英特爾微處理器有其固有的限制，但昇陽很快就一一突破，決定自己開發一款使用精簡指令集的電腦：可擴充處理器架構（Scalable Processor Architecture，以下簡稱 SPARC）。1990 年代曾有一段時間，昇陽的工作站是最快的單用戶電腦（single-user computer），其資料庫的服務器比 IBM 最快的大型機還要快，世界上最快的超級電腦也使用昇陽的 SPARC 技術。但隨著時間推移，英特爾客群逐漸擴大，因此在研發上也能夠投入更多資金，SPARC 在效能上的領先地位開始動搖。雖然昇陽將 UNIX 作業系統移植到英特爾的處理器上，但仍然無法與搭載 Linux 作業系統且更便宜的英特爾電腦競爭。最終昇陽被資料庫軟體公司甲骨文（Oracle Corporation）收購。

昇陽 Sun-1 工作站擁有 16 位元、10 兆赫的摩托羅拉 68000 型中央處理器，具備乙太網路、客製化記憶體管理和高解析度圖形等功能特性。

參照
條目　UNIX作業系統（西元1969年）；精簡指令集（西元1980年）；Linux作業系統（西元1991年）。

頁面描述語言 PostScript
PostScript

查爾斯‧格什克（**Chuck Geschke**，生於西元 **1939** 年）
約翰‧沃諾克（**John Warnock**，生於西元 **1940** 年）

　　過去一百多年，市場上的印表機都採用同一種簡單的工作原理：利用電線接收博多碼或美國資訊交換標準代碼的編碼訊息，再列印出來。印表機需要接收數千字元才能列印出一頁內文。不過，雷射印表機的問世讓這繁複的過程成為歷史。

　　假設傳統印表機採用 300dpi 的影像解析度列印檔案，每一標準的列印頁面大約共有 850 萬點。列印時，電腦需向印表機發送上百萬個 0 或 1，以此表示每一個點是有內容還是空白。但這種方法作業速度過慢，效率不彰。大多數頁面不是空白就是文字，理論上並不需要逐個點列印。如果能將字型和文字直接發送到印表機，效率就高多了。

　　1982 年，PostScript 初登場。這是一種專門描述列印檔案的程式語言，定義將字型和字元傳送到印表機的規則，但除此之外還有很多其他功能。不過，要想了解 PostScript 的發展史，就得先追溯到它的前身 Interpress。Interpress 由全錄帕羅奧圖研究中心的格什克和沃諾克開發，是一種專為早期全錄印表機量身打造的圖形語言，市場規模也因此相當受限。1982 年，兩人離開全錄帕羅奧圖研究中心，聯手創立 Adobe 公司，共同開發一種類似於 InterPress 的語言—— PostScript。

　　1985 年 3 月，蘋果公司研發的雷射印表機 Apple LaserWriter 問世，成為市場上首款搭載 PostScript

的印表機。無論是小型企業還是專業人士，都能使用 Mac 電腦搭配 LaserWriter，輕鬆、便捷地製作高品質的排版檔案。這也催生出桌面出版（desktop publishing）。隨著 PostScript 語言成為業界通用標準，Adobe 公司也因此受惠，成為世界軟體巨頭之一。1996 年，Adobe 推出可攜式文件格式（Portable Document Format，簡稱 PDF），也就是更適用於現代的簡潔版 PostScript。

自從 PostScript 問世後，製作複雜的全彩圖文檔案不再是難事。

參照
條目　雷射印表機（西元1971年）；全錄奧圖電腦（西元1973年）；桌面出版（西元1985年）。

微軟和 IBM PC 相容機
Microsoft and the Clones

蒂姆・帕特森（**Tim Paterson**，生於西元 1956 年）
比爾・蓋茲（**Bill Gates**，生於西元 1955 年）

1981 年，IBM 推出一款個人電腦（IBM PC）。這款電腦的唯讀記憶體內置 BASIC 程式語言直譯器，也提供顧客單獨加購內建 PC 磁碟作業系統（PC-DOS）的軟碟機。但 BASIC 語言和 PC-DOS 系統都並非 IBM 自行開發，而是採用華盛頓州（Washington）雷德蒙德（Redmond）一家小公司的設計。這家小公司就是微軟，自 1974 年創辦以來的主要業務是開發各種微型電腦適用的 BASIC 語言版本。

1980 年春天，IBM 觀察市場發現，當時微型電腦主要使用的作業系統是數位研究公司（Digital Research Inc.，以下簡稱 DRI）為 8 位元 CPU 設計的 CP/M 作業系統（Control Program/Monitor）。而 IBM 正在開發一款 16 位元的微型電腦，因此希望向業界龍頭 DRI 採購適用於 16 位元的 CP／M 作業系統。但由於雙方未達成合作共識，1980 年 7 月，IBM 轉而與微軟簽訂合約，由微軟開發一款 16 位元作業系統，並為其設計與 CP／M 相仿的功能。這是為了方便軟體開發工程師將程式碼從 CP/M 作業系統移植到新的 IBM 微型電腦中。

微軟接下這一單後卻沒有足夠的時間開發作業系統，因此轉而向自己的客戶西雅圖電腦產品公司（Seattle Computer Products，以下簡稱 SCP）購買。當時，SCP 公司也曾想要購買 DRI 公司 16 位元版本的 CP／M 作業系統，但 DRI 卻遲遲沒有發布，於是 SCP 的程式設計師帕特森便自己編寫了一款名為 **QDOS** 的作業系統（即 Quick and Dirty Operating System 的縮寫，意為臨時湊合的作業系統）。隨後 SCP 將 QDOS 改名為 86-DOS，並以 25,000 美元的價格將使用權賣給微軟。在 IBM PC 上市發售前，微軟又以 75,000 美元的價格買下了這款作業系統的全部權利。

微軟與 IBM 的這筆交易並未限制微軟將 DOS 的使用權授予他人。的確，微軟將這套系統更名為 MS－DOS 後，又授權給另外 70 家公司。一夜之間，市場上數十款電腦都可以運行 IBM PC 的軟體，而價格卻只有幾分之一。隨後更有一大波電腦公司在全球各地湧現，全都致力於製造和銷售與 IBM PC 相容的電腦，稱為 IBM PC 相容機。

由於 IBM 並未擁有 MS－DOS 作業系統的專屬使用權，IBM PC 相容機都紛紛搭載 MS－DOS，短短數年內市占率便節節攀升。IBM 雖是建立個人電腦市場的先驅，但其主導地位已然動搖。最終，IBM 於 2004 年 12 月宣布退出個人電腦市場。這則消息一出，公司股價便立即上漲了 1.6%。

微軟聯合創辦人比爾・蓋茲。

參照條目 IBM個人電腦（西元1981年）；微軟文書處理軟體（西元1983年）。

CGI 初登大銀幕
First CGI Sequence in Feature Film

匠白光（**Alvy Ray Smith**，生於西元 1943 年）

　　細數電腦合成影像（computer-generated imagery，以下簡稱 CGI）技術的里程碑，《星艦迷航記 II：星戰大怒吼》（*Star Trek II: The Wrath of Khan*）中的創世紀製造器段落（Genesis sequence）可謂最壯觀、最高最具高科技的場景。就像是一場純粹的電影魔術，這一片段無形中讓觀眾陷入懷疑暫停（suspension of disbelief）狀態，沉浸於虛擬世界。該段落之所以具有如此強大的力量，一部分原因是電腦動畫電影驚人的視覺效果。

　　創世紀製造器段落始於寇克艦長進行視網膜識別掃描，觸發一段關於創世紀製造器的影片。整個段落都由 CGI 技術製作。只見製造器宛如一顆飛彈穿透黑暗的宇宙，與一顆貧瘠的星球相撞發生爆炸。衝擊波穿過地表，在整個星球上擦出一道火焰。觀眾隨著主觀鏡頭（point of view）將整個旅程盡收眼底。火光熄滅後，星球上出現了許多原本不存在的生命。樹木、森林、水源、動物都憑空出現。接下來鏡頭從星球上抽離，幾個主觀鏡頭帶領觀眾繞著這顆地球般的行星飛行。藍白相間的星球一覽無遺。

　　該電影片段在當時有著開創性的意義，不僅在科技上比之前的 CGI 作品複雜，而且更與故事情節、人物對話和配樂完美結合，成為影迷和科技迷心中不朽的一頁。片段巧妙安排在電影的關鍵時刻，不僅具有激動人心的觀賞效果，也推進情節發展。1982 年，盧卡斯影業（Lucasfilm）的電腦部門與光影魔幻工業（Industrial Light & Magic）聯合製作該段落，並在迪吉多公司 PDP － 1 電腦的擴展版本 VAX 上呈現，有些幀耗時五個多小時才製作完成。盧卡斯影業和光影魔幻工業兩家參與片段製作的影業巨擘皆由美國導演喬治‧盧卡斯（George Lucas）創辦。

　　該段落的設計者和導演是匠白光。在光影魔幻工業積累豐富的影片製作經驗後，1986 年，他和艾德文‧卡特姆（Ed Catmull）共同成立分拆公司（spinoff entity）皮克斯動畫工作室（Pixar Animation Studios）。

《星艦迷航記 II：星戰大怒吼》中的創世紀製造器段落是電腦成像技術的重大突破。

參照條目　PDP－1（西元1959年）；星際爭霸戰首映（西元1966年）；皮克斯（西元1986年）。

《國家地理》雜誌移動金字塔
National Geographic Moves the Pyramids

　　如果現實中萬物都由位元來表示，能隨意修改，那麼一定會發生各種各樣奇怪的事。但如果是圖像呢？ 1982 年 2 月的《國家地理》雜誌封面是這樣一幅畫面：在埃及吉薩金字塔群迷人的剪影下，神祕的旅者們騎著駱駝前行。這張照片美得驚艷，金字塔和駱駝隊兩種世界奇觀同時出現，畫面有如冒險電影《印第安納瓊斯》（*Indiana Jones*）再現。

　　但很可惜，這張照片是假的。據《國家地理》解釋，一位記者拍攝了一張水平方向的金字塔照片。攝影編輯將照片調成垂直方向，以適用封面所需尺寸。調整後兩座金字塔之間的距離縮小，照片在視覺上更為驚艷。起初，《國家地理》將人為修圖這件事解釋為「攝影師的追溯性再定位」（retroactive repositioning of the photographer）。此後，雜誌網站又聲明「本社以確保照片真實為我們的使命。」

　　如今影像載體從膠片轉向數位，照片後製的程度越來越高，應用也越來越廣。每個行業在數位轉型之後都必須設定新的工作規範和倫理，攝影行業也不例外。數位化後，從發想創意到產出作品，各個階段都亟需新規範和新倫理。美國國家新聞攝影師協會（National Press Photographers Association，簡稱 NPPA）也介入行業轉型的進程，列出其他歷經數位轉型的領域，包括體育、新聞、時尚等。協會認為，公眾如何看待這些領域中的視覺影像，以及是否主動相信這些影像為真，會導致這些領域大大受惠或受損。

　　《國家地理》後製照片使用的是 Scitex 數碼系統，一套售價 20 到 100 萬美元不等。在接下來不到十年時間裡，桌上型電腦開始採用 Adobe Photoshop 等影像處理軟體。再往後十年，網路出版蓬勃發展，任何擁有電腦和網路的人都能大幅後製照片，並即時傳播至全球各地。

圖為駱駝隊行經吉薩金字塔前的原始相片。攝影師是戈登‧加恩（Gordon Gahan）。

參照
條目　部落格（西元1999年）。

安全多方計算
Secure Multi-Party Computation

姚期智（**Andrew Chi-Chih Yao**，生於西元 **1946** 年）

1982 年，中國電腦科學家兼理論家姚期智提出一個奇怪的數學問題：假設兩位百萬富翁第一次見面，在不向對方或第三方透露淨資產的情況下，兩人能斷定誰更富有嗎？答案令人驚訝：當然能！

姚期智找到一種數學方法，當一方知道 a，另一方知道 b，雙方無需透露 a、b 分別是多少，只需進行一系列計算，便能推斷出 a<b。這個思維實驗叫做百萬富翁問題，也是安全多方計算（Secure Multi-Party Computation，簡稱 SMC）的起源。

四年後，姚期智得出更重大的研究成果：任意**雙輸入函數**（two-input function）都能在同樣的隱私保護原則下進行比較，過程保證安全。再者，具有兩個以上輸入值的函數可以表示為雙輸入函數的組合，任何電腦程式也都能用多組數學函數來表示，因此姚期智的研究成果可以延伸至任意輸入值數量的程式。他本人也因這項研究獲頒 2000 年的圖靈獎。

姚期智的研究意義重大，因為他提出的解決方案可能會促進未來各類電子商務和數位活動的發展。如今這類活動都依賴可信的機構扮演仲介的角色。例如 eBay 知道所有競標者出價多少，而競標者也不得不相信 eBay 能恪守道德，不會隨意洩露他們的出價。如果安全多方計算原理能用於線上拍賣，顧客就無需再考慮是否該信任 eBay。

在接下來的幾年裡，姚期智等研究人員致力於推進安全多方計算和其他安全協定在實務中的有效應用，例如抓出活動中作弊的人。如今安全多方計算剛由理論走向實務。例如在 2016 年，波士頓女性勞動者委員會（Boston Women's Workforce Council）採用一種安全的多方機制，開放波士頓的雇主透過計算各類工作中男性和女性的平均工資，來衡量波士頓兩性勞動力的薪水差距。

姚期智教授在北京清華大學授課。

參照條目　密分享（西元1979年）；零知識證明（西元1985年）。

《電子世界爭霸戰》 *TRON*

史蒂芬・李斯柏格（**Steven Lisberger**，生於西元 1951 年）
邦妮・麥克伯德（**Bonnie MacBird**，生於西元 1951 年）
阿倫・凱伊（**Alan Kay**，生於西元 1940 年）

1982 年夏天，華特迪斯尼製作公司（Walt Disney Productions）發行科幻動作冒險片《電子世界爭霸戰》（*TRON*）。這部電影堪稱是現代版《愛麗絲夢遊仙境》（*Alice in Wonderland*）。遊戲設計師凱文・費林（Kevin Flynn）意外遭到綁架，並被傳送到 ENCOM 電腦公司的主機中。隨後費林不得不以玩家的身分，在他自己創造的電子遊戲世界中為生存而戰。電影上映時，街機遊戲正如火如荼。對科技迷來說，這部電影把遙不可及的「高科技」變得大眾化，獲得廣大迴響。不過整體來說電影評價褒貶不一。有些觀眾大讚劇情和氛圍相當精彩，有些人則認為故事過於超前。酷炫的太空戰鬥服、普通人與擬人化軟體並肩作戰等「高概念」（high-concept）劇情廣受科技宅讚譽。不過許多電影評論家也批評這部電影徒有驚人的視覺特效，情節卻不合情理。

《電子世界爭霸戰》也大大突破當時的電腦動畫技術，首次採用電腦成像技術，畫面長達 20 分鐘，同時也將真人演員無縫映射（mapping）到電腦合成的場景中。不過當時人們普遍認為這項技術過於激進。一些動畫師擔心傳統手繪動畫將很快被數位動畫擠出市場，因此拒絕加入電影製作團隊。美國電影藝術與科學學院（Academy of Motion Picture Arts and Sciences）也取消這部電影參選特效獎的提名資格，因為評審覺得利用電腦輔助視覺設計簡直是欺騙。

《電子世界爭霸戰》的顧問是電腦科學家凱伊，他當時也是全錄帕羅奧圖研究中心的員工。麥克伯德寫好劇本後，凱伊在個人電腦的原型「全錄奧圖」電腦上編輯劇本，最後由李斯柏格執導。電影上映後，票房並不理想，但依據這部電影而打造的街機遊戲則大受歡迎，遠遠超過電影本身——這倒也在預料之中。不過後來《電子世界爭霸戰》電影也成功吸引一群電玩宅成為狂熱粉絲，並且拿下包括續集在內的代理權。2010 年，迪士尼推出續集《創：光速戰記》（*TRON: Legacy*）。

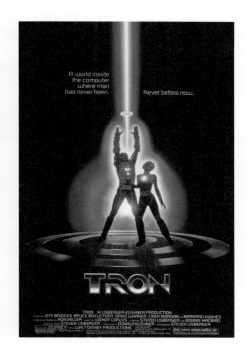

圖為《電子世界爭霸戰》的海報。該電影由麥克伯德編劇，李斯柏格執導。

參照
條目　羅梭的萬能工人（西元1920年）；星際爭霸戰首映（西元1966年）；全錄奧圖電腦（西元1973年）。

電腦獲頒「年度風雲機械」
Home Computer Named Machine of the Year

奧托‧弗里德里希（Otto Friedrich，西元 1929 － 1995 年）

　　1982 年，《時代》雜誌的「年度風雲人物」獎項走向數位化，首次頒給電腦，獎項名稱也相應改為「年度風雲機械」。當期雜誌的副標題則是「電腦走進家庭」。這是具指標性地位的《時代》雜誌首次將年度最具影響力獎項頒給物品。正如雜誌編輯所言：「有時候一年中最具影響力的力量不是某個人，而是一段歷程。世人普遍認同這段歷程正在改變其他事物未來的走向。」

　　當期雜誌中，弗里德里希以長達 11 頁的封面故事向個人電腦致敬。讀者也能由此理解頒獎給電腦的動機。文章描繪大眾對擁有個人電腦的好奇和興奮，也透過豐富的使用案例來介紹醫生、律師、家庭主婦，甚至前國家美式足球聯盟（National Football League，簡稱 NFL）球員如何藉助電腦提高工作品質，以及利用知識和電腦創造新的商機。

　　這篇文章不僅詳盡介紹個人電腦的功能，令讀者印象深刻，而且還蘊含著更深層次的訊息，那就是人類透過個人電腦提升認知能力、突破身體侷限後，**能夠成為**怎樣的人。文章內容促使大眾首次意識到人類已不再受縛於原有的侷限，對改變人們的既定印象功不可沒。

　　技術突破和社會轉變明顯帶來焦慮和興奮感，也讓人們開始思考原本面對面交流的功能和價值。如果人類不必再花時間思考日常工作，對大腦神經會造成怎樣的潛在影響？電腦問世後，犯罪形式會如何改變？年輕人與 40 歲以上中年人士使用電腦的方式會有所不同嗎？電腦對就業又會產生怎樣的長期影響？

　　對許多人來說，機器取代「年度風雲人物」讓一種原本若隱若現的感覺變得清晰，那就是美國正在發生一場令人不安的轉變；不過對另一些人來說則證實了另一種觀念：無論是專業人士還是普羅大眾，擁有競爭優勢的必要性都與日俱增。在競爭至上的時代中，人類生活的步調也隨之加快。

家庭電腦普及於 1980 年代早期。1983 年 1 月 3 日，《時代》雜誌封面揭曉年度最具影響力獎項，電腦獲頒 1982 年的「年度風雲機械」。圖為一對父子正在使用早期的個人電腦。

參照條目　第二代蘋果電腦（西元1977年）；IBM個人電腦（西元1981年）；任天堂娛樂系統（西元1983年）。

西元 1983 年

量子位元
The Qubit

史蒂芬·威斯納（**Stephen Wiesner**，生於西元 1942 年）
班傑明·舒馬克（**Benjamin Schumacher**，生卒年不詳）

物現代電腦的各個組件都是利用位元來儲存、傳輸和計算數據。一個位元可以表示 0 或 1。8 位元暫存器可以存放 256（2^8）個可能的值，但一次只能儲存一個。而在量子層面，數據的儲存方式則截然不同。

在量子層面，電子、光子及離子等量子粒子（quantum particle）都具有不同的狀態。例如電子具有**自旋**（spin）狀態，類似於小孩子玩的陀螺，能順時針或逆時針旋轉。電子的自旋也有兩種方向，分別是自旋向上（spin-up）和自旋向下（spin-down）。這些粒子的不同狀態通常用**或然率波動程式**（probability wave equation）來表述。

量子電腦利用電子的自旋來儲存部分訊息。由於電子的自旋實際上由機率波（probability wave）來表示，所以在得出具體計算結果前，一個量子位元能同時擁有 0 和 1 兩個值，不像傳統位元的數值只能說是 0 或 1。該現象稱為**疊加**（superposition）。而以上這種量子層面的位元則稱為「**量子位元**」（qubit）。一台 8 位元的量子電腦在計算時可以同時表示 256 個可能的值。

除了使用次原子粒子（subatomic particle）重現資訊外，量子電腦還依賴量子力學的另一個重要概念——量子糾纏（quantum entanglement）。阿爾伯特·愛因斯坦曾於 1935 年（甚或更早）在一篇論文中嘲笑這個概念是「**鬼魅般的超距作用**」（spukhafte Fernwirkung）。在粒子交互作用的糾纏狀態下，電腦能同時操作多個量子位元，並利用糾纏的關聯性進行運算。不過前提是必須把量子位元與外力隔離。例如，為防止量子位元受到雜訊的影響，量子電腦需置於低溫環境中。此外，電腦中的量子位元越多，就越難打造。

1970 年代，哥倫比亞大學研究生威斯納提出量子資訊（quantum information）的概念。在他的構想中，人們可以利用量子糾纏為每張鈔票加註一個不可偽造的量子序號，從而實現鈔票防偽。1995 年，舒馬克在《量子編碼》（*Quantum Coding*）中首次使用**量子位元**這一術語。在他提出這個名稱之前，科學家慣稱量子位元為**二能級量子系統**（two-level quantum systems）。

1995 年，世界上首台量子電腦問世。

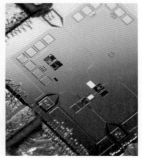

圖為量子電腦（quantum machine），其機械式諧振器（mechanical resonator）位於晶片左下角，耦合電容器（coupling capacitor）位於機械式諧振器和量子位元之間較小的白色矩形處。

參照條目 位元（西元 1948 年）；量子電腦進行質因數分解（西元 2001 年）。

《戰爭遊戲》 *WarGames*

勞倫斯・拉斯科（**Lawrence Lasker**，生於西元 **1949** 年）
瓦爾特・帕克斯（**Walter F. Parkes**，生於西元 **1951** 年）
尊・碧咸（**John Badham**，生於西元 **1939** 年）

　　沒錯，電腦迷也能變英雄！在馬修・柏德瑞克（Matthew Broderick）和艾麗・西蒂（Ally Sheedy）主演的《戰爭遊戲》（*Wargames*）中，高中生大衛・萊特曼（David Lightman）是一位天才駭客。他偶然闖入一台軍用超級電腦，玩一款名為《全球熱核戰爭》（*Global Thermonuclear War*）的遊戲，結果隱藏在遊戲背後的竟是軍方的作戰計畫回應系統，差點引發美蘇之間的第三次世界大戰。

　　當萊特曼在網上瀏覽免費遊戲時，無意中透過程式設計師留下的「後門」（back door），闖入控制全美核武庫的北美空防司令部 (North American Aerospace Defense Command，簡稱 NORAD）。他當時以為自己進入一間玩具公司的網站，於是選擇全球熱核戰爭遊戲跟電腦對戰。直到蘇聯的飛彈瞄準拉斯維加斯和西雅圖之後，萊特曼才意識到這是一場真實的遊戲。電腦已逐漸控制全局，動作不斷，試圖「贏得」這場遊戲。萊特曼在關鍵時刻意識到一個化解危機的方法：讓電腦學習玩井字棋。電腦發現井字棋永遠都以平局結束，贏得遊戲唯一的方法就是不玩，因此將同樣的策略應用於熱核戰爭遊戲，最終解除飛彈戒備。

　　美國總統隆納・雷根（Ronald Reagan）對這部電影印象深刻。他甚至問參謀長聯席會議（Joint Chiefs of Staff）的主席約翰・維西（John W. Vessey）將軍，美國政府電腦存有大量敏感資料，是否真的

有可能遭到入侵？維西將軍遂著手調查，評估遭到入侵的可能性，回復說：「總統先生，問題比你想像的嚴重得多。」不久之後，美國國會發布〈電腦使用風險〉（*Computers at Risk*）報告，為美國軍方電腦安全系統確立開端。

　　《戰爭遊戲》由拉斯科和帕克斯編劇，碧咸執導。許多人都深受這部電影影響，後來甚至成為程式設計師，來到矽谷工作。2008 年，Google 公司在矽谷舉辦《戰爭遊戲》25 週年放映活動。這部電影也為駭客界留下寶貴的遺產，例如，在拉斯維加斯舉辦的著名駭客大會 DEFCON 的名稱就是對這部電影的致敬，來自電影中的美軍防禦準備狀態（U.S. Armed Forces Defense Readiness Condition，簡稱 DEFCON）。在電影中，拉斯維加斯是核彈攻擊的目標。

圖為《戰爭遊戲》電影海報。該電影由拉斯科和帕克斯編劇，碧咸執導。

參照
條目　賢者系統（西元1958年）。

3D 列印
3-D Printing

查爾斯‧查克‧赫爾 （Charles〔Chuck〕Hull，生於西元 1939 年）

　　3D 列印又叫做**積層製造**（additive manufacturing）。赫爾發明 3D 列印的那年，他正在一家小公司工作，主要業務是為桌子錶上硬塗層。當他利用紫外線照射聚合物，使其固化並硬化時，他想到可以將紫外線雷射照射到桶裝的聚合物中，再用電腦控制光照的位置，逐層製造出形狀複雜的物件。這便是 3D 列印的原理。1984 年 8 月 8 日，赫爾為這項技術申請美國專利，專利號為 4575330。

　　傳統製造方式是透過切割、銑削或鑽孔，從一塊原材料中減去一部分餘料。積層製造則不同，是以疊加原材料的方式來製造物件。很多不同的材料都能用於積層製造，包括樹脂、塑膠、金屬粉末甚至食物。樹脂可利用雷射來固化，而機器的擠料噴嘴則能熔化塑膠。不過所有的 3D 列印科技都需要具備兩項前提才能開始運作，一是數位檔案，即電腦系統根據這張「藍圖」，添加原材料到指定位置；二是列印機制，即透過逐層傳送原材料來製作 3D 物體。

　　迄今為止 3D 列印的最小物件是奈米級的雕塑，能夠放在螞蟻的前額上。大型 3D 列印機則以碳纖維為原材料，用以製造較長且需要精確彎曲的結構，例如波音 777 飛機機翼專用的修剪工具（trim tool）以及風力渦輪發電機的葉片。2014 年，美國國家航空太空總署在國際太空站展示零重力 3D 列印技術，列印一支棘輪扳手。這意味著即使身處太空或其他偏遠地區，人們依舊可以透過 3D 列印來製造不易取得的必需品。

　　3D 列印可能將改變整個製造流程。以後人們無需到商店購買製造商利用原材料製造的物品，在地方社區甚至家裡便能自己動手製造。廚師們也加入這場製造業的變革，例如如今有些超市使用 3D 列印機來製作蛋糕裝飾品。未來醫學界也可能利用患者體內的細胞作為材料，透過 3D 列印製造人造器官，如此一來或許能避免排斥反應。

3D 列印又稱為積層製造，可以生產各種顏色和形狀的物體。

參照條目 AutoCAD（西元1982年）。

市內電話網路數位化
Computerization of the Local Telephone Network

　　來電顯示、回撥、等待插撥、來電封鎖等功能在 1980 年代初登場。這些呼叫服務能夠問世，不僅有賴於市內電話網路的數位化，**5ESS 交換機**（Number 5 Electronic Switching System，簡稱 5ESS）更是功不可沒。

　　5ESS 交換機顛覆電信業原有的商業模式，徹底將電話網路轉變為龐大的數位生態系統（digital ecosystem）。在這個系統中，語音、數據、影片、圖像，再加上位元，任何形式的通訊都能同時進行。5ESS 交換機背後的技術還能視實際需求擴增或減少線路數量，而且不需要電信業者派遣工程師大軍實際拆裝電纜。

　　5ESS 交換機由美國西方電氣公司為 AT&T 設計製造，過程歷時 20 年。前前後後共五千名員工參與這項浩大的工程，寫出的原始碼多達一億行，涉及各行各業的尖端技術。專案進行到一半時，AT&T 分割重組為一個繼承母公司名稱的 AT&T 公司，以及俗稱「貝爾七兄弟」的七個區域貝爾電話公司（Regional Bell Operating Company，簡稱 RBOCs）。這意味著 AT&T 必須得在短時間內開發出交換機，而且還得打包轉售給其他公司來接手後續業務。區域貝爾電話公司接下 5ESS 交換機專案的全部工作，包括培訓銷售、科技和管理人員，讓他們了解這件新產品如何運作，以及如何向客戶介紹產品。而員工要對產品熟悉到什麼程度，則取決於他們各自的工作需要。

　　對消費者來說，5ESS 交換機比原先的電話系統更複雜，也帶來更多的付費功能。他們也不得不面

對這些功能對個人隱私的衝擊。來電顯示能讓受話方拿起電話之前就知道是誰打來，但對發話方來說，他們的電話號碼就暴露無遺。電話系統從此進入新世代。由於 5ESS 交換機初登場時的經濟環境並不穩定，AT&T 旗下的貝爾系統（Bell System）分割重組後，5ESS 先是由 AT&T 的網路系統部門接手，後又轉讓給同樣從 AT&T 中分割出來的朗訊科技（Lucent Technologies），最後被諾基亞（Nokia）收購。

來電顯示等通訊服務之所以能問世，市內電話網路數位化功不可沒。

參照條目　斯特羅格步進式交換機（西元1891年）；數位遠距離（西元1962年）。

第一台筆記型電腦
First Laptop

　　30 多年前，美國電子產品零售商睿俠（RadioShack）推出 TRS—80 Model 100 筆記型電腦。雖是世界上最早的筆電之一，但各項性能在今天看來依舊相當出色，如重量僅 3 磅，電池續航力達 20 小時，能即時啟動等。

　　硬體方面，這款筆電使用 8 位元的 Intel 80C85 微處理器。儲存介質為 100% 固態硬碟（非機械硬碟），支持擴充，由靜態隨機存取記憶體晶片構成。晶片裝有電池，能防止斷電後數據消失。32KB 唯讀記憶體由比爾・蓋茲親自編程開發。隨機存取記憶體需另行購置，基本款為 8KB，最大能擴展到 24KB。這款筆電甚至還配備序列埠和電話數據機，無論是隔壁房間或世界另一端的電腦都能與其交換資訊。用戶還能透過卡式介面（cassette interface）將數據儲存於磁帶。

　　至於軟體方面，TRS—80 Model 100 內建具備基本功能的文書處理器和試算表。文書處理器能支援編輯檔案，以及透過電話線傾印當前檔案，但總體而言功能不多。此外也附帶微軟 BASIC 直譯器、通訊錄、待辦事項管理器，以及用於連接遠程系統的電信管制架構（telecommunications package）。所有程式都燒錄在唯讀記憶體中，所以筆電才能擁有即時啟動的特性。螢幕為 8 × 40 液晶顯示器，也就是 8 行 ×40 列字符，不過只能顯示黑白文字。圖形顯示極為受限。

　　TRS—80 Model 100 以方便攜帶為設計初衷，客群是需要邊旅行邊寫作、又想要輕裝出行的人士，例如記者。這款筆電一經問世就大受歡迎，全球銷量超過 600 萬套，基本款售價 1,099 美元。

　　這款筆電也催生出一系列完善的後市場，帶動周邊設備、軟體和書籍銷售。1986 年，更輕巧的 Tandy 102 筆記型電腦問世，從此取代 TRS—80 Model 100 的市場地位。

睿俠推出的 TRS—80 Model 100 筆記型電腦外觀扁平，大賣超過 600 萬台。

 參照條目 培基程式語言（西元 1964 年）；微軟和IBM PC相容機（西元 1982年）。

音樂數位介面
MIDI Computer Music Interface

戴夫・史密斯（**Dave Smith**，生卒年不詳）
梯郁太郎（**Ikutaro Kakehashi**，西元 **1930 － 2017** 年）

在音樂數位介面（Musical Instrument Digital Interface，以下簡稱 MIDI）問世以前，若要製作一段不同樂器和聲音交織的音樂，難免會面臨科技與實作層面諸多挑戰。音樂家可以請管弦樂隊來演奏，或是用多聲道錄音機錄製不同合成器產生的音樂，但過程繁瑣又成效不彰。當然也有一人樂隊，獨自一人便能同時演奏多種樂器。後來 MIDI 問世，這些難題便迎刃而解。

歷經 1970 年代的微電腦革命後，微型電腦產業發展成熟，電腦技術日趨進步，打亂傳統市場部門原本的發展節奏，例如音樂產業。隨著音樂合成器在創作中日漸普及，越來越多公司推出相應的軟硬體。音樂產品的創作過程中也需要各種技術協調、融合，複雜性與日俱增。許多業內人士也都意識到隨之而來的挑戰，身兼音樂家和工程師的史密斯和梯郁太郎也不例外。他們推動開發及推廣單一數位通訊協定（single digital communication protocol），期望能解決這些問題。

制定該協議的目的，是為了讓多個合成器和其他電子樂器能夠透過單一介面或「主控制器」互相協作。原始聲源的混合、操作和編輯都由介面或「主控制器」負責管控。基本原理是用一組命令來告訴不同的樂器該演奏什麼音符。音樂家只需在鍵盤上彈奏一小段，音符便能轉換為 MIDI 訊息，再經由 MIDI 介面發送，並保存為 MIDI 檔案。在介面中播放檔案時，音樂便會重現。音樂行業的傳統部門能透過 MIDI 輕鬆實現數位化轉型，音樂創作也因此擁有更多可能性。MIDI 也有助於推廣家庭錄音室，將音樂創作賦權給一般使用者。就算不是專業演奏家，也能創作和錄製偉大的音樂作品，因為電腦可以代勞。

電腦能利用 MIDI 辨別音樂家演奏的旋律，並合成相應的伴奏。

參照條目　Rio PMP300 MP3播放器（西元1998年）。

西元 **1983** 年

微軟文書處理軟體 Microsoft Word

查爾斯·西蒙尼（**Charles Simonyi**，生於西元 **1948** 年）
理查德·布羅迪（**Richard Brodie**，生於西元 **1959** 年）

在眾多電腦使用者裡面，要找到沒用過也沒聽過微軟 Word 軟體的人可能難上加難。市面上文書處理軟體繁多，Word 也不是第一個問世；但不可否認的是，幾十年來它已經成為業界龍頭。

Word 的開發者是美國全錄帕羅奧圖研究中心的前員工西蒙尼和布羅迪。早在 1974 年，兩人便合作研發出世界上第一個「所見即所得」（What You See Is What You Get, WYSIWYG）的文本編輯軟體 Bravo。「所見即所得」意味著當文書處理軟體運行時，圖形螢幕上便會出現比例字體（proportionally spaced fonts），同時也能顯示用戶設定的字型，如黑體、斜體等。

Word 原名為「多功能文書處理軟體」（Multi-Tool Word），第一代版本 Word 1.0 於 1983 年 10 月問世，適用於微軟磁碟作業系統（MS－DOS）和 Xenix 作業系統。但 Word 1.0 並不是歷史上第一款文書處理軟體，當時市場上還有兩個主要競爭對手，WordPerfect 和 WordStar。前者是為 Data General 公司微型電腦開發的文字模式文書處理器，後者是適用於 8 位元微型電腦的文書處理器。兩個軟體都在 1970 年代末問世，並於 1982 年移植到 MS－DOS 作業系統。在 1989 年微軟發布 Windows 版 Word 以前，Word、WordPerfect 和 WordStar 都是以文字模式運行。有了 Windows 版本以後，Word 才在個人電腦上改以圖形模式運行。

Word 問世後，微軟運用各種方法極力向社會大眾推廣這款文書處理軟體，包括將 Word 軟體附贈於 1983 年 11 月號《個人電腦世界》（*PC World*）雜誌中。這也是歷史上第一次透過銷售雜誌來分送磁碟。

1985 年，微軟推出蘋果公司 Mac 電腦專用的 Word 軟體，這也是第一個「所見即所得」的 Word 版本，推出後大受好評，比早年開發的 MS－DOS 版本好得多，甚至大幅刺激 Mac 電腦的買氣。

從 MS－DOS 到 Windows，多款微軟作業系統先後普及為 Word 帶來樂觀的前景，也激勵微軟不斷擴增 Office 辦公套件中的工具。隨著越來越多人使用 Word，若是合作往來的文書檔案為其他類型，也會令使用者多有不便。這就是經濟學中的「網路效應」。

微軟 Office 辦公套件中的文書處理軟體 Word，已成為世界上最具代表性也最受歡迎的文書處理軟體之一。

參照條目　〈我們可能這麼想〉（西元 1945 年）；展示之母（西元 1968 年）；全錄奧圖電腦（西元 1973 年）；IBM個人電腦（西元 1981 年）；微軟和IBM PC相容機（西元 1982 年）；桌面出版（西元 1985 年）。

任天堂娛樂系統
Nintendo Entertainment System

山內房治郎（**Fusajiro Yamauchi**，西元 1859 － 1940 年）
山內溥（**Hiroshi Yamauchi**，西元 1927 － 2013 年）

電玩製造商任天堂公司（Nintendo）由山內房治郎於 1889 年創立，當時名為任天堂骨牌（Nintendo Koppai），主要生產花札，即日本傳統紙牌遊戲。一個多世紀以來，任天堂從小型紙牌遊戲出版商發展為一家消費電子產品巨擘，以《精靈寶可夢》（*Pokémon*）、《瑪利歐兄弟》（*Super Mario Bros*）、《俄羅斯方塊》（*Tetris*）和《大金剛》系列（*Donkey Kong*）等代表作而聞名。

任天堂對遊戲產業以及人與遊戲科技互動的方式產生了深遠的影響。這間公司除了創造移動平台遊戲，也推動娛樂和移動設備的融合，引入跨設備多人參與的概念。當時幾乎沒有同業關注上述領域，只有任天堂獨自深耕。

1983 年，任天堂在日本推出紅白機（Famicom），1985 年同一產品以任天堂娛樂系統（Nintendo Entertainment System）為名打入美國市場，又於 1986 年進軍歐洲市場。在韓國市場則名為現代牛仔（Hyundai Cowboy）。這位「牛仔」來到美國市場後，大大振興自 1983 年以來持續衰退的美國遊戲產業。這款娛樂系統之所以大獲成功，任天堂總裁山內溥功不可沒。部分原因是他堅持將這款遊戲機定位為低成本的卡帶式遊戲機，而不是昂貴的家用電腦，因此無需配備鍵盤和軟碟機。

1989 年，任天堂推出 Game Boy，是世界上最早的可攜式遊戲機之一。這款遊戲機引入行動娛樂體驗的理念，無需連接電視也能玩遊戲。儘管只有單色螢幕，但 Game Boy 的問世仍然堪稱革命性的創舉，為如今的智慧型手機遊戲奠定基礎。任天堂還首次為遊戲機配備衛星數據機。這款數據機名

為 Satellaview，專為 1995 年在日本發售的超級任天堂（Super Famicom）打造，每天下午四點到七點間會播放廣播節目「超級任天堂時間」，還提供各種遊戲供玩家下載，包括只在特定時段提供的獨家內容。

跳脫遊戲世界，任天堂公司開發的軟體在現實世界也很有用。任天堂第五代家用遊戲機 Wii 有一個叫做 Mii 的功能，供使用者創建卡通人物形象。2009 年，日本警方使用 Mii 製作嫌犯大頭照，用於肇事逃逸通緝令。

在英國布里斯托（Bristol）市中心的一面牆上，一位不知名的藝術家留下瑪利歐（Mario）和路易吉（Luigi）的塗鴉。他們都是任天堂「瑪利歐兄弟」遊戲中的人物。

參照條目　擴增實境打進主流市場（西元2016年）。

網域名稱系統 Domain Name System

保羅・莫卡派喬斯（**Paul Mockapetris**，生於西元 1948 年）
喬恩・波斯特爾（**Jon Postel**，西元 1943 － 1988 年）
克雷格・帕里奇（**Craig Partridge**，生於西元 1961 年）
喬伊斯・雷諾茲（**Joyce Reynolds**，西元 1952 － 2015 年）

當使用者開啟網頁瀏覽器搜尋 Google 主頁（www.google.com），客戶端會將**網域名稱系統**（domain name system，簡稱 DNS）的查詢封包（query packet）發送到一台名為名稱伺服器（name server）的電腦，詢問負責處理 com 域名的名稱伺服器地址。收到回復後，電腦將重複上述查詢過程兩次，首先向 com 伺服器詢問 google.com 名稱伺服器的地址，最後向 google.com 名稱伺服器詢問 www.google.com 的地址。

這一系列查詢過程看似繁冗，但卻有一個獨特的優點，便是建構了一個單一的分散式資料庫，其中包含大量的資料冗餘（data redundancy）。構成現代網際網路的數十億台主機都能在其中保存地址。

在 DNS 問世前，每台電腦主機都有自己的名字，主機名和 IP 位址之間的對映關係（mapping）保存在**主機名稱檔案**（HOSTS.TXT）中，該檔案的主版本儲存在史丹佛研究所網路資訊中心（Stanford Research Institute Network Information Center，以下簡稱 SRI － NIC）的一台電腦上。各實驗室的系統管理員若需要更新主機名稱，可向 SRI － NIC 的管理員發送部分更新，由其手動修正主機名稱檔案。每次更新完成後，網際網路上的所有電腦都會再次下載該檔案的副本供本地使用。整個過程相當不便又容易出錯，而且 SRI － NIC 保存的主機名稱檔案也日趨過時。更糟糕的是，隨著網際網路開始以指數級成長，主機名稱檔案的長度也以指數級增加。這意味著當更新越來越頻繁時，檔案下載速度卻越來越慢。

1983 年春天，南加州大學（University of Southern California）資訊科學研究院（Information Sciences Institute，以下簡稱 ISI）研究員莫卡派喬斯提出 DNS 系統的概念。1983 年 6 月 23 日，DNS 軟體首次測試成功。莫卡派喬斯與 ISI 同仁波斯特爾及美國 BBN 科技（BBN Technologies）的研究人員帕里奇後來改進了 DNS 系統。不過就算是基礎版的協定也沿用至 30 多年後的今天。

1984 年 10 月，波斯特爾和 ISI 另一位研究人員雷諾茲創建了一組通用頂級域伺服器（top-level domains）。在這組伺服器的命名規則中，「.arpa」是網際網路前身阿帕網保留的後綴，「.edu」代表教育，「.com」代表商業，「.gov」代表政府，「.mil」代表美軍，「.org」代表非營利組織。

DNS 建構了一個單一資料庫，組成網際網路的數十億台主機都能在其中保存地址。

參照條目 阿帕網與網際網路（西元1969年）。

IPv4 紀念日 IPv4 Flag Day

喬恩・波斯特爾（**Jon Postel**，西元 **1943 － 1998** 年）

　　Internet 網路的前身阿帕網是全球首個數據封包交換網路，早期依靠介面訊息處理器來轉發數據封包和多個複雜的網路協定，包括阿帕網主機到主機協定（ARPANET Host-to-Host Protocol，簡稱 AHHP 協定）、網路控制協定（Network Control Protocol，以下簡稱 NCP 協定）和初始連接協定（Initial Connection Protocol，簡稱 ICP 協定）。

　　1969 年 9 月，阿帕網安裝第一台介面訊息處理器。1971 年，網路已能全面正常運行。當時主機之間的所有通信都必須透過介面訊息處理器來完成，但介面訊息處理器極為昂貴。1973 年，人們便以網際網路協定（Internet Protocol，以下簡稱 IP 協定）為核心，重新操刀設計網路傳輸協定。

　　IP 協定是遵循端到端原則的無連接協定（connectionless protocol），能夠在主機間傳送數據封包，具有快速、可預測和可擴展等優點。無連接的方式表示通訊雙方並未直接建立通訊通道，而是由傳送端將數據封包發送到網路上，但並不保證目的端能收到。也就是說，IP 協定採用智慧型裝置作為終端，為用戶提供一種「盡力而為的傳輸機制（best-effort network）」，並由各終端自行管理通訊。因 IP 協定唯一的功能就是將封包從一台主機傳送到另一台主機，因此也被稱為**笨網路**，意思是指業者只能提供基本的頻寬與連線速率。

　　網路通訊協定普遍採用分層結構，每層解決資料傳輸中的一組問題。傳輸控制協定（Transmission Control Protocol，以下簡稱 TCP 協定）位於 IP 協定的上層，允許網路中的兩台終端透過 8 位元的可靠資料流（reliable stream）進行通訊。使用 TCP 的網路應用程式只需在本機上創建「網路插座（socket）」作為通訊端點，便能與遠端主機中的網路插座進行通訊，根據使用者的需要發送和接收字元。電腦作業系統能將字元封裝成數據封包再發送，若封包遺失則重新傳輸。TCP 協議讓程式設計師能輕鬆開發遠程終端裝置（remote terminal）及檔案傳輸、電子郵件等服務。

　　阿帕網起初採用 NCP 協定。在 TCP/IP 協定面世後，便同時支援這兩種協定。1981 年，網路運營商南加州大學 ISI 電腦網路部門主管波斯特爾通知阿帕網用戶，他們可能會讓介面訊息處理器停止 NCP 流量，也就是整個阿帕網即將停止支援 NCP 協定。1982 年年中，波斯特爾短暫切斷 NCP 流量，

天也沒塌。幾個月後他又將 NCP 流量切斷兩天。1983 年 1 月 1 日，NCP 協定永久停用。網際網路協定第四版（Internet Protocol version 4，簡稱 IPv4）繼續留在歷史舞台上發光發熱。後來，這一天則稱為「IPv4 紀念日」。

1983 年 1 月 1 日，阿帕網永久停用 NCP 協定，從此唯一採用 TCP/IP 協定。這一天被稱為「IPv4 紀念日」。

參照條目 介面訊息處理器（西元1968年）；阿帕網與網際網路（西元1969年）；美國國家科學基金會網路（西元1985年）；ISP提供大眾網路接取服務（西元1989年）；世界IPv6日（西元2011年）。

文字轉語音 Text-to-Speech

丹尼斯・克拉特（**Dennis Klatt**，西元 **1938 － 1988** 年）

文字轉語音（Text-to-speech，簡稱 TTS）系統是由電腦將列印出來的文字轉換成語音。1968 年，首個英文文字轉語音系統在日本登場。但直到 1984 年文字轉語音的獨立設備 DECtalk 問世，才讓這項科技打入市場。這項發明造福大眾，包括由於醫學原因或身障無法開口說話的人。雖然學界許多基礎研究都停留在理論階段，未能成功轉化為實際應用，但 DECtalk 堪稱是一個成功的例子。

DECtalk 最強大的功能是文字轉語音演算法，開發者是 1965 年起在 MIT 擔任助理教授的克拉特。迪吉多公司將 DECtalk 加上外殼，打造成一個硬體設備，並配備異步通信配接器（asynchronous serial ports），幾乎所有電腦都能透過 RS － 332 介面與之相連。這台機器外觀有點像印表機，不同的是「列印」的是聲音。它還能透過機身的電話插孔連接電話線，進而撥打和接聽電話，甚至能與人通話，並解碼通話人的音色，判斷其年齡、性別、個性等。

這類文字轉語音系統的工作原理是先將文字轉換成音位符號（phonemic symbol），然後將音位符號轉換成人類可以聽到的類比波形（analog waveform）。

DECtalk 剛上市時便內建各種不同的音色，標價約為 4,000 美元。後來更持續增加支援的音色數量。這些音色各有名稱，例如完美的保羅、美麗的貝蒂、高大的哈利、敏感的弗蘭克、小基特、沙啞的麗塔、傲慢的烏蘇拉、鄧尼斯醫生和竊竊私語的溫蒂等。世界知名的英國物理學家史蒂芬・霍金是 DECtalk 演算法最早的使用者之一。他患有肌萎縮性脊髓側索硬化症（amyotrophic lateral sclerosis，簡稱 ALS），本身無法說話，但大家認為他的音色應該是「完美的保羅」。美國國家氣象局（National Weather Service）也在 NOAA 氣象廣播（NOAA Weather Radio）中使用 DECtalk。

物理學家霍金身患神經退化性疾病，因此藉助文字轉語音設備說話。

參照
條目 電子語音合成（西元1928年）。

Mac 電腦 Macintosh

傑夫・拉斯金（**Jef Raskin**，西元 1943 － 2005 年）
史蒂夫・賈伯斯（**Steve Jobs**，西元 1955 － 2011 年）

蘋果公司麥金塔（Apple Macintosh，以下簡稱 Mac）電腦是世界上第一台打進大眾市場且擁有圖形使用者介面（Graphical User Interface）的電腦。它配備位元映像顯示裝置（bitmapped display）、軟碟機、128KiB 的隨機存取記憶體和滑鼠。儘管 9 英寸、512 × 342 像素的單色螢幕偏小，但電腦內建的文書處理軟體 MacWrite 和繪圖程式 MacPaint 依舊點燃了桌面出版革命。更重要的是，Mac 電腦在設計中不遺餘力地強調使用者友善和視覺設計，率先為業界立下標準，至今仍有參考價值。使用者不必閱讀使用手冊，也無需有人指導，就能順利使用 Mac 電腦。

1979 年，蘋果公司啟動 Mac 研發計畫。負責人拉斯金曾是資訊工程學教授，1978 年受聘管理蘋果的技術文件。這位大師級的工程師很快組建團隊，著手開發一款高可用性但成本僅 1,000 美元的電腦，並以他最喜歡的蘋果命名，期望這款產品能顛覆業界。與此同時，蘋果公司其他部門也在努力研發 Apple II 的繼任機型 Apple III 以及另一款機型 Lisa。

在拉斯金的協調下，蘋果工程師兩次來到全錄帕羅奧圖研究中心，參觀全錄奧圖電腦的工作站。這款電腦在加州矽谷聞名遐邇，但拉斯金仍然再三確認工程師們都了解它內部的詳細結構。工程師們看到全錄奧圖能在如此複雜的結構上順利運行，深受啟發，進而顛覆原先的設計思維。

回到公司後，工程師們為 Lisa 電腦設計出圖形使用者介面（Mac 電腦則是自問世起就採用圖形使用者介面），使其原型功能更強大。而此時賈伯斯被趕出 Lisa 團隊，所以他把工作重心轉向 Mac，結果與負責人拉斯金因個性不同而發生衝突。1982 年，拉斯金離開蘋果。

1984 年 1 月 24 日，蘋果公司向全世界發布 Mac 電腦。產品定位是一款易於使用的個人電腦，自推出起就與 IBM 互為競爭關係。儘管售價高達 2,495 美元，支援的軟體也相對較少，但僅 1984 年一年便售出了 25 萬台。1987 年 3 月，第 100 萬台 Mac 電腦走下生產線。蘋果公司將這台電腦贈予拉斯金，以此感謝他的貢獻。

最早的 128KiB 蘋果電腦問世於 1984 年。

參照條目 雷射印表機（西元1971年）；全錄奧圖電腦（西元1973年）；IBM個人電腦（西元1981年）。

西元 **1984** 年

視覺程式語言研究機構
VPL Research, Inc.

傑容·藍尼爾（**Jaron Lanier**，生於西元 1960 年）

視覺程式語言研究機構（Virtual Programming Language Research，以下簡稱 VPL）由電腦科學家藍尼爾和幾個朋友共同創建，是世界上第一家虛擬實境（Virtual Reality，以下簡稱 VR）新創公司，總部位於矽谷。VPL 先於競爭對手推出一系列影響力深遠的 VR 軟硬體，將 VR 科技帶進普羅大眾的視野。大家公認 VPL 發明了世界首個即時手術模擬器（虛擬膝蓋和虛擬膽囊）和首套動態捕捉衣。當然其他發明和貢獻也不勝枚舉，包括協助柏林設計重建計畫，幫助石油和汽車工業進行產品和使用情景的模擬，與美國國家航空太空總署合作飛行模擬實驗，與木偶師吉姆·亨森（Jim Henson）聯合製作新的木偶模型，甚至與國際奧林匹克委員會（International Olympic Committee）合作，嘗試設計一種能在 VR 環境中進行的運動賽事，但未能成功。

EyePhone 和 DataGlove 是 VPL 的核心產品。前者是頭戴式顯示器，像眼鏡一樣戴上後便能體驗 VR 世界。後者是資料手套，其感測器與 EyePhone 同步，讓使用者能夠移動虛擬物品。若再搭配 DataSuit，甚至能讓全身都動起來。VPL 的員工叫做 **Veeple**，他們有一個願景，希望能夠讓使用者同步分享各自的 VR 體驗，以及提高人們離開 VR 環境後對現實世界的審美。畢竟正如藍尼爾所言，在 VR 科技出現以後，現實世界才有可媲美的對象。

受計算機圖形學之父伊凡·蘇澤蘭等行業巨頭的影響和啟發，藍尼爾創造出**虛擬實境**這個術語。其中一部分原因是為了將 VPL 的產品與「虛擬世界（virtual world）」這個概念區分開來。「虛擬世界」一般指的是個體幻想出來的虛擬空間，而不是普羅大眾共同的體驗。VPL 也對其他領域和產業帶來啟發，例如在流行文化產業，電影《未來終結者》（*The Lawnmower Man*）的主角以藍尼爾為原型；《關鍵報告》（*Minority Report*）融入 VR 元素，故事中的人物在未來世界使用 VPL 開發的 Dataglove 和 EyePhone。到了 1990 年代中期，儘管 VPL 的全盛時期已經過去，但以電腦打造沉浸式體驗已成為普遍願景，在電影、電視節目、電腦遊戲等領域隨處可見。1999 年，昇陽電腦獲得 VPL 的專利組合和科技資產在全球範圍內的所有權。

VRL 的「手套加眼鏡」VR 設備套裝包括資料手套 Dataglove、頭戴式顯示器 EyePhone 和連身衣 DataSuit。

參照
條目　頭戴式顯示裝置（西元1967年）。

量子密碼學 Quantum Crytography

查爾斯・本尼特（**Charles H. Bennett**，生於西元 1943 年）
吉勒・布拉薩（**Gilles Brassard**，生於西元 1955 年）

1984 年，美國物理學家本尼特與布拉薩發表論文《量子密碼學：公鑰分發和拋幣》（*Quantum cryptography: Public key distribution and coin tossing*），提出一種新的金鑰分配方法。這種方法不需把金鑰鎖進手提箱，再由祕密信使傳遞給通訊對象；也不像 RSA 加密演算法利用質數相乘得出私密金鑰，它之所以能夠實現通訊安全，是因為竊聽者很難對極大的數進行因式分解。與公開金鑰密碼學不同，量子密鑰分配（Quantum Key Distribution，簡稱 QKD）不會因為數論、質因數分解技術或量子電腦的發展而遭到破解。

本尼特和布拉薩在論文中提出一種量子密鑰分發協定，後來通稱為 **BB84 協定**（BB84 protocol），原理是由傳送者利用量子通道向接收者發送一系列光子。假定通訊雙方分別是愛麗絲（Alice）與鮑伯（Bob），愛麗絲在發送每顆光子前，首先隨機產生一個位元（0 或 1），再隨機選擇一個測量基（measurement basis），把位元製備成相應的量子態（quantum state）。因鮑伯並不知道愛麗絲選擇哪種測量基，所以他接收光子後便隨機選擇一種來試測，測量結果自然有對也有誤。然後愛麗絲與鮑伯在公開的網路上交流各自使用哪些基來傳送和測量，其中有大約 50% 的機率鮑伯跟愛麗絲剛好選擇相同的基，也就是說鮑伯破解出來的位元能與愛麗絲發送的相符。兩人再捨棄鮑伯選錯基、測量有誤的位元，數量大約占一半，將剩下的位元確定為今後通訊使用的金鑰。*

如果第三方竊聽者在傳輸過程中攔截光子，並試圖測量其量子態，根據海森堡的「測不準定理」（Heisenberg's uncertainty principle），每個光子的量子態都很可能因攔截行為而改變。當兩人對比鮑伯的測量結果時，就會發現鮑伯所測量的光子已經改變量子態。竊聽事件就會暴露無遺。

若要建立一個能順利收發加密訊息的量子加密系統，就需要對每個光子進行精確的控制。MagiQ 技術公司（MagiQ Technologies）1999 年在美國麻州薩默維爾（Somerville）初創時，這種設想還是天方夜譚。不過短短四年後，MagiQ 就宣布建成世界首套商用量子加密系統，並於當年投入市場。

此後，政府和金融、研究機構都日益關注各類使用量子力學來保護數據的加密法，包括量子密鑰分配技術。2017 年，中國政府利用量子糾纏原理開發出一種替代協議，並公開展示這種量子加密技術。

量子密碼裝置（quantum cryptography apparatus）的鏡子中反射出觀察者的眼睛。攝於物理學家安東・蔡林格（Anton Zeilinger）在奧地利維也納大學的實驗室。

譯注：原文有誤，鮑伯是將所有測量結果與愛麗絲比對，再捨棄鮑伯測量有誤的位元，將剩下正確的位元確定為今後通訊使用的金鑰。其中有誤位元的數量大約占一半，並非只對比一半結果。參見：C. H. Bennett and G. Brassard. "Quantum cryptography: Public key distribution and coin tossing." Proceedings of IEEE International Conference on Computers, Systems and Signal Processing.

參照條目　維爾南密碼（西元1917年）；量子電腦進行質因數分解（西元2001年）。

先驅數據機超前業界標準
Telebit Modems Break 9600 bps

　　美國 Telebit 公司研發的先驅（TrailBlazer）數據機堪稱網路發展史上的重大突破。1984 年，大多數撥接上網用戶剛準備棄用 1,200bps 的數據機，轉而採用速度更快的 2,400bps 數據機。同年，Telebit 公司開發先驅數據機，在速度上有極大突破，能以 14,400 到 19,200bps 的速度透過普通電話線傳輸數據。

　　先驅速度如此之快的祕密在於其專有的通道量測協定（channel-measuring protocol）。1980 年代，人們通話時聲波轉換而成的電流透過類比電話線（analog wire）從發話端傳到受話端，通訊工程師因而創造出「通道（channel）」這個術語，不同通道之間頻率略有不同。Telebit 使用的分封化總體協定（Packetized Ensemble Protocol，簡稱 PEP）將通道劃分成 512 個不同的類比子信道（analog slot）。當先驅數據機感測到自身處於通訊狀態時，通訊雙方將首先測量信道，確定哪些頻率可用於高速資料傳輸，並無條件將最高的頻率分配給傳輸量最大的數據機。因直接支援 Usenet 所使用的 UUCP 傳輸協定，先驅也大受 Usenet 用戶歡迎。

　　1985 年，每台先驅售價 2,395 美元。雖然價格不菲，但能大大節省長途通訊費用，通常第一年省下的費用就已超過其售價，可以說這筆投資相當超值。

　　先驅還引發了 1986 年的「數據機之戰（modem wars）」。這場紛爭的緣起是 Telebit 的主要競爭對手 US Robotics 公司（US Robotics Corporation）以 995 美元的價格推出一款 9,600Bps 的數據機。兩廠牌的數據機並未採用相同的調製協議（modulation protocol），因此互不相容。1987 年，Telebit 為因應競品的衝擊，將先驅的價格降為 1,345 美元。

　　業界深知若想獲得更大的商業利益，就必須建立一個規模更大、供應商更多的市場，並訂定標準加以規範。1987 年，聯合國下屬電信組織國際電報電話諮詢委員會（International Telegraph and Telephone Consultative Committee，簡稱 CCITT）發布 V.32 協議，是歷史上首個數據機標準，規定數據機的速度為 9,600bps，外接式數據機的價格為 400 美元。隨後市場上湧現出多款速度更快、價格更低的機型。1998 年 2 月，國際電信聯盟（International Telecommunication Union，簡稱 ITU）發布 V.90 標準草案，允許擁有專門設備的網際網路服務供應商（Internet Service Provider，簡稱 ISP）向消費者提供每秒 56KB 的下載速度。在使用類比連線來傳送數據，且不壓縮資料的情況下，這已經是理論上能達到的最快速度。

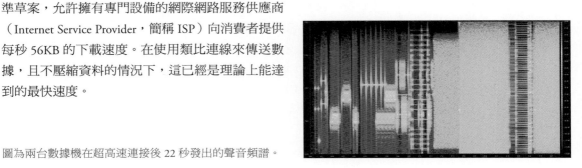

圖為兩台數據機在超高速連接後 22 秒發出的聲音頻譜。

參照條目　貝爾101數據機（西元1958年）；電子布告欄Usenet（西元1980年）；掌上型電腦PalmPilot（西元1997年）。

硬體描述語言
Verilog

多數程式語言描述的是如何將記憶體中的位元組合成需要的指令，例如 C 語言描述指令在記憶體中的配置，HTML 語言描述文字在頁面上的排列。

而硬體描述語言（Hardware description languages，以下簡稱 HDL）則描述組成電子電路的導線、電阻器和電晶體如何排列。若要製造積體電路，硬體工程師首先需要用文字編輯器編寫 HDL「程式」，然後電腦將 HDL 程式碼轉換成邏輯電路，並自動繪製出電路圖及積體電路版圖。最後再透過掩膜版（mask）製造出成品。

1980 年代初，超大型積體電路（very-large-scale integration，簡稱 VLSI）快速發展。這種積體電路由大量微型電晶體構成，製造過程主要涉及微電子技術。因此業界需要一種新的 HDL 來描述比電路圖更為複雜的結構，例如時鐘、暫存器（register）、狀態機（state machine）和複雜的電路行為（complex behaviors）。在製造超大型積體電路的過程中，版圖和半導體掩膜版自是不可或缺，但製造商還需要一種工具對 HDL 設計圖進行模擬，確認其無誤再燒錄成矽晶片電晶體。這種工具叫做模擬器（simulator），能夠在傳統電腦上運行 HDL 設計圖。雖然速度比實際燒錄矽晶片慢得多，有時也不夠準確（大型電路的準確率尤低），但先模擬再燒錄能夠避免生產出次級晶片，這樣說來的確效率更佳，成本也更低。

1984 年，Gateway 設計自動化（Gateway Design Automation）公司研發出 Verilog 語言及首個模擬器。在矽晶片和電路繁複的製造過程中，Verilog 能輔助工程師先行設計、模擬及測試產品，成為市場上最早實現這些功能的 HDL 語言。後來，Gateway 設計自動化公司將 Verilog 開放授權，讓其他公司都能開發相關的應用工具。

1987 年，美國國防部開發 VHDL，全稱為超高速積體電路硬體描述語言（VHSIC Hardware Description Language），成為 Verilog 的主要競爭對手。由於牽涉到國防大計，VHDL 更具限制性，語法也更嚴謹，導致電路設計程式檔案較大且更難編寫。但同時準確率也比 Verilog 高，也就是說模擬效果與實際更匹配。VHDL 無需使用許可，受到廣泛採用。1989 年，益華電腦股份有限公司（Cadence Design Systems）收購 Gateway 設計自動化公司，並將 Verilog 打進大眾市場，以此來應對 VHDL 的威脅。從此 Verilog 用戶大增，還成為 IEEE 1364 號標準。

圖上的 Verilog 程式共 37 行，描述一個簡單的電子電路。

參照條目　現場可程式化邏輯閘陣列（西元 1985 年）。

連接機 Connection Machine

丹尼・希利斯（**Danny Hillis**，生於西元 **1956** 年）

　　提升數據處理速度是電腦運算的首要挑戰之一。從 1940 年代到 1990 年代，電腦運算速度的進步大多源於組件、時脈週期（clock cycles）和儲存系統的速度提升。不過還有另一種方法也能達成提速，那就是將待處理的問題拆分為若干較小的問題，用一組機器並行處理。

　　並行計算之所以可行，是因為很多計算問題都類似於織毛衣。假如一個月要織四件毛衣，你可以僱傭世界上最快的編織工人，讓他每週織一件。或者雇 12 個工作效率還算快的工人，同時織袖子和衣身，每週五再把各部分組合起來。再試想你要織一萬件毛衣，就可以雇傭五萬名手藝一般的工人。只要組織人力的方法夠明智，就算他們每個人效率不那麼高，或者其中一部分人出現失誤都沒關係。

　　思維機器公司（Thinking Machines）在連接機中使用的就是這種並行計算原理。聯合創始人希利斯在 MIT 的博士論文中寫道，該公司的第一台超級電腦擁有 65,536 個微不足道的 1 位元微處理器，透過大規模並行網路（massively parallel network）彼此連接。

　　這台 CM － 1 型連接機的程式設計過程相當困難，因為演算法需要在大規模連接的 1 位元微處理器上高效運行，但很少有程式設計師能夠以圖像呈現演算法，也就是將其設計成並行硬體。1991 年，思維機器公司推出 CM － 5 連接機，程式設計過程比 CM － 1 更容易。CM － 5 擁有 1,024 個標準 32 位元微處理器，是如今世界上最快的電腦之一。

　　在 1990 年代，這種將數千台電腦並行連接為一台機器的設想可行且有效，但十年後，網格計算（grid computing）才是解決龐大計算問題的主要方法。做法是透過乙太網路將數千至數百萬台傳統電腦系統與專用軟體連接起來。與之相比，速度不快且容易出錯的傳統電腦系統就相當於「普通的編織工人」。網格計算出現後，電腦運算的挑戰便從設計 CM 系列連接機這種複雜的並行硬體，變成如何設計更聰明的軟體。

打開 CM － 2 連接機的外殼，便能看到其中一個子立方體（subcube），內有 16 塊印刷電路板。每塊電路板上搭載 32 個中央處理晶片，每個晶片包含 16 個處理器。僅一個子立方體中便有 8,192 個處理器，整台電腦更多達 65,536 個。

參照條目 Hadoop實現大數據（西元2006年）。

電腦成像首次擔綱主持人
First Computer-Generated TV Host

安娜貝爾・楊科爾（**Annabel Jankel**，生於西元 1955 年）
洛基・摩頓（**Rocky Morton**，生於西元 1955 年）

在英國電視電影《雙面麥斯》（*Max Headroom: 20 Minutes into the Future*）和據此改編的美劇《雙面麥斯》（*Max Headroom*）中，「網路 23」傳媒的明星記者愛迪生・卡特（Edison Carter）發現主管的祕密，在逃出公司總部的途中因交通事故而受重傷。公司的技術天才布萊斯・林奇（Bryce Lynch）將卡特的大腦掃描進公司電腦，重構出麥斯・漢昂（Max Headroom）這個數位化形象。麥斯極度活躍、古怪，又有點感性，常常宣揚社會秩序，又喜歡討論一些無關緊要的話題，比如飛蛾的智商。

1985 年，英國第四頻道聘請英國導演楊科爾和摩頓，研究如何銜接音樂影片。兩位導演在工作期間發想出麥斯這個虛構的人物形象。他們首先製作電視電影《雙面麥斯》，進而發展為一檔電視節目，在第四頻道播出四季。麥斯很快成為英國最受歡迎的電視名人之一。在 1987 至 1988 年播出的第三季中，麥斯還到訪美國。

麥斯不僅成為一種流行文化現象，甚至堪稱 1980 年代的流行偶像，還登上可口可樂的廣告和《芝麻街》（*Sesame Street*）1987 年的一集。不過，電影和影集中的麥斯形象並非由電腦生成，而是由加拿大演員馬特・弗里沃（Matt Frewer）飾演。弗里沃每次在電視和廣告代言中扮演麥斯時，都需要花上四個小時來化妝和加裝假肢面具。弗里沃與他扮演的麥斯也曾客串《大衛深夜秀》（*Late Show with David Letterman*）等節目，還同步登上 1987 年《新聞周刊》（*Newsweek*）和《瘋狂雜誌》（*Mad Magazine*）的封面。

麥斯在各類節目中針砭時弊，探討高收視率、高廣告收入中的新聞操縱現象，以及商業廣告等議題。

《雙面麥斯》節目也運用人工智慧的性格邏輯和相關科技，為觀眾呈現社會的黑暗面。在該節目虛構的世界中，人們不再崇尚誠實正直的社會準則，腥羶色的新聞和娛樂消遣才符合人們的胃口。

儘管《雙面麥斯》節目在當時顯得過於前衛，但卻首次提出將人類大腦掃描進電腦，並由此創造一個有情物（sentient being）的構想，具有前瞻意義。而麥斯的身分該如何定義、科技會走向何方等更深層次的議題也引起公眾思考和探究。

1980 年代，由電腦創造的電視主持人麥斯成為流行偶像。圖為弗里沃飾演的麥斯。

參照條目　大都會（西元 1927 年）。

西元 1985 年

零知識證明 Zero-Knowledge Proofs

莎菲・戈德瓦塞爾（**Shafi Goldwasser**，生於西元 **1958** 年）
希爾維奧・米卡利（**Silvio Micali**，生於西元 **1954** 年）
查爾斯・拉克福（**Charles Rackoff**，生於西元 **1948** 年）

如何證明你知曉某個祕密，但又不對外透露祕密的內容？利用零知識證明（Zero-Knowledge Proofs），上述問題便能迎刃而解。這種數學證明方法由戈德瓦塞爾、米卡利、拉克福等三位電腦科學家提出，屬於密碼學的新分支，當時學界也才剛意識到其應用非常廣泛。

零知識證明指的是某人在不洩露具體內容的情況下，證明自己知道該內容。不過自證的過程需要證明者和**驗證者**雙方進行互動。證明者提出一個真實的數學描述，驗證者來檢查描述是否為真。過程如下：驗證者問證明者一個問題，證明者回覆一個叫作「證據（witness）」的位元串，且該位元串只有當前述問題為真時才能產生。

舉個例子，我們來為地圖上的州或國家塗色。1976 年，數學家已證明任何二維地圖只需用四種顏色上色，便能保證每兩個鄰國的顏色都不同。但如果只用三種顏色來為地圖塗色就困難得多，不是所有的地圖都能用三色原則來塗色。在零知識證明出現以前，如果某人想證明某張地圖是否能用三種顏色來著色，唯一方法就是親自塗一張。

在零知識證明的自證過程中，存在某種「證據」來證明某一地圖確實能用三種顏色來塗色，且保證相鄰國家的顏色都不同。而且全過程並未洩露任何國家的顏色。

該方法從理論到實際應用，仍需要密碼學界和工程學界的共同努力。不過目前已有一些能實際應用的系統問世。例如密碼驗證系統、匿名憑證系統和數位貨幣系統。密碼驗證系統能在無需實際發送密碼的情況下，對密碼進行驗證。匿名憑證系統能判斷憑證持有人是否年滿 18 歲，且無需其透露實際年齡或姓名。在數位貨幣系統中，使用者可匿名使用數位貨幣，而系統能偵測出一枚貨幣是否花了兩次（即**重複消費**）。

2012 年，戈德瓦塞爾和米卡利因其在密碼學領域的成就獲頒圖靈獎。

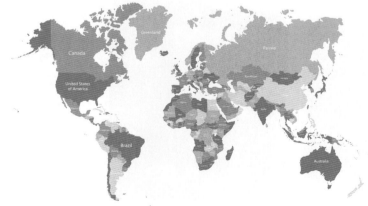

依據零知識證明原理，證明者能在不透露事實內容的前提下，自證其知曉某事。例如證明存在用三種顏色為地圖著色的方法，而無須展示具體如何著色。

參照條目 安全多方計算（西元1982年）；數位貨幣（西元1990年）。

美國聯邦通訊委員會開放免照展頻
FCC Approves Unlicensed Spread Spectrum

麥可‧馬庫斯（**Michael J. Marcus**，生於西元 **1946** 年）

　　無線電頻譜分為不同的頻段，每個頻段都有自己的物理特性和管理規則。1970 年代，大多數頻段的無線電傳輸都需要先獲得政府許可。雖然民用頻段（citizens band）無需申請執照，但由於該頻段本身已經太過擁擠，頻率互相干擾，以至於幾乎無法正常使用。

　　1981 年，美國聯邦通訊委員會（Federal Communications Commission，簡稱 FCC）工程師馬庫斯正式發布意見諮詢公告（notice of inquiry），探討如何將部分射頻頻譜（radio frequency spectrum）用於展頻通訊（spread spectrum communication）。展頻技術在二戰期間興起，能隱藏無線通訊，使其不受敵人監視和干擾。為研究和開發民用展頻系統，馬庫斯連續四年在聯邦通訊委員會推動展頻技術合法化。

　　當時的製造商和無線電使用者反對提供免照頻譜（unlicensed spectrum）。但在 1985 年 5 月 9 日，馬庫斯還是成功拿下規則制訂權。不過展頻技術主要使用各國工業、科學和醫學機構專用的 ISM 頻段，頻率為 900 兆赫、2.4 吉赫和 5.7 吉赫。使用者無需申請授權就能自由使用。由於微波爐和雷達系統等商業設備也使用該頻段，以至於通訊干擾過大，無法再另作他用。

　　雖有反對聲量不小，但展頻技術的發展已然勢不可擋。1991 年 3 月，美國 NCR 公司（NCR

Corporation）開始銷售一款名為 WaveLAN 的無線網路產品，能在 900 兆赫的免照頻段上提供 2Mbps 的傳輸速度，大受使用者歡迎。這款產品還推動 IEEE 創立 802.11 無線區域網路工作委員會（802.11 Wireless LAN Working Committee）。1999 年，業界成立 Wi-Fi 聯盟（Wi-Fi Alliance），專責將 Wi-Fi 的商標和標誌授權給通過互運性測試（interoperability test）的產品。雖然最初的 Wi-Fi 傳輸流數據的速度僅有 2Mbps，但 2013 年 12 月頒布新標準後，採用該標準的設備能達到 866.7Mbps。

1985 年，政府開始向公眾開放無線電頻譜，無需執照也能使用。1985 年前，使用無線電頻譜需獲得政府許可。

參照條目 無線網路誕生（西元1971年）。

美國國家科學基金會網路 NSFNET

　　網際網路的前身阿帕網具有排外性，只對幕後金主美國國防部（Department of Defense，簡稱 DOD）旗下的機構開放。擴大網路意味著需要擴大投資。1980 年，美國國家科學基金會（National Science Foundation，簡稱 NSF）出面贊助，為一間大學財團出資 500 萬美元，用以開發電腦科學網（Computer Science Network，簡稱 CSNET）。1985 年又再次挹資開發美國國家科學基金會網路（National Science Foundation Network，以下簡稱 NSFNET）。同時與國防部及國家科學基金會簽署合約的大學都能透過這兩種網路相互連接。

　　電腦科學網融合多種技術，短期目標是為資工系提供電子郵件和有限訪問遠端終端的服務。1981 年僅有 3 台主機連入網路，到了 1982 年便成長到 24 台，1984 年又劇增為 84 台。不過其根本目標是讓學術機構透過電腦科學網連入阿帕網，最終利用阿帕網互寄電子郵件和使用其他資源。

　　NSFNET 的目標更遠大，除了意在建立一個全國性的網路外，還特別致力於讓美國各地的研究人員能夠訪問國家科學基金會的五個超級計算中心。NSFNET 在 1986 年初登場時，七條 56Kbps 的連接線路幾乎立即達到飽和。1988 年，國家科學基金會網路透過 1.5Mbps 的 T1 傳輸速率相連，將網路節點擴展到 13 個。三年內，T1 升級為 T3，達到 45Mbps 的傳輸速率。至此，NSFNET 已連接 16 個學術機構的 3,500 個網路使用者。當阿帕網於 1990 年 2 月 28 日關閉時，很少有人注意到除國防部之外的使用者已全部遷移至 NSFNET。

　　雖然 NSFNET 可以購置並採用比 T3 更快的網路連結，但不論硬體或軟體都無法在這麼快的速度下運行。「以前從來沒有人建立過 T3 網路。」高級網路和服務公司（Advanced Network and Services）總裁阿倫・魏斯（Allan Weis）說。據 NSFNET 的最終報告稱，該公司是為管理 T3 網路而成立的非營利組織，花了好幾年的時間才讓 T3 連接達到最高傳輸速度。

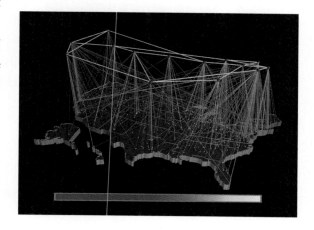

　　儘管 NSFNET 讓連接網際網路變得相當便利，但也透過「使用規章」（acceptable use policy）限制網路只能用於研究和教育，禁用於商業活動。

1991 年 9 月，研究人員進行視覺化研究，將 NSFNET 的 T1 主幹網路入站流量（inbound traffic）以十億位元組為單位繪製成圖像。如圖所示，流量範圍介於 0 位元組（以紫色表示）到千億位元組（以白色表示）之間。

參照條目　ISP提供大眾網路接取服務（西元1989年）。

桌面出版 Desktop Publishing

保羅・布萊納（**Paul Brainerd**，生於西元 **1947** 年）

　　桌面出版（desktop publishing）問世前，一般消費者或小公司若有出版需求，只有兩種選擇：一是直接使用現成的排版樣式，二是請影印店用昂貴的專業設備幫忙排版。反之，桌面出版讓所有人都能利用各式字形和圖形，親自設計漂亮的印刷品。無數低成本雜誌、新聞通訊和宣傳手冊的誕生，都有賴於這項顛覆性的傳播出版技術。而新一代的平面設計師之所以能夠從容因應網路和社交媒體時代的到來，背後也離不開桌面出版的助力。

　　1985 年，桌面出版一問世便強力席捲市場。但在此之前，桌面出版時代早就已經萌芽。1970 年代，全錄帕羅奧圖研究中心的科學研究推動基礎技術的進步；而個人用戶和小型報社的能力儘管有限，但也開發了多種電腦化文字排版方法與功能。1970 年代末到 1980 年代初，小型出版商使用帶有比例字體（proportional font）的菊輪印表機進行基本的版面設計；而列印所需的字模則是先由 X-ACTO 金屬筆刀剪下想印刷的文字，黏貼在白色紙板上，最後由印表機撞擊字模接觸色帶，印刷在紙張上。

　　1984 年，布萊納在一家專為報社開發出版軟體的公司工作。同年蘋果公司 Mac 電腦上市，惠普公司也推出首台桌上型雷射印表機 LaserJet。布萊納因而發想出一個新的產品概念，結合微型電腦、雷射印表機和合適的軟體，每個人就能自行設計出版品。他把這個概念稱為桌面出版。那年夏天，布萊納組建團隊，創辦 Aldus 公司。命名靈感來自 15 世紀威尼斯學者和印刷商阿爾杜斯・馬努提烏斯（Aldus Manutius）。

　　次年，Aldus 為蘋果 Mac 電腦推出桌面出版軟體 PageMaker，更是市場公認的第一個桌面出版應用程式。Adobe 公司也推售 PostScript，這是一種用於電子產業和桌面出版領域的程式語言，有望成為頁面描述語言（page description language，簡稱 PDL）的業界標準。蘋果公司開始銷售雷射印表機 LaserWriter。一夜之間，每個人都有機會自己排版，甚至小批量列印出版品。

如圖所示，首個 IBM PC 版的 Aldus PageMaker 套裝中還附贈免費的 Windows 1.0 作業系統。

參照
條目　雷射印表機（西元1971年）；全錄奧圖電腦（西元1973年）。

西元 1985 年

現場可程式化邏輯閘陣列
Field-Programmable Gate Array

羅斯‧弗里曼（**Ross Freeman**，西元 1948 － 1989 年）
伯尼‧馮德施密特（**Bernard Vonderschmitt**，西元 1923 － 2004 年）

許多電腦運算都既能透過硬體，也能透過軟體來完成。硬體速度通常更快，但結構更複雜；軟體雖然較慢，但更容易開發和除錯。兩者速度不同是由於硬體有許多用來執行並行計算（calculation in parallel）的電路和導線。相反，軟體則是在電腦的中央處理器中運行一串指令，相同的電路和導線在計算過程中能反覆利用，完成各種功能。若以解決問題為目的，人們更傾向於選擇軟體，因為軟體通常比硬體更容易開發和修改。

但如果硬體能像軟體一樣進行程式設計呢？這便是可程式化硬體（programmable hardware），不僅能高速運行特殊的影片處理演算法和人工智慧圖像識別演算法，功耗也可能更低；還能替代複雜的電路板設計，僅一片可程式化的晶片就相當於電路板上數百個獨立的元件。

這就是現場可程式化邏輯閘陣列（field-programmable gate array，以下簡稱 FPGA）的原理。FPGA 的晶片包含可程式化邏輯單元，可根據需要連接。連接完成後，邏輯閘就可以像矽晶片中的電路一樣運作。唯有一點與傳統的晶片電路截然不同：如果電路圖出現錯誤或需要更改，只需刪除原本的程式，使用新的設定（configuration）來重寫。

與特殊應用積體電路（Application Specific Integrated Circuit，簡稱 ASIC）相比，FPGA 的價格和程式設計成本更高。但由於使用者能根據需要在實驗室反覆對 FPGA 進行程式設計，創新成本大大降低，也能更快產出創新成果。尤其當產品僅需使用少量積體電路時，FPGA 的優點就更明顯，例如設計樣品的時候。否則，舉個例子，若要逐一更換太空飛行器中出故障的傳統電路，成本可是高得嚇人。這也能解釋為什麼美國國家航空太空總署在火星探測車好奇號上使用 FPGA。

1985 年，弗里曼和馮德施密特共同創立可程式化邏輯器件公司賽靈思（Xilinx），推出第一套商用 FPGA。這套產品也助力弗里曼躋身美國發明家名人堂（National Inventors Hall of Fame）。

圖上電路板中央的 FPGA 經程式化後，可發出脈衝光、轉動馬達或合成音樂。

參照條目 矽電晶體（西元1947年）；首部微處理器（西元1971年）；硬體描述語言Verilog（西元1984年）。

GNU 宣言
GNU Manifesto

理察・斯托曼（**Richard Stallman**，生於西元 **1953** 年）

　　任何開放原始碼供他人修改的軟體，便稱為**開源軟體**（open source software）。MIT 人工智慧實驗室的程式設計師斯托曼致力於倡導開源軟體。他對該領域的興趣可以追溯至 1980 年代。原本斯托曼的實驗室使用靜電印刷列印機（xerographic printer），屬於早期的雷射印表機，但隨後以全錄 9700（Xerox 9700）雷射印表機取而代之。斯托曼想修改全錄 9700 的程式碼來增加一些新功能，例如通知實驗室同仁印表機何時完成列印任務或機器是否卡住。不過全錄並未像上一台印表機的廠商一樣，提供列印機的原始程式碼給 MIT，他們堅稱自己的產品擁有智慧財產權。因此斯托曼無法對全錄 9700 的程式碼作任何修改。

　　斯托曼實驗室有兩個相互對立的陣營。一個陣營是用 LISP 語言為實驗室新購買的人工智慧工作站開發專用軟體；另一陣營則全權負責實驗室早期已開發的 LISP 軟體。斯托曼也陷入兩個陣營之間的紛爭。次年，兩陣營的駭客集體離開實驗室，各自成立公司。斯托曼的立場則是認為開發非開源軟體可能會破壞實驗室的駭客文化，因此他自行複製了實驗室的專用軟體，並開放免費使用。

　　1984 年，LISP 語言和 LISP 電腦（Lisp machine）在市場上以失敗收場，斯托曼決定放棄 LISP，轉而啟動新的計畫，開發一款新的作業系統，用來支援自由共享、自由修改、自由改進與自由借鑑的軟體。儘管軟體本來就能透過設計而支援免費共享，但該計畫仍全力提倡如**言論自由**和**人身自由**一般的**軟體自由**。由於當時 UNIX 作業系統十分流行，能在各類電腦上運行，因此斯托曼以 UNIX 為參照，打造一款類 UNIX 作業系統。他將新的研究計畫命名為「GNU's Not UNIX」，縮寫為 GNU，是一種巧妙的遞迴縮寫（recursive acronym）。

　　斯托曼隨即在 1985 年 3 月的《Dobb 博士的雜誌》上發表「GNU 宣言」，正式公布此項計畫，也邀請意者有錢出錢，有力出力。七個月後，斯托曼建立非營利組織自由軟體基金會（Free Software Foundation，簡稱 FSF），總部設於 MIT 人工智慧實驗室。惠普等幾家公司向基金會捐贈電腦，以此資助斯托曼的計畫。

GNU 是一個免費的類 UNIX 作業系統。圖為透過放大鏡看 GNU 網站首頁。

參照條目 《Dobb博士的雜誌》（西元1976年）；Linux作業系統（西元1991年）。

西元 1985 年

自動指紋辨識系統終結連環殺手
AFIS Stops a Serial Killer

卡爾·福樂克（**Carl Voelker**，生卒年不詳）
雷蒙·摩爾（**Raymond Moore**，生卒年不詳）
約瑟夫·韋格斯坦（**Joseph Wegstein**，西元 1922 － 1985 年）

19 世紀末，執法部門意識到他們可以利用指紋來確定罪犯是累犯還是初犯（或者說初次被抓更恰當）。1924 年，美國聯邦調查局（US Federal Bureau of Investigation，以下簡稱 FBI）成立識別部（Identification Division）。到了 1960 年代初，識別部已建檔 1,500 萬罪犯的指紋。這一舉措行之有效，部門上下也相當自豪。每天他們都會收到三萬張新的指紋卡，每張需要一名科技專員花大約 18 分鐘來比對指紋資料庫。

1963 年，FBI 特工福樂克來到美國國家標準局，看是否有辦法利用資訊科技建立自動指紋辨識系統（Automated Fingerprint Identification System，簡稱 AFIS）。國家標準局的摩爾和韋格斯坦與福樂克會面。他們兩人認為必須發明一種新的掃描器來讀取指紋卡，同時也要開發專門的軟體來抓取指紋的特徵點（characteristic point），最後再用軟體將待測指紋與資料庫中的指紋相匹配。國家標準局對掃描器和抓取指紋特徵點的軟體進行招標後，由康奈爾航空實驗室（Cornell Aeronautical Laboratory）和北美航空（North American Aviation）的自動化部門負責開發。指紋匹配軟體則由韋格斯坦獨力開發。五年後，洛克威爾自動化公司（Rockwell）受 FBI 之託製造五台高速讀卡機。FBI 用讀卡機掃描 1,500 萬張罪犯的指紋卡存入資料庫，首次讓指紋匹配能透過蒐索電子檔來完成。

英、法、日等國也開發出類似的系統，不過主要功能是對比犯罪現場的碎片化指紋與資料庫中的指紋卡，並非用於身分鑑定。日本警察廳採用的系統由日本電氣（NEC Corporation）設計。舊金山和洛杉磯安裝類似的系統後，兩地的入室盜竊率皆有所下降，因為入室盜竊留下的指紋都將被警方蒐集用來識別嫌犯。1985 年，洛杉磯警方採取一輛被盜汽車鏡子上的指紋，交由自動指紋辨識系統識別，使有「夜間狙擊者」之稱的連環殺手理察·拉米雷茲（Richard Ramirez）由此現形，終結了他瘋狂的殺人行徑。

洛杉磯警方的自動指紋辨識系統成功識別一輛被盜汽車鏡子上的指紋，使有「夜間狙擊者」之稱的連環殺手由此現形。

參照條目 首幅數位影像（西元1957年）；演算法左右量刑（西元2013年）。

軟體故障引發致命醫療事故
Software Bug Fatalities

　　加拿大原子能公司（Atomic Energy of Canada Limited，簡稱 AECL）曾生產不同型號的癌症放射治療機。Therac － 20 和 Therac － 25 兩種機器都能產生低功率電子束，或在啟動電源後用電子流轟擊金屬靶，產生治療用的 X 射線。不同之處是 Therac － 20 使用一系列開關、感測器和電線來實現控制邏輯和安全互鎖（safety interlock），而更小、更便宜、更現代化的 Therac － 25 則依賴軟體控制。

　　1986 年 4 月 11 日，一位名叫韋爾東·基德（Verdon Kidd）的患者因耳部患皮膚癌接受放射治療，使用的機器是 Therac － 25。治療過程中發生駭人的醫療事故。基德本該接受低劑量的電子束，但卻受到一股猛烈的輻射衝擊。他看到眼睛裡閃過一道亮光，覺得有什麼東西打在耳朵上，因劇痛而尖叫起來。與此同時，Therac － 25 提示機器產生故障，顯示「故障 54」。20 天後，也就是 5 月 1 日，基德因受大劑量輻射不幸去世。這是世界上首起軟體故障致死的醫療事故。

　　加拿大原子能公司的初步調查稱，如果 Therac － 25 的作業員在程式運行的某個時間點按向上箭頭，機器將會被設定為高能量模式，並將電子束通電轟擊金屬靶，產生 X 射線。但此時 X 射線卻沒有被設定照射目標，進而導致事故發生。公司的因應對策是取下機器上的向上箭頭鍵，並用絕緣膠帶粘住開關。美國食品藥品監督管理局（US Food and Drug Administration，簡稱 FDA）後來回應稱這樣處理仍然不夠到位。

　　Therac － 25 的軟體故障共導致三名患者死亡。除此之外還有兩名患者原本預計接受 200 拉德（rad）的治療劑量，結果實際輻射劑量竟高達 15,000 至 20,000 拉德，嚴重危及生命。這是因為 Therac － 25

的程式中有一個叫做**競爭條件**（race condition）的瑕疵，即兩個同時進行的程式之間會產生時序衝突。華盛頓大學教授南希·李維森（Nancy Leveson）和她的學生克拉克·特納（Clark Turner）後來研究認為，業界亟需建立一套製程標準，嚴格規範軟體的開發、測試和評估。不過，李維森在 Therac － 25 事故發生 30 年後的一篇報導中指出，美國監管機構仍然沒有制定可靠的標準，防止醫療設備軟體潛在的危害。

圖中癌症患者佩戴的放射治療面罩能夠協助雷射線定位治療位置。輻射劑量須謹慎控制，避免發生 1980 年代軟體故障導致的致命事故。

參照
條目　軟體工程（西元1968年）。

皮克斯 Pixar

艾德文・卡特姆（**Ed Catmull**，生於西元 1945 年）
匠白光（**Alvy Ray Smith**，生於西元 1943 年）
史蒂夫・賈伯斯（**Steve Jobs**，西元 1955 － 2011 年）

皮克斯動畫工作室以電影製作和電腦動畫技術而聞名，《玩具總動員》（*Toy Story*）、《汽車總動員》（*Cars*）和《腦筋急轉彎》（*Inside Out*）都是該工作室的經典作品。工作室也發明許多電腦動畫技術，希望藉此讓充滿想像力的畫面變得栩栩如生。

皮克斯從盧卡斯影業的電腦圖形部起家。當時盧卡斯影業創辦人喬治・盧卡斯從紐約理工大學（New York Institute of Technology）的電腦圖形實驗室挖角，延攬卡特姆和匠白光來管理電腦圖形部。1986 年，賈伯斯收購該團隊，將其打造成獨立的皮克斯公司。2006 年 1 月 25 日，華特迪士尼公司（Walt Disney Company）以 74 億美元併購皮克斯。如今皮克斯是迪士尼的子公司。

皮克斯確立一種名為 RenderMan 的動畫渲染器行業規範，也推出符合該規範的軟體渲染器 PRMan。該軟體能處理影片中大量的 3D 動畫，也在燈光、明暗和陰影等視覺效果上取得突破，因此獲得科學技術獎。利用 RenderMan 製作的影片不計其數，其中首部拿下奧斯卡金像獎的是短片《小錫兵》（*Tin Toy*），榮獲 1989 年的最佳動畫短片獎，同時也是該獎項首次由電腦製作的動畫電影抱走。此後，RenderMan 陸續力助更多電影奪下奧斯卡。2001 年，卡特姆與 RenderMan 的開發人員羅伯特・庫克（Robert L. Cook）、洛倫・卡彭特（Loren Carpenter），攜 RenderMan 共同獲頒奧斯卡學院功績獎（Academy Award of Merit）。獲獎理由是「皮克斯在電影渲染領域取得重大突破，開發出 RenderMan 等代表產品」。

2015 年，皮克斯與波士頓科學博物館（Boston Museum of Science）合作舉辦「皮克斯背後的科學」（The Science Behind Pixar）巡迴展。展覽共六場，內容包括電影製作過程中用到的科學、技術、工程、藝術和數學知識，並依照動畫電影的生產步驟分為八個展區，分別是建立模型、搭建人物骨骼、人物外表設計、場景和鏡頭設計、動畫、模擬、燈光和渲染。皮克斯吸取巡迴展的經驗後，與美國國家科學基金會合作一項研究計畫，旨在幫助人們學習計算思維，例如如何將問題拆分為若干部分，以利電腦理解和執行。

皮克斯動畫工作室的熱門電影。

參照條目　素描本（西元1963年）。

電影影像處理數位化
Digital Video Editing

隨著電腦計算能力提高、數位化的影音捕捉和處理技術進步，電影和電視業也與音樂行業一樣受到深遠影響。舉例來說，電影最早的載體是膠片，而影片剪輯需要實際剪斷或切下儲存影音內容的膠片。

1950 年代，錄影帶問世。1969 年代初，Ampex 等公司推出影像編輯軟體。從此編輯錄音帶和影片無需再實際進行剪裁和拼接。1971 年，美國 CBS 廣播公司和美瑞思（Memorex）公司聯合推出價格不菲的影片編輯系統 RAVE，全稱為隨機存取影片編輯器（Random Access Video Editor）。使用者需先用電腦粗略剪輯一次，再讓 RAVE 系統將粗剪片段拼接成高品質的剪輯檔案。不過直到 1980 年代末數位影片編輯軟體誕生，現代影視編輯產業才真正起飛。

1987 年，麻塞諸塞州的易安信（EMC Corporation）和 Avid 兩間企業採用非線性剪輯系統 Avid/1，迅速引領產業變革。數位編輯除了能提高作業效率、節省儲存空間，還賦予藝術家和技術人員更多創造力和主導空間，讓他們能夠利用剪輯創造出扣人心弦的故事。剪輯人員處理音訊、圖片和影片等數位檔案時，能夠靈活安排片段、修改影片，或者添加特殊效果，最後將所有內容整合成連貫的作品。此外，數位影片剪輯不直接修改原始檔案，能有效防止原始素材受損。

各類影視作品使用數位剪輯後如虎添翼，歷年來屢獲創意獎和實作獎，從而印證該技術在影視

產業中的重要性。1993 年，美國國家電視藝術與科學學院（National Academy of Television Arts & Sciences）將「技術及工程艾美獎」（Technology & Engineering Emmy Award）頒予 Avid 開發的 Media Composer 影像處理軟體。1999 年，Avid 又憑藉影片編輯軟體 Film Composer 獲頒奧斯卡學院功績獎。

圖為阿姆斯特丹 SAE 學院 1 號錄音室的調音台。專業人員能在編輯過程中視需求控制聲音和影像。

參照條目　音樂數位介面（西元1983年）

西元 1987 年

GIF

史蒂夫・維爾特（**Steve Wilhite**，生卒年不詳）

　　檔案格式是描述檔案內容和排列順序的一套規範，能用於識別電腦儲存的資料。程式設計師依照規範開發專門程式來讀取、處理特定格式的檔案，也能利用這類程式將資料寫入硬碟，以便其他軟體讀取。

　　1987 年，維爾特帶領團隊創建圖像交換格式（Graphics Interchange Format，以下簡稱 GIF），讓 CompuServe 資訊系統的使用者能下載彩色圖像並顯示於家用電腦螢幕。這種圖像格式專為以時間計費的撥接上網方式而設計，所以他採用幾年前問世的無失真數據壓縮演算法——藍波－立夫－衛曲演算法（Lempel-Ziv-Welch，以下簡稱 LZW），成功使得 GIF 圖檔的大小遠小於其他格式，以節省圖像加載時間。兩年後，維爾特團隊推出名為 GIF89a[*]的增強版本，將透明色和動畫也納入 GIF 格式的支援範圍。

　　1992 年，伊利諾伊大學厄巴納－香檳分校國家超級電腦應用中心（National Center for Supercomputing Applications，簡稱 NCSA）的馬克・安德森（Marc Andreessen）帶領團隊開發首款能在網頁上顯示圖像的瀏覽器 Mosaic，共支援兩種檔案格式，GIF 是其中之一，也是唯一一種能顯示彩色圖像的格式。安德森團隊後來成立網景通訊公司，推出首款暢銷的網頁瀏覽器。該團隊相當喜歡 GIF 這款產品，所以也把 GIF 帶到網景繼續開發，不過對格式做了小小的改變：利用「迴圈」旗標（flag）讓 GIF 動畫無限循環。隨著網際網路蔚為流行，GIF 也隨之普及。

　　但 GIF 也有缺點，其設計初衷是用來顯示簡單的圖形、圖表和標誌，而不是精緻的照片，因此支援的顏色極為有限，通常為 256 色。壓縮圖檔時，一般照片是將「漸層」色彩壓縮成「階層」色彩，犧牲色彩漸變效果，而 GIF 圖檔則是壓縮實心區域和圖案。隨著數位攝影興起，其他圖像格式也需設法因應業界新趨勢，包括壓縮時同樣會失真的 JPEG 等格式。

　　GIF 面臨的第二個問題是法律問題。開發者優利（Unisys）公司為 LZW 演算法申請了專利，早在 1995 年就開始向大客戶收費。不過這項專利權已於 2004 年 6 月 20 日到期，在那以後 GIF 便開放永久免費使用。

　　至於 GIF 到底怎麼唸，維爾特本人親自揭曉謎底：GIF 發音為「Jif」，其中首字母 G 為軟發音。維爾特也常常援引當時流行的 Jif 花生醬廣告來解釋。廣告說「連挑剔的母親也會選擇 Jif 花生醬」（Choosy mothers choose JIF）。那麼為什麼要唸「Jif」？維爾特的解釋是「挑剔的程式師們選擇了 Jif 這個發音」（Choosy programmers choose GIF.）。

圖像交換格式（GIF）檔案一般支援 256 色。

譯注：原文為「GIF89」，該資訊有誤。GIF 的增強版本應為「GIF89a」。
參考：Royal Frazier. "All About GIF89a". https://web.archive.org/web/19990418091037/http://www6.uniovi.es/gifanim/gifabout.htm

參照條目　影像壓縮標準JPEG（西元1992年）；首個大眾市場網頁瀏覽器（西元1992年）。

影音壓縮標準 MPEG
MPEG

李奧納多・奇亞利奧內（**Leonardo Chiariglione**，生於西元 **1943** 年）
卡爾海茲・布蘭登堡（**Karlheinz Brandenburg**，生於西元 **1954** 年）

MPEG 是一系列影音多媒體檔案的壓縮標準。有鑑於影音媒體逐漸成為主要的溝通媒介，越來越多人看重相關應用的商業利潤，因此市場需要一套國際標準統一規定編碼及轉換方法。倘若沒有這套標準，產業的互通性、相容性與市場成長及演變均會受到阻礙。MP3 播放器、CD、DVD、藍光光碟、平板、手機、電纜接線箱（cable box）皆是從這套標準衍生而來的創新應用。隨著市場逐漸茁壯，還有更多應用即將破繭而出。

MPEG 為「動態影像專家組」組織（Moving Picture Experts Group）的簡稱，旨在制訂影像壓縮技術協定的標準（各項技術協定皆以組織簡稱加上出現順序作為名稱，如 MPEG － 1、 MPEG － 2、MPEG － 3、 MPEG － 4 等）。1987 年，負責監督管理電子、電工各項標準的國際電工委員會（International Electrotechnical Commission，簡稱 IEC）與國際標準組織（International Organization for Standardization，以下簡稱 ISO）共同成立聯合技術委員會（Joint Technical Committee 1，以下簡稱 JTC1）。1988 年，奇亞利奧內博士創立 JTC1 下轄機構「MPEG 國際工作小組」。

MPEG 系列中首個標準 MPEG － 1 於 1992 年末制定完成，旨在統一失真影像及音訊的壓縮標準。在這套標準下，無關緊要的資訊在壓縮過程中被丟棄，而在低於 1.5Mbps 的傳輸速率下，人眼可見的影像品質幾乎沒有改變。這項技術協定通常用於製作影音光碟，以及壓縮數位電纜及衛星傳輸的

畫面。而 MPEG － 1 與現下流行的音訊壓縮格式 MP3（全稱為 MPEG － 1 Audio Layer III）亦是密不可分。過去，尚未經過壓縮的音樂都相當占用空間，也導致其體積較大。此後德國工程師布蘭登堡與其他專家開發出 MP3 專利編碼解碼器，能夠將音樂壓縮為數位音檔。這項技術協定有效減少檔案大小，並將失真比例保持在最低程度，因此獲得廣泛應用。在寬頻容量有限的時代中，MP3 可說是最廣為人知的音檔格式。正是這一系列國際標準與其他不斷進步的網路技術，造就點對點檔案分享（peer-to-peer file sharing，簡稱 P2P 檔案分享）與其他協作創新應用。

MPEG 標準主要用於編碼及壓縮音訊與影像資料，為 CD、DVD 與藍光光碟等創新應用奠定基礎。

參照
條目 Rio PMP300 MP3播放器（西元1999年）；音樂共享軟體Napster（西元1999年）。

唯讀光碟 CD-ROM

詹姆斯・羅素（**James Russell**，生於西元 1931 年）

　　光碟（optical disc）自 1970 年代問世後便**穩居儲存技術寶座**近三十年，一開始主要用於收錄數位音訊，到了 1980 年代則用於儲存電腦資料，自 1990 年起則成為數位影像的載體。三十年來，光碟的實體規格一直維持相同的標準：一片直徑為 120 毫米的碟狀聚碳酸酯塑膠基板，中央有一處空心孔洞與一條螺旋式溝槽。雖然光碟外表與黑膠唱片大同小異，背後卻蘊含高科技。看似光滑平整的光碟其實布滿許多凹點（dent）和凸點（pit）。當光碟機的讀取頭發出鐳射光反射凹點與凸點後，便會產生 1 或 0 的訊號，接著機器會再將訊號轉換為資料供使用者讀取。倘若光碟因污損或細微刮傷導致讀取錯誤，也可透過錯誤修正碼還原資料。1997 年，業界甚至開發出可覆寫光碟。

　　音樂光碟（compact audio disc）的誕生有賴許多重大技術結合，最早可追溯自 1960 年代。當時羅素是西北太平洋國家實驗室（Pacific Northwest National Laboratory）貝特耳紀念研究所（Battelle Memorial Institute）的研究員。身為古典樂愛好者的他一直不滿意唱片的音質，以及易受磨損的缺點，因此在 1965 年發想出一套技術系統，不僅可以將音樂轉為數位訊號，還能利用光學作為儲存介質，達到重複播放的功能。之後在飛利浦電子公司（Philips Electronics）與索尼（Sony）企業攜手合作下，音樂光碟才總算上市銷售。多虧兩家科技巨頭言歸於好，才能避免 1970 年代末至 1980 年代的錄影機格式大戰（format war）再度上演。當時，各家業者為搶食市場大餅，紛紛推出家用錄影系統（video home system，簡稱 VHS），最後導致市面上出現許多不兼容的錄影機格式，更演變為你死我活的市場競爭，其中又以飛利浦的 Video 2000 與索尼的 Beta 格式打得最為凶猛。

　　1982 年 10 月 1 日，索尼推出第一款音樂光碟播放器，售價約為 900 美元。當時每張光碟的零售價為 30 美元，唱片價格則普遍低於 10 美元。儘管光碟要價較高，但品質也較一般黑膠唱片出色，堪稱是業界一大成功。

　　1988 年，市面上出現唯讀光碟（Compact Disc-Read Only Memory，簡稱 CD-ROM）徹底顛覆光碟儲存技術在電腦界的應用。唯讀光碟的錯誤更正技術遠勝聲頻光碟，儲存容量更高達 682MB，也就是說 1 片唯讀光碟等於 450 片 3.25 英寸大小的光碟。圖書館開始購買以唯讀光碟為載體的資料庫應用程式。到了 1990 年代中期，唯讀光碟成為軟體的主要媒介，而可錄式光碟（CD-Rs）和可讀寫式光碟（CD-RWs）則成為備份和交換資訊的熱門資料儲存載體。

　　目前光碟儲存技術進入第四代，容量達 50GB。隨著高速家居寬頻日益普及，各式音樂、影像與軟體更是唾手可得。

光碟既可作為唯讀光碟讀取資料，亦可作為一般光碟播放音樂。

參照條目 錯誤修正程式碼（西元 1950 年）；DVD（西元1995年）；USB隨身碟（西元2000年）

Morris 電腦蠕蟲
Morris Worm

羅伯特‧泰潘‧莫里斯（Robert Tappan Morris，生於西元 1965 年）

1988 年 11 月 3 日星期四早晨，網路上一群已經上工的研究員與系統管理員發現，電腦運行速度沒來由地緩慢，甚至對指令毫無反應。使用者無法登入電腦，而系統重灌後僅運作幾分鐘便再度變慢然後癱瘓。技術人員很快發現問題：系統在網路上遭到攻擊。原來始作俑者是一款惡意軟體，它不只專找系統漏洞，還會自行複製到系統各處，並攻擊其他電腦。軟體程式叫作蠕蟲，名稱發想自約翰‧布魯納科幻小說《震波騎士》中的蠕蟲程式。

寫出這種蠕蟲的是年僅 23 歲的電腦奇才莫里斯。當時的莫里斯還只是康乃爾大學的研究生，他的父親正好是美國國家安全署國家數位安全中心（National Computer Security Center）的首席科學家。

雖說布魯納在 1970 年代便假想出這款網路蠕蟲，1982 年出現世界上首個電腦病毒，但沒人能想書中描述的情節竟會發生在現實世界。這款蠕蟲入侵電腦的方式有四種，一旦蠕蟲進入系統便會試圖破解密碼，並攻擊其他有漏洞的電腦；甚至還能辨別電腦是否已感染蠕蟲程式，以此避免重複感染同個系統。不過因為程式本身出現瑕疵，導致蠕蟲還是一而再再而三感染相同系統。最後出現漏洞的系統中盡是蠕蟲自行複製的副本，致使電腦運作的速度大不如前。

這起電腦攻擊事件隨後躍上各大新聞頭版，也讓許多美國人第一次聽聞網路的存在。美國政府問責署（US General Accountability Office）的研究指出，全美六萬台電腦共六千部中招；大多數網站更是花了兩天才完全移除蠕蟲的運行程式。

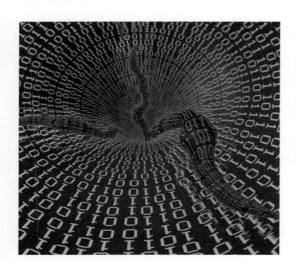

外界大多認為莫里斯是為測試而放出蠕蟲，並告訴網路系統管理者必須嚴加控管現行的安全系統。有賴蠕蟲事件的警惕，包括美國政府在內等許多機構才進而創建電腦資安事件應變小組（computer security emergency response teams，簡稱 CERTs）。由於這次事件，莫里斯被判 400 小時社區服務與繳交罰款。隨後他取得哈佛大學博士學位，成為 MIT 的教授。2006 年，莫里斯正式取得 MIT 終生教職。

電腦蠕蟲是一款惡意軟體程式，會自行複製並散播至電腦系統各處。病毒通常藏在使用者難以覺察的地方。

參照條目　《震波騎士》（西元1975年）、美國國家科學基金會網路（西元1985年）

全球資訊網 World Wide Web

提姆．柏內茲—李（**Tim Berners-Lee**，生於西元 1955 年）

全球資訊網的出現徹底顛覆網際網路，使得原為學術探討用的網路化身為你我日常使用的主流科技。儘管網路的構成要件已歷經數次演變，但該領域的劇烈變革幾乎完全歸功於柏內茲—李的構想。1980 年，柏內茲—李任職於歐洲粒子學物理實驗室（European Laboratory for Particle Physics，簡稱 CERN），當時他設想建構一個遍及全球的資訊共享空間，並結合網路瀏覽器與網路伺服器發展出全球資訊網。

全球資訊網結合附有網路連結的超文本與電子出版（electronic publishing）等概念，使用方式上更發生關鍵轉變，讓訊息發布者與讀者不需使用同一部電腦也可以接收同樣的 Web 文件。1989 年，柏內茲—李發明超文件傳輸協定（Hypertext Transport Protocol，簡稱 HTTP），使用者可藉由 HTTP 協定從網路下載個別網頁文件（也就是現今的網頁），亦可在網頁中寫入**超文件標記語言**（Hypertext Markup Language，以下簡稱 HTML）。HTML 是標準通用標記語言（Standard Generalized Markup Language，簡稱 SGML）中一個相對簡單的子集。HTML 與其他超文本系統的不同之處是直接嵌入文件內容中。2016 年，柏內茲—李因發明全球資訊網獲頒圖靈獎。

全球資訊網有別於當時變革網路的其他嘗試，鮮少有技術或法律上的問題，也因此大獲成功。有了全球資訊網後，電腦可利用網路連結伺服器，瀏覽器則可呈現伺服器回傳的網頁內容。如此一來，組織與個人都可以向全球社群發布資訊，也不需要事先徵求任何人的同意。

全球資訊網在網路上成為第二個殺手級應用，並且很快便超越了占居首位的電子郵件。到了 90 年代中葉，大眾與企業連接網路就是為了使用網頁，市場上更出現專門創立與營運網站的公司。全球資訊網在十年內大幅推動全球教育、通訊與財富，成為絕無僅有的驅動力。自此以後萬事萬物都徹底改頭換面。

全球資訊網不僅隨時提供大眾網頁資源，更革新世人交換資訊的方式。

參照條目　首個大眾市場網頁瀏覽器（西元1992年）。

《模擬城市》*SimCity*

威爾‧萊特（**Will Wright**，生於西元 **1960** 年）

　　誰能想到都市規劃如此趣味橫生呢？大名鼎鼎的城市建設遊戲《模擬城市》（*SimCity*）由電腦遊戲軟體公司 Maxis 的萊特所研發。起初，Maxis 公司在 1985 年專為康懋達 64 電腦（Commodore 64）開發出這款遊戲，不過直到 1989 年才同時在雅利達 ST（Atari ST）、Amiga 個人電腦與採用 DOS 作業系統的 IBM 個人電腦上推出。這款史上最暢銷的熱門遊戲是美商藝電（Electronic Arts）旗下的品牌。它不僅開創了新型態的互動式娛樂，更催生出若干更受歡迎的類似作品——《模擬市民》（*The Sims*）系列。此外，《模擬城市》還激發了玩家對城市規劃與設計的興趣，進而推廣「新都市主義」運動，讓使用者開始思考何謂理想周全的城市計畫，以及追求成為更為友善的城市，適合散策、騎單車與進行各項室外休閒活動。

　　在《模擬城市》中，玩家必須發揮創造力打造一個成功繁榮的城市。首先，玩家應依照區域特色決定期望開發的順序，並讓不同類型的區域居民能夠和諧相處與交流。舉例來說，玩家得思考如何在鄰近住宅開發區的地方修建一條主幹道，選擇是否使用清潔電力，或建造水塔供住家及公司使用。

　　《模擬城市》的靈感來自萊特長期對複雜適應系統及系統動態的迷戀。這款遊戲的主旨為電玩賦予新的定義，激發玩家鬥志的遊戲機制改變多數人過去對電玩既有的看法。萊特的巧思是抓住人們享

受創造萬物的心理過程，並樂見萬事萬物在自己一手打造的世界中互動。一如遊戲的中心主旨，玩家勝利的條件與現實生活中的目標並無不同，都是以完成個人目標，達成有機生活為最終目的。

　　《模擬城市》的問世也培養出新型態的玩家，他們更在乎遊戲的策略與創造過程。今時今日，《模擬城市》的成就不僅限於電玩及電腦產業，更大幅影響人們在 1989 年初萌芽的社會意識，其中也包括對各類社會群體的關懷。

照片中眉頭深鎖的人正是遊戲研發公司 Maxis 共同創辦人兼《模擬城市》開發者萊特。攝於《電腦遊戲世界》（*Computer Gaming World*）雜誌位於加州愛莫利維爾（Emeryville）的總部。

参照條目　《生命遊戲》（西元1972年）。

ISP 提供大眾網路接取服務
ISP Provides Internet Access to the Public

貝里·謝恩（**Barry Shein**，生於西元 1953 年）

　　網路接取方式在 1989 年簡直寥寥可數。已接入網路的大學自然會提供校內教職員與學生連網服務，特定研究室員工與國防承包商也可連線上網。部分美國政府機關及歐洲、亞洲的少數國家機構也已接入網際網路。假設你身處在 1989 年，想登入位在其他州的電腦，但又不想打長途電話連接數據機上網，那該怎麼辦？或者你想制定新的網際網路協定，或是開發新的網路應用程式呢？那只能說你生不逢時，什麼也做不了。

　　1989 年 11 月，謝恩成立首個商用網際網路服務提供者（Internet Service Provider，以下簡稱 ISP）公司，名為 The World。謝恩先前負責為波士頓大學（Boston University）接取網路，因工作表現優異，極獲眾人賞識。謝恩結束與大學的合作關係後，在麻州波士頓郊區的布魯克萊恩（Brookline）成立一間小型資訊諮詢公司，供消費者撥號到電子布告欄站台上網。

　　某天，UUNET 科技（UUNET Technologies）公司主管向謝恩洽詢，請求將部分支援通訊設備放置在謝恩的機械室，以提供波士頓地區的商用網路服務。謝恩同意無償出借空間，只要 UUNET 讓 The World 連線上網。謝恩告訴 UUNET 他要「流量吃到飽」，並且為他本人及公司客戶提供統一費率定價。

　　雙方達成協議後，一時間人人都想躋身專屬的網路接取行列。加入後，每月上網服務只需要 20 美元。

　　許多網路服務的保守分子對從天而降的 The World 分食大餅可不大開心。之後，謝恩接到一通來自美國國家科學基金會的電話。該機構在當時負責管理網際網路事宜。儘管國家科學基金會的使用規章禁止商用網路接取服務，但對方表示謝恩可以稱 The World 網路服務公司只是一項「試驗」，這樣便不會觸法。因此，The World 正式成為世界上首個商用撥接網路服務供應商，更是電子商務中最早的一項試驗。

圖為一堆老舊的數據機、路由器和網路連線設備，上頭標示出序列埠、電話線孔、音源孔與乙太網路連接孔。

參照條目　美國國家科學基金會網路（西元1985年）。

全球定位系統上線 GPS Is Operational

羅格・伊斯頓（**Roger Easton**，西元 1921 − 2014 年）

自 1978 年首個全球定位系統（global positioning system，以下簡稱 GPS）上線後，世人便不再暈頭轉向而不知身在何處。GPS 最初目的是為美軍飛機與船舶提供無線電定位和導航。隨著時間推移，目前 GPS 的接收器大小等同於一枚小硬幣，不僅可為政府運輸工具提供位置資訊，連民用車輛、行人與建築物等無生命的物體，也都大大受惠於 GPS。

每個 GPS 衛星都裝有原子鐘與電子元件，並利用電子光束的方式將衛星的識別碼及其精確時間傳送到兩公里以外的行星。訊號以光速方式傳播，也就是說傳到地球表面只需要 0.06 秒。每個接收器中都裝有天文年曆，以便衛星根據實際時間計算確切位置。再者，接受器也配備準確的時鐘。只要將目前時間減去衛星獲得訊號的時間，便能計算出每顆衛星之間的距離。接收器得出衛星間距與衛星實際位置後便可計算出自身的位置。全球首顆試驗衛星發射於 1978 年，但直到 1990 年才製造出足夠的衛星在軌道運行，供地面 GPS 接收器有效運作。

利用無線電波作為導航工具起源於第二次世界大戰。當時同盟國研發出極為精密的系統，以輔助炸彈擊中目標。1960 年代，美國海軍研究實驗室（Naval Research Laboratory）的科學家伊斯頓發明出衛星系統，旨在提供軍方導航與瞄準目標。1983 年，大韓航空 007 號班機因誤入蘇聯領空慘遭擊落，美國總統雷根遂決議免費開放 GPS 供國際社會使用。即便如此，GPS 衛星依舊分為兩種傳輸訊號：一種是供民間作一般用途的未加密訊號，傳輸內容較不精準；另一種則是專門供美國軍方使用的加密訊號，傳輸品質也較佳。將衛星服務分為兩類用途即稱選擇可用性（selective availability）。無線電導航竟出乎意料地迅速在大眾間普及。2000 年 5 月，美國總統比爾・柯林頓（Bill Clinton）取消選擇可用性的一般使用，推動 GPS 應用於更多消費者導航系統。

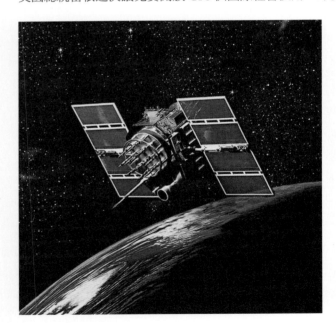

洛克威爾國際（Rockwell International）打造的 Navstar 全球定位系統是首個全面運行的 GPS 衛星。Block II 衛星是 Navstar GPS 的第二代衛星。

參照條目　無線網路誕生（西元 1971 年）。

數位貨幣 Digital Money

大衛·查姆（**David Chaum**，生於西元 1955 年）

信用卡及金融卡是目前大眾主要的支付方式，其功能不僅止於匯款，還能夠留下持卡人及收款方的永久記錄，無論是合法還是非法的消費活動，都能透過這種永久紀錄來喊停。

人們在現實世界中也可使用紙鈔及硬幣購買物品及服務。然而，現金與硬幣屬於匿名支付方式，無法像卡片一樣留下消費記錄。一旦交易行為完成，買方與賣方的身分便不再彼此連結。此外，紙鈔與硬幣難以偽造或複製，無法重複使用。

查姆身兼計算機科學家與密碼學家的身分。1980 年代，還只是研究生的他苦苦思考如何打造具備現金與硬幣特性的數位貨幣。1990 年，查姆率先發明數位貨幣 DigiCash，提出實際應用數位貨幣的概念，保護使用者在虛擬世界的隱私性及匿名性。隨後，查姆更創立 DigiCash 數位貨幣公司（DigiCash Inc.），極力推廣相關技術。

DigiCash 系統由使用者自行打造數位貨幣，每枚貨幣都為小面額且擁有獨一無二的識別序號。之後，消費者利用加密方式隱藏序號並要求銀行進行簽章，銀行亦同時扣除持有人帳戶中的金額，最後才揭開識別序號。消費者若要使用系統進行消費，必須先將貨幣交給賣方，賣方再將貨幣存入自己的帳戶。雙方也必須使用相同銀行才能交易。銀行會驗證貨幣的數位簽章，將金錢存入賣方帳戶，並記錄貨幣的識別序號，以防買賣雙方重複儲存貨幣金額。

然而，當時許多因素卻導致 DigiCash 的概念從未真正落實。DigiCash 公司屢屢作出糟糕的商業決定，且市場也尚未準備好迎接電子貨幣的到來。1998 年，DigiCash 公司申請破產，2002 年，公司資產也悉數售出。

直到數年之後，比特幣等數位貨幣以及替代性電子支付系統 PayPal 才進入消費者市場站穩腳跟，實現數位貨幣所需的網路效應。

有了 DigiCash，消費者便能創造專屬的數位貨幣。每枚都是小面額代幣，且擁有獨一無二的識別序號。

參照
條目 比特幣（西元2008年）。

良好隱私密碼法
Pretty Good Privacy(PGP)

菲爾·齊默爾曼（**Phil Zimmermann**，生於西元 1954 年）

　　良好隱私密碼法（Pretty Good Privacy，簡稱 PGP）是一款電子郵件加密程式。發明者齊默爾曼是一名電腦工程師也是一位和平運動家，他相當關注全球公民的隱私權。

　　1991 年，齊默爾曼得知美國參議院正在辯論一項反犯罪法案，要求國內販賣加密產品的公司在軟體中加入「密門」（trap doors），方便政府調查人員取得未加密訊息的副本，也就是純文字檔。對此，齊默爾曼發起抗議行動，號召有志之士一同阻止政策通過。

　　但齊默爾曼預想到，即使他們的行動屬於合法抗議，但國家肯定會申請解密逮捕令對付他們。因此，他決定寫一個程式讓人們可以收發加密電子郵件。

　　1991 年 6 月 5 日，齊默爾曼在線上推出**第一版良好隱私密碼法**，可惜程式本身有太多錯誤而無法正常運作。雖然資安漏洞接連暴露（後已修正），不過程式已可產生金鑰對（public/private key pairs）並透過網路派發公鑰，供使用者利用公鑰發送加密郵件。不過，當時大家都認為，沒有政府能破解良好隱私密碼法加密過的訊息。

　　1993 年，資料安全業者 RSA Security 向美國政府提出申訴，告發 PGP 軟體侵犯第 4,405,829 號「加密通訊系統與方法」專利。該專利屬於 MIT，且已授權給 RSA Security 公司。這家公司創立於 1982 年，創辦人即為發明 RSA 加密演算法的三位 MIT 教授。政府隨後指控齊默爾曼非法出口加密軟體，違反槍砲彈藥出口規定，以此對他展開調查。1996 年 1 月 11 日，政府宣布放棄起訴齊默爾曼，全案正式告終。四年後，美國商務部（US Department of Commerce）修改出口管制條例，未來以原始程式碼形式出口的加密軟體皆屬合法。

　　今時今日，良好隱私密碼法標準已成為電郵的主要加密系統之一。該標準是良好隱私密碼法與其兼容加密軟體 GNU Privacy Guard 採用的加密工具。

良好隱私密碼法為日常電子郵件提供的加密保護如鎖頭般牢固。

參照條目 RSA加密演算法（西元1977年）；GNU宣言（西元1985年）。

〈電腦使用風險〉 *Computer at Risk*

大衛‧克拉克（**David D. Clark**，生於西元 1944 年）

在美國國防高等研究計劃署要求下，國家科學研究委員會（National Research Council）以及物理科學、數學及應用領域專門委員會（Commission on Physical Sciences, Mathematics, and Applications）等組織共同撰寫一份驚人的報告：〈電腦使用風險：資訊時代的安全電腦計算應用〉（*Computers at Risk: Safe Computing in the Information Age*），全文長達 320 頁。

報告指出，「打造安全無虞的電腦及通訊系統屬於技術問題，」不過「這也涉及管理學與社會問題。」簡單來說，問題並不是多數電腦系統不安全，而是整體的**電腦環境不安全**。

專家在報告中表示，正因為社會日趨依賴連網電腦系統，這個問題的嚴重性也日漸凸顯，「隨著電腦系統變得普及與複雜，又與我們的日常生活息息相關，因此劣質的系統設計、導致系統癱瘓的漏洞和惡意軟體攻擊事件更容易置使用者於危險之中。」

委員會主席克拉克是報告的主筆。這份報告分為九個章節，探討議題涵蓋實現資安所需的技術、評估電腦與網路安全的標準，以及資安市場失靈的原因等。報告亦提出多項因應對策，包括建立資訊安全基金會（Information Security Foundation）、緊急應變團隊，並訂定風險分級，界定何謂高級威脅。此外，報告也提及由於美國國防部的電腦系統評估框架並未提供完整的資安概念，以致無法供產業及私人部門參考使用。

最重要的是，要確保電腦系統安全就需要全面思考當前問題，研擬出一套周詳的計畫。整體而言，報告旨在向大眾提供說明，將電腦資安這一策略性問題納入現下的電腦使用環境來探討。〈電腦使用風險〉向世人推廣各項措施，以利加強電腦可靠性並減少系統漏洞。再者，有鑑於美國國內電腦與資訊網路變得日益密集與寶貴，報告也提醒人們應當對電腦使用環境保持警覺。

這份報告在 Morris 電腦蠕蟲事件後兩年出爐，更預測了其後 25 年世界將面臨的資安系統挑戰。

長達 320 頁的〈電腦使用風險〉針對電腦及通訊系統安全對世人發出嚴峻警告。

參照條目 《戰爭遊戲》（西元1983年）；Morris電腦蠕蟲（西元1988年）。

Linux 作業系統 Linux Kernel

林納斯・托瓦茲（**Linus Torvalds**，生於西元 **1969** 年）

1991 年 8 月 25 日，芬蘭赫爾辛基大學的一名學生向 Usenet 新聞群組的 comp.os.minix 論壇發送一則訊息，自稱為英特爾 80386 微處理器打造了一套免費的作業系統。此外，訊息還提到這個系統的核心已經可以運行 GNU 作業系統即將推出的兩套重要程式：一是「bash」殼程式（由使用者輸入指令），二是 C Compiler 編譯器（由程式將程式設計師的編碼轉換為機器語言）。

英特爾 80386 是首個進入大眾市場的 32 位元處理器，也就是首個可以運行進階軟體的微處理器，而不像過去的微處理器受記憶體容量所限。然而，80386 處理器只可使用專門的作業系統。微軟的 Windows 作業系統有限，雖說 80386 可使用各種版本的 UNIX，但價格不菲，而且也不開放原始碼。

1991 年，駭客和電腦迷們引頸期盼自由軟體基金會淘汰斯托曼承諾已久的 GNU 作業系統。1985 年，自由軟體基金會推出 GNU 宣言，同時，組織內部的少數程式設計師和上千名志工正在複製一套駭客友善的 UNIX 作業系統。唉可惜啊，他們在打造作業系統關鍵的部件——**核心**（kernel）時卻遇到困難。核心即為主控制程式（master control program），負責呈現硬體的介面，調配執行系統中其他運行程式。這套系統的核心名為 Hurd，雖說其設計初衷野心勃勃，但真正成就這套系統的是因為斯托曼的作業系統不再獲得青睞。

由於 Hurd 的開發延宕，導致許多人對於托瓦茲口中的 Linux 作業系統更有興趣。雖說 Linux 的核心能夠運作，但因為托瓦茲是用 MINIX 作業系統編程，所以還是需要 MINIX 支援。不過，到了 1992 年 Linux 便不再依賴 MINIX，在英特爾硬體上運作完全沒問題。自此以後，外界對於 Linux 的興趣日益增加。現在，Linux 已經成為世界上最普及的作業系統，這也得感謝 Google 在安卓系統中使用這套作業系統。

順帶一提，Hurd 至今還在研發階段。

托瓦茲在加州聖荷西（San Jose）的 Linux 世界論壇（Linux World Conference）的展示大廳展示名為「Linux」的牌照。攝於 1999 年 3 月 2 日。

參照條目 UNIX作業系統（西元1969年）；GNU宣言（西元1985年）。

波士頓動力公司
Boston Dynamics Founded

馬克・雷伯特（**Marc Raibert**，生於西元 **1949** 年）

　　波士頓動力公司（Boston Dynamics）是機器人產業的先驅，曾推出多項令人驚嘆的機械產品，如 Atlas 機器人與 BigDog 機械狗。Atlas 是一款自動化雙足人形機器人，身高為 1.8 公尺，會跑會走還會後空翻。BigDog 機械狗外觀設計為四足動物，功能類似運貨的騾子。即使負重 154 公斤也能在不利於輪式車輛的顛簸路面上行走，時速達 6 公里。

　　波士頓動力的創辦人是雷伯特，他還身兼卡內基美隆大學與 MIT 的教授。波士頓動力一開始僅是 MIT 的分拆公司。美國軍方是早期波士頓動力主要的資金來源。由於部分任務對人類而言相當危險，或任務環境只能藉助雙腳行進，因而需要超人般的能力，所以政府急切尋找替代的解決方案。加上波士頓動力擁有數十年的機器人研究優勢，且學術及產業研究能力俱佳。

　　波士頓動力著名的機器人專案包括 Cheetah、Handle、PETMAN 與 SandFlea。Cheetah 是款四足機器人，曾以 29 公里的時速打破 2012 年機器人在陸地奔跑的紀錄。Handle 身高兩公尺，輪式雙足可向上跳躍一公尺，還可撿拾搬運 45 公斤重的物品。它巧妙結合了雙足與四足生物的優點，既能維持平衡又能靈巧活動。PETMAN 是 Atlas 機器人的前身，旨在測試化學武器對安全防護衣的損害。SandFlea 是一款重 5 公斤、高 14 公分的四輪裝置，能向上跳躍 9 公尺落在窗台上，接著再跳回原位。也就是說這款裝置即使從高處落下也能毫髮無傷。

　　2013 年，現為 Alphabet 子公司的 Google X 買下波士頓動力，收購價格不明。2017 年，Alphabet 將其賣給日本大型科技公司軟銀（SoftBank）。這間公司曾在 2015 年推出 Pepper 機器人，可解讀並回應人類的情緒。波士頓動力尚未將其機器人產品投入市場。

圖為 Atlas 雙足人形機器人的正面照。這款身高兩公尺的機器人係由波士頓動力與美國國防高等研究計劃署共同打造。

參照條目　艾希莫夫的機器人三大法則（西元1942年）；首個量產機器人 Unimate（西元1961年）。

影像壓縮標準 JPEG
JPEG

　　數位照片容量過大的問題已困擾人們數十年。賈伯斯曾在早年 Mac 電腦的單色螢幕上展示像素照片，僅需 21,888 位元組的記憶體便可呈現。同樣的全彩照片則需占用 525,312 位元組的記憶體，而早期 Mac 的隨機存取記憶體也才 131,072 位元組。一張照片大概得占用五個 Mac 記憶體。

　　法國的 Minitel 網路也遇到同樣的問題。因為儲存逼真的數位影像不僅需要大量的記憶體，要傳輸到網路上更是曠日費時。為此，Minitel 在 1982 年召集多位專家，組成聯合影像專家小組（Joint Photographic Experts Group，以下簡稱 JPEG），專門研究影像壓縮的問題，並研擬出一套方法，讓照片看起來比原始圖像小得多。

　　產學專家著手開發**失真壓縮演算法**（lossy compression algorithm）。這代表壓縮影像解壓縮後與原先的影像不會百分百相同，也就是說有些數據受到損毀。不過解壓縮後的品質對肉眼來說已足夠清晰。JPEG 開發的演算法會造成原圖色彩失真，但能大幅縮小原圖的儲存容量。JPEG 演算法可調整影像失真程度：使用者可以指定壓縮程度，壓縮等級越低，解壓縮後的檔案較大但較細緻；壓縮等級越高則檔案越小，但解壓縮後會產生大幅失真。

　　儘管 1980 年代出現許多失真壓縮演算法，但 JPEG 能大獲成功的原因是它採開放使用，各個公司都可以開發使用 JPEG 標準的軟體而無須支付版稅。由於這項優勢，JPEG 標準自然成為數位相機與全球資訊網的不二之選。這也是為什麼今時今日網路上遍布 JPEG 格式的檔案。

如今網路上隨處可見淘氣貓咪的圖片。它們多是飼主利用 JPEG 失真壓縮演算法處理後的照片。

參照條目　法國網路先驅Minitel（西元1978年）；影音壓縮標準MPEG（西元1988年）。

首個大眾市場網頁瀏覽器
First Mass-Market Web Browser

馬克・安德森（**Marc Andreessen**，生於西元 1971 年）
埃里克・比納（**Eric Bina**，生於西元 1964 年）

　　大眾普遍認為全球資訊網是一項資訊分享技術，能讓科學家輕鬆交換知識並互相合作。網頁瀏覽器也是這項技術的一環。終端使用者要訪問、存取和檢視資訊皆須透過瀏覽器軟體。最初，瀏覽器僅能在 UNIX 工作站中使用，頂多只能顯示文本，而且非技術人員難以接觸。之後，安德森與比納在伊利諾大學厄巴納－香檳分校的國家超級電腦應用中心研發出 Mosaic 瀏覽器，大幅改變網頁瀏覽器的受眾，點燃一股上網熱，將「網頁」推向一般大眾。

　　Mosaic 確確實實將網頁推向「全球」。國家超級電腦應用中心與 Mosaic 也獲得美國高速公路資訊法案（High Performance Computing Act of 1991）的資助。這項法案又因取得參議員戈爾的贊助而稱為**戈爾法案**（Gore Bill）。

　　當時市面上的瀏覽器，如 Midas、Viola 和 Lynx 均難以安裝，倘若沒有技術專家也難以應用。此外網頁中大多是文字，而圖片多以連結方式呈現，需另行點擊開啟視窗才能瀏覽。Mosaic 則相對簡單，無需專門的技能，且使用介面符合人類直覺，也讓使用者可輕易上手。網頁中的藍色下底線可連結至不同頁面。Mosaic 也是首款支援圖片與文字相鄰排列的瀏覽器。外界普遍視這種內建圖文的附加功能為網頁應用迅速興起的關鍵因素。頓時間，網頁頁面不僅外觀吸引力十足，更是極具創意的交流媒介。這一切能夠實現均有賴安德森所創的新 HTML 標籤──IMG 檔案歸檔格式。

　　起初，各種版本的 Mosaic 僅支援 UNIX 作業系統，之後 Amiga、蘋果 Mac 電腦、微軟 Windows 都能使用 Mosaic。1994 年，安德森與其他 Mosaic 團隊成員離開伊利諾伊，成立後來眾所周知的網景，並研發出網景領航員瀏覽器。網景領航員承襲先前的優點，突破產業既有框架，穩居全球最熱門瀏覽器的寶座。直到微軟的 Internet Explorer 網頁瀏覽器問市後才退居次位。隨著商用瀏覽器在市場上紛紛嶄露頭角，1997 年，國家超級電腦應用中心停止研發和支援 Mosaic。

圖為 Mosaic 網頁瀏覽器。畫面的藍色下底線處可連結至不同頁面。

參照
條目 全球資訊網（西元1989年）；網頁搜尋引擎AltaVista（西元1995年）；Google（西元1998年）。

萬國碼 Unicode

馬克・戴維斯（**Mark Davis**，生於西元 **1952** 年）
喬・貝克爾（**Joe Becker**，生卒年不詳）
李・柯林斯（**Lee Collins**，生卒年不詳）

1985 年，戴維斯與一群蘋果工程師試圖打造首台「漢字麥金塔」（Kanji Macintosh），讓電腦能夠呈現漢字字元，藉此打出現代日文。然而，他們很快發現這項任務的難處並非將英文選單翻譯為日文，而是如何在**電腦記憶體**中呈現日文字元。

隨後，團隊為了在記憶體中呈現成千上萬的日文、中文與韓文字元，採用了各種不同的方法：有的字元以單一位元組的形式儲存，有的則是兩個位元組的形式，並且還有專門的程式碼來轉換記憶體儲存字元的方式。

原來不止戴維斯的團隊遇到這個問題，全錄公司也有一群工程師正為此傷透腦筋。他們著手打造一套資料庫，辨別出日文與中文相同的字元，讓電腦能輕鬆創造出新的字型。這項浩大的工程稱為**中日韓統一表意文字**（Han unification）計畫。

1987 年，戴維斯與全錄公司的貝克爾及柯林斯見面。雙方都認為業界需要研擬出一套單一程式碼，用以代表世界各地的字元。貝克爾將這項計畫稱為**萬國碼**（Unicode），旨在創造一套「獨特、普及且統一的字元編碼」。

正式名稱出爐後，團隊著手研究一套技術原則，以美國資訊交換標準碼系統作為萬國碼的標準，只不過並非是 16 位元，而是 7 位元。可惜的是，這代表純文字檔的大小會增加一倍。不過，純文字檔能呈現歐洲國家普遍使用的拉丁語字元，表現出重音符號。

1988 年 8 月，達拉斯（Dallas）舉辦一場國際 UNIX 作業系統使用者小組會議。貝克爾在會中發表萬國碼的初始設計，文章名為〈Unicode 88〉。

萬國碼的想法由此萌芽。1990 年，非營利性組織 Unicode 聯盟（Unicode Consortium）成立，旨在研發、延續與推廣軟體國際化標準，其中尤以萬國碼標準為要。萬國碼現今已成為**字元代碼的全球標準**，且涵蓋的語言字元範圍持續擴充，連腓尼基語等死語言及克林貢語等科幻小說中虛構的語言也位列其中。不只如此，上萬個符號也在萬國碼中有相應的編碼。最近，萬國碼工程師更積極擴張代碼範圍，要將表情符號也納入其中。

時下新穎熱門的表情符號在萬國碼中也有對應字元。

 參照條目 博多編碼（西元1874年）；美國資訊交換標準碼（西元1963年）；Mac電腦（西元1984年）。

西元 1993 年

數位個人助理——蘋果牛頓

Apple Newton

邁克爾·曹（**Michael Tchao**，生卒年不詳）
約翰·史考利（**John Sculley**，生於西元 1939 年）

　　1993 年的電子記事本（electronic organizers）可記錄聯絡人姓名、地址與電話號碼，但容量與功能皆相當有限。相較之下，數位個人助理蘋果牛頓（Apple Newton）則是極具野心，將個人電腦的概念完整重現於可攜式手持裝置。使用者既可檢視與儲存資訊，也可隨時記錄創意與構想。牛頓並沒有以檔案形式儲存資料，而是採用以物件為導向的「soup」儲存機制，允許不同的應用程式無縫讀取彼此的資料，兼具智慧與條理。在產品展示中，展示者利用蘋果郵件應用程式（Apple Mail）接收電郵，且訊息中的日期與時程可由裝置辨識，以訂定收件者與寄件者的共同行程。

　　牛頓最廣為人知的特點是配備手寫筆作為輸入來源，且裝置能夠辨別手寫的英文印刷體與草寫體。由於手寫辨識需要密集的電腦運算，蘋果還投資一家英國公司生產的新型低功率微處理器，也就是 Acorn 精簡指令集機器（Acorn RISC Machine，以下簡稱 ARM），並將其用於蘋果牛頓中。

　　自 1987 年起，蘋果的工程師便致力於研發各種款式的可攜式電腦。這項研發專案更引起蘋果執行長史考利的注意。史考利在 1987 年的 EDUCOM 電腦運算教育研討會曾播放概念影片《知識領航員》（*Knowledge Navigator*）。1991 年，蘋果的曹經理在出差途中向史考利提議打造一台實體數位助理。

　　現在，人們普遍認為牛頓是蘋果的失敗品之一。卡通畫家加里·特魯迪（Garry Trudeau）更在其暢銷的連環漫畫《Doonesbury》中毫不留情地嘲笑牛頓的手寫功能。即使牛頓的第二版作業系統已解決了這項眾所周知的問題，卻始終沒能擺脫手寫問題極差的臭名。

　　牛頓的另一個問題是體積。這個裝置既放不進口袋隨身攜帶，又無法取代桌機進行龐大的運算工作。從各個面向來說，牛頓就是過於自成一格。蘋果牛頓在頭三個月內賣了五萬台，但整體銷售成績卻不如預期。1997 年，賈伯斯回歸蘋果後遂終止牛頓生產線。

蘋果 MessagePad 100 個人數位助理在瑞士洛桑的博洛博物館中展出。該產品專為牛頓裝置而設計。

參照條目 觸控螢幕（西元1965年）；掌上型電腦PalmPilot（西元1997年）。

首則橫幅廣告 First Banner Ad

安德魯・安克（**Andrew Anker**，生卒年不詳）
奧托・蒂孟斯（**Otto Timmons**，生於西元 **1959** 年）
克雷格・卡納里克（**Craig Kanarick**，生於西元 **1967** 年）

　　《連線》（*Wired*）是一份美國的月刊雜誌，於 1993 年 3 月開始發行。內容著重報導科技對文化、經濟和政治的影響。1994 年 10 月 27 日，雜誌當時的線上網站 HotWired 首頁上方巧妙置入一則小型橫幅廣告。廣告上有一個彩虹色字母的黑色小矩形，上頭寫著「你點過這裡嗎？」旁邊則是一個箭頭指向一塊白色字母區域，顯示「**你會點**」。的確，幾乎一半人都照著指示點擊了。大眾眼中惱人的網路廣告正是源自於此。

　　這則廣告是由美國電信公司 AT&T 所贊助，向讀者介紹未來的趨勢，以及大眾能扮演的角色。

　　隨著全球資訊網的知名度大增，位居科技界主導地位的《連線》雜誌自然必須在網路上增加曝光。而雜誌社遇到的首個難題是資金。《連線》的資金來源是報攤銷售、廣告與訂閱費用。儘管《連線》成功透過網路吸引到新客群，卻無法將人氣轉化成銷量。

　　出版商深信只要能確立雜誌的商業模式，就一定能籌措到更多資金。當時《連線》的首席技術長安克遂拿定主意靠打廣告提高收益。那麼結果如何呢？早期的數位行銷只靠占據網路頁面還遠遠不夠，因此收益不彰。

　　卡納里克和蒂孟斯是「**你會點**」橫幅廣告的設計者。兩位設計師隨後成立 Razorfish 廣告公司。當時點擊橫幅的人都被轉往一個普通的網站，其中包含三個網頁連結：第一個連結是一幅地圖，上面是全球線上藝術畫廊的連結；第二個則是一堆 AT&T 的網站；第三個則是有關廣告的問卷調查。在首則橫幅廣告案例中，廣告商實際達成行銷目的的作法是將廣告置於 HotWired 網站的藝術區塊，以吸引目標受眾點擊。此後數十年，隨著使用者原創內容（user-generated content）曝光，加上預測分析（predictive analytics）的發展，廣告再也不會像首則橫幅廣告般開門見山，或如此積極正面地探討未來趨勢。

橫幅廣告通常出現在網頁的側邊或上方。使用者點擊後會直接連接到廣告商的網站或指定的銷售頁面。

參照條目 首個大眾市場網頁瀏覽器（西元1992年）；電子商務（西元1995年）。

The Computer Book

西元 1994 年

129 位 RSA 加密訊息重見天日
RSA—129 Cracked

羅納德‧李維斯特（**Ronald L. Rivest**，生於西元 1947 年）
馬丁‧加德納（**Martin Gardner**，西元 1914 － 2010 年）
德瑞克‧阿特金斯（**Derek Atkins**，生於西元 1971 年）

在 1977 年 8 月號的《科學人雜誌》上，加德納首次將 RSA 公開金鑰加密系統的數學原理發表在「數學遊戲」（Mathematical Games）專欄中。除了 RSA 演算法之外，加德納還向讀者發起一項加密訊息挑戰，並祭出一百美元的解密賞金。讀者要破解這條訊息只能對一組 129 位的數字進行質因數分解，並分別找出一個 64 位與 65 位的質數。RSA 演算法其中一位發明者李維斯特告訴加德納，要破解這條訊息得花上 40 千兆年進行因數分解才行。李維斯特大概是以 1977 年的因數分解技術估計破解所需的時間。

RSA 加密訊息不像其他加密演算法，只要將較長的質數相乘便能輕鬆生成難以破解的加密訊息。加德納公布的數字是 129 位的十進位數字，換成二進位的位元長達 426 位。顯然 1990 年代初，RSA 還不夠強大，不足以用於商用通訊。因此專家提出使用 512 位元和 1,024 位元的金鑰來保護高安全性的應用。

1992 年，年僅 21 歲的 MIT 資訊工程系學生阿特金斯決定破解這串 129 位數字。阿特金斯明白只要他能號召網路中上千名有志之士，一同針對這組數字進行質因數分解，那遲早能破解這條訊息。於是他召集了一群人共同修改現有的質因數分解軟體，試圖破解 RSA—129 挑戰。1993 年 8 月 19 日，阿特金斯領導的小組在 Usenet 群組中公開求助。

接下來數月內，超過 600 名志同道合的人付出時間與心力一同破解 RSA—129 挑戰。8 個月後，小組總算成功分解這串 129 位數，揭露 1977 年隱藏至今的訊息：「答案是挑食的禿鷹」（THE MAGIC WORDS ARE SQUEAMISH OSSIFRAGE）。

最終證實破解 RSA—129 挑戰無須花上 40 千兆年，不過確實需要運算約 100 千兆次。而一百美元的賞金也捐給非營利機構自由軟體基金會。該基金會開發了開放原始碼的 GNU 作業系統。

MIT 教授李維斯特於 1977 年發出 RSA － 129 挑戰後，從未料到能在有生之年看見加密訊息重見天日。

參照條目　公開金鑰加密法（西元1976年）；RSA加密演算法（西元1977年）；量子電腦進行質因數分解（西元2001年）。

DVD

華倫・李伯法布（**Warren Lieberfarb**，生於西元 1943 年）

　　多樣化數位光碟（digital video disc，以下簡稱 DVD）旨在解決將長片電影裝進硬體光碟的技術難題。一旦克服技術問題便可將光碟放進光碟機供電腦讀取。電影產業嘗試進一步改善商業模式，轉變過去大眾租借 VHS 或 Beta 等類比磁帶（analog tape）的習慣，鼓勵消費者購買數位格式的電影。電影業者販賣數位產品不僅利潤較高，也能提供消費者較高品質的觀賞體驗。

　　電影產業欲仿效的對象是音樂產業。早在數年前，音樂界便成功將卡式錄音帶與黑膠唱片轉換為光碟（以下簡稱 CD）。CD 的儲存容量達 700MB，經專門設計後足以收錄貝多芬第九號交響曲（*Ninth Symphony*）。該曲目是寶麗金唱片公司（PolyGram）曲庫中時間最長的樂曲。然而，1980 年代的技術還不足以儲存演奏影片所需的容量，且 1980 年代早期的電子元件速度不夠，無法播放數位影片。DVD 的問世則徹底顛覆這一切。

　　DVD 跟 CD 一樣，光碟平滑的外表蝕刻了許多凹點與凸點。以二進位格式編碼的影片就儲存在點與點間的平滑空間。雷射光掃描或「讀取」光碟表面後，即可根據凸點或凹點輸出 1 或 0 位元。開發人員意識到倘若使用光學讀取頭的雷射波長小於 CD，便可將電影資料寫進細小的孔洞，集中電影資料，從而促成 DVD 技術突破。編碼材料越密集則越多資料可被寫入光碟。DVD 的問世集過去三十年技術發展之大成，並非由特定人士發明。不過李伯法布是公認開啟 DVD 應用的推手，他當時是華納兄弟娛樂公司（Warner Bros. Entertainment）華納家庭錄影公司（Warner Home Video）的董事長。

DVD 光碟機中藍紫色雷射光束的波長較小，與唯讀光碟機的紅外線雷射相比，DVD 能讀取到更多資訊。

參照條目　影音壓縮標準MPEG（西元1988年）；唯讀光碟（西元1988年）。

電子商務 E-Commerce

消費者行為變幻莫測，無論廠商提供的服務或產品為何，永遠是難以討好所有人。電子商務自上線以來，便在實務面、技術面及社會面遇到諸多挑戰；1995 年以前，電子商務產業的規模一直不足以刺激買氣。直到 1995 年，社會上發生若干重要事件，促使電子商務成為消費者的心頭好，進而真正開啟電子商務的時代。

網路資安是加速電子商務發展的首個關鍵催化劑。1994 年，網景推出「安全套接層」（Secure Sockets Layer，以下簡稱 SSL），為大眾提供保密通訊協定。如此一來，消費者通過網路傳送信用卡號便毋須擔心資訊遭竊。1995 年 4 月，網路基礎服務公司威瑞信（Verisign）為開拓生意版圖，開始販賣數位憑證（digital certificates），驗證線上交易者的身分與可信度（credibility）。1991 年 3 月，美國國家科學基金會修訂使用規章並開放商務流量。目前，該基金會逐步轉型，開始管理網路基礎設施營運商。1995 年，由於商用流量請求節節攀升，美國國家科學基金會遂與網路解決方案公司（Network Solutions, Inc.）簽訂五年協議，授權該公司收取域名註冊費用。有賴種種事件的正面影響，加上網站日趨專業的設計、精美的圖像和實用的功能，處處擄獲消費者的心，更大大奠定電子商務在全球的地位。

1995 年，皮埃爾・歐米迪亞（Pierre Omidyar）創立了 AuctionWeb，也就是現今的線上拍賣與購物網站 eBay，並建立線上拍賣機制供大眾販賣自身物品。歐米迪亞當時以 14.83 美元出售首個拍賣物——一支壞掉的雷射筆。連這種東西也能成功售出給某個收藏家，頓時讓歐米迪亞體悟到自己已穩抓市場商機。同年，亞馬遜與 DoubleClick 公司（早期為網路廣告商，現為 Google 所有）均陸續推出線上拍賣網站。但究竟第一筆安全的線上交易發生在何時呢？各界對此仍爭論不休，順帶一提，必勝客（Pizza Hut）也榜上有名。這家披薩店自 1994 年 8 月便開始提供線上購買服務。

現在人們多以筆電或手機購物。

參照條目 美國國家科學基金會網路（西元1985年）；首個大眾市場網頁瀏覽器（西元1992年）。

網頁搜尋引擎 AltaVista
AltaVista Search Engine

網路搜尋引擎除能搜尋各類資料外，還能搜尋如檔案傳送協定（File Transfer Protocol，以下簡稱 FTP）等儲存庫服務。而搜尋引擎早在全球資訊網問世前便已存在，但直到全球資訊網誕生後數年，才有足供的線上內容供搜尋引擎「善盡其責」。

網頁數量在國家超級電腦應用中心開發 Mosaic 網頁瀏覽器後暴增，加上網頁虛擬社群疾速擴張，改良自動索引（automated indexing）功能的需求也節節攀升。早期如 W3 Catalog 的搜尋引擎能力有限，搜尋結果也與使用者預期不相符。1995 年，迪吉多公司將網頁搜尋引擎 AltaVista 作為行銷工具，用以證明迪吉多 AlphaServer 8400 TurboLaser 超級電腦的速度與運算準確性。

AltaVista 之所以能贏得市場盛讚實有賴其內建的多項創新功能。AltaVista 可使用自然語言查詢，便於使用者查找資料，並利用網頁爬蟲（web crawler）「Scooter」蒐集的資料建立索引，而非強迫網站提供關鍵字與詞彙的群集資料（aggregated data）。此外，AltaVista 支援網頁全文索引，並擴大布林運算子（Boolean operators），在搜尋中納入「近似詞」與括號應用，而且支援的搜尋語言除英文外還有馬來文與西班牙文。不只如此，使用者還可利用 AltaVista 搜尋影片、圖像與音訊。

AltaVista 的技術較其他搜尋引擎更快也更精準，因此飛速成為市場普及的搜尋引擎。網站的使用者數更為大增，從 1996 年每日 30 萬人次，急速成長至 1997 年的每日 8 千萬人次。AltaVista 原先只是迪吉多用來證明超級電腦能力的附加產品，隨後卻搖身一變成為不容小覷的產品，而且還一口氣採用 20 個微處理器，資訊搜索效率領先群龍。

然而，公司的商業決策導致使用者介面設計出現瑕疵，加上 Google 為杜絕日益猖獗的網站垃圾郵件，開發出 PageRank 演算法，致使 AltaVista 的相關性在短短幾年內便大幅降低，使用者也逐漸流失。自從康柏電腦（Compaq）於 1998 年收購迪吉多後，AltaVista 又經歷多次收購，所有權也頻繁更迭。2003 年，Overture 公司以 1.4 億美元買下 AltaVista 並出售給 Yahoo!。Yahoo! 則在同年正式關閉 AltaVista。

AltaVista 可使用自然語言查找資料，還能夠搜尋影片、圖像與音訊檔案。

參照條目　全球資訊網（西元1989年）；首個大眾市場網頁瀏覽器（西元1992年）；Google（西元1998年）。

顧能技術成熟度曲線
Gartner Hype Cycle

　　顧能集團（Gartner）的技術成熟度曲線（Hype Cycle）利用圖像呈現技術的知名度與價值在成熟前所經歷的五個階段：**創新觸發**（technology trigger）、**過度期待的高峰**（peak of inflated expectations）、**期待幻滅的谷底**（trough of disillusionment）、**啟蒙的斜坡**（slope of enlightenment）以及**生產力的高原**（plateau of productivity）。首先，技術在創新觸發階段進入大眾市場吸引客群。隨後該技術的潛力深受消費者喜愛，在市場中也十分活躍，代表已進入過度期待高峰。群眾對技術的期待幻滅後進入谷底。接著在啟蒙的斜坡中，經過刻意炒作遭到群眾嫌棄後，該技術逐漸受到廣泛應用，反倒實現了一開始受眾的期待。第五個階段為生產力高原，代表技術開始成為主流應用，相關的創新應用接連誕生。不僅媒體評價愈趨正面，技術在現實生活中的定位也相當明確。產品名稱從專指某間公司轉變為使用這類產品，如 Xerox 及 Google 在英文中亦可轉作動詞，分別代表複印文件及搜尋網路資訊。

　　顧能集團創立於 1979 年，是一間享譽盛名的 IT 諮詢公司。1995 年，顧能發明技術成熟度曲線，直至今日依然歷久不衰。其生命力來自對當前技術利益的精準預測，研發活動也深受媒體影響。而每項技術都逃不了興起、衰弱、緩慢復甦後再度勃發的發展進程。這套模型更成為科技業決策者熱門的參考資料，普羅大眾若是想要了解技術前景如何隨創新循環發展，也會將其奉為圭臬。如今這套模型可結合量性與質性資料，為投資決策、IT 策略計畫與提供參考，讓產業專家了解新興技術的敏銳度。

　　不過，當然不是所有技術都跟著這條曲線走。某些受到媒體炒作的技術依舊未能獲得大眾青睞，至於像 DVD 和個人電腦等其他技術和產品則從未進入期待幻滅後的谷底階段。不過大部分技術還是與曲線圖一致。從申請專利、發布媒體稿、線上搜尋次數、投資活動、部落格貼文數量與其他指標還是可以嗅出企業對曲線圖的依賴。

　　即便如此，還是有人對顧能技術成熟度曲線提出批評。許多評論者都認為模型的基本研究方法仍有待商榷。然而，業界已證明這套模型便於使用，已經成為相當流行的工具。它能用簡單明瞭的圖像呈現出龐雜密集的科技地景，新手和老鳥都能輕易上手。

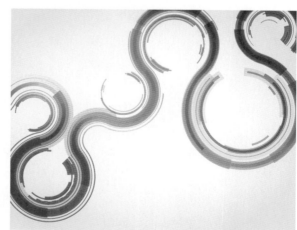

儘管人們總是試圖預期技術在特定時間點的價值，但創新熱門的產品並不會總是按常理出牌。

參照條目 電子商務（西元1995年）。

通用序列匯流排
Universal Serial Bus (USB)

　　1990 年代中葉，大多數電腦的背面看起來都像老鼠窩，滿滿的電纜和連接器縱橫交錯：仔細看這老鼠窩裡有連接電話數據機的序列埠、連接主機和滑鼠的 PS／2 連接器、25pin 的印表機平行電纜線，當然還少不了電源線和影音線。

　　通用序列匯流排（Universal Serial Bus，以下簡稱 USB）旨在終結如此雜亂無章的連接設備，為傳輸資料與供應電源的傳輸線提供統一標準。USB 的幕後推手為七間公司：康柏電腦、迪吉多、IBM、英特爾、微軟、日本電氣公司與北電網路公司（Nortel）。1996 年 1 月，各大企業組成的專家小組公布傳輸線標準。發明者推估電腦產業將採逐步汰換的方式，前後數代的電腦都能同時提供傳統埠與 USB 埠。

　　1998 年 8 月，蘋果 iMac 連同 USB 埠首次在消費者面前亮相。只不過 iMac 僅提供 USB 埠，一個傳統埠也沒有。Mac 電腦自 1986 年起便使用專門的蘋果牌個人電腦匯流排（Apple Desktop Bus，簡稱 ADB）。不過蘋果這次卻率先打頭陣，全面採用新的 USB 埠，使得消費者不得不購買鍵盤、滑鼠與其他特殊裝置。然而，PC 端的傳統設備和傳輸線直到十年後才全面退場。

　　至 2010 年，USB 埠不只取代了老舊的資料連接器，就連電源也不例外。當時除了 iPhone 外，幾乎所有手機與許多其他低功率裝置都使用 USB 迷你微型連接器充電。此外，俗稱拇指碟的隨身碟（USB）也同樣是無所不在，不僅能永久儲存千百萬位元組（全稱為 gigabytes，簡稱 GB）的資料，還能隨身攜帶。

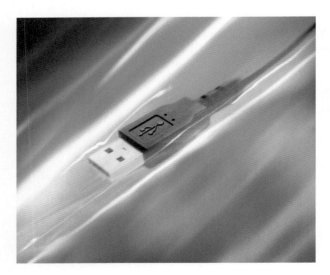

　　不過，USB 埠的傳輸線為非對稱式：A 端要插入電腦系統，B 端則是插入裝置的「下行端」（downstream），如印表機或電話。至於插頭本身則只能正插。USB － C 傳輸線則解決不對稱的問題，連接器正反皆可插入裝置，最高能承載 100 瓦的功率。2015 年，蘋果在 MacBook 中採用 USB － C 連接埠，隨後陸續在筆電產品中配備兩個或四個 USB － C 連接埠。

通用序列匯流排的誕生推動業界制定電纜傳輸資料與所用電力的統一標準。

參照條目　RS－332標準（西元1960年）。

西洋棋世界冠軍——電腦
Computer Is World Chess Champion

加里・卡斯帕洛夫（**Garry Kasparov**，生於西元 **1963** 年）

　　自從圖靈在 1950 年寫了第一個電腦西洋棋程式後，電腦科學家與普羅大眾便視西洋棋為機器智慧的試金石。世人認為，機器只要能在西洋棋比賽中擊敗人類，就必然擁有超凡的智慧。當電腦在一般西洋棋局中取得勝利後，人類又提出更上一層樓的挑戰：電腦是否可以打敗每一個人，甚至西洋棋大師？

　　就在 50 年後，1996 年，IBM 深藍電腦（Deep Blue）在世人面前戰勝西洋棋世界冠軍卡斯帕洛夫。

　　卡斯帕洛夫與深藍對弈過兩次，第一次是 1996 年 2 月，地點在費城。當時卡斯帕洛夫輸了兩局，但還是以四比二贏得了比賽。1997 年 5 月，雙方再度進行對弈。最終深藍以 3.5 比 2.5 擊敗卡斯帕洛夫（其中一局打成平手）。但當比賽進行到第二場第二回合時，竟出現意想不到的反轉。深藍神來一筆的棋路竟讓卡斯帕洛夫不知所措而放棄他一貫的策略。最後，卡斯帕洛夫已到了無路可走的窘境，他意識到深藍正是高等智慧的化身。深藍的棋路違反人類直覺，使得卡斯帕洛夫抓不著頭緒，凸顯出人類進行策略遊戲時單憑直覺的優缺點。

　　其實，深藍之所以勝出靠的是土法煉鋼的蠻力。深藍電腦的下棋程式是由 C 語言撰寫的大規模平行程式，在 UNIX 叢集上運作，每秒可運算出兩億個可能的棋路。而該程式的「評估功能」會根據人工程式設計中的四個變數找出最佳的棋路。這四個變數分別為：**子力**（material）、**局面**（position）、**國王安危**（king safety）與**節奏**（tempo）。子力代表每顆棋的價值；局面是玩家間緩衝攻擊的方塊數；根據雙方國王的位置計算出國王的安全程度即為國王安危；棋手在戰局中隨時間成功搶占先機的進程則為節奏。由於上述種種因素與棋盤規格的限制，西洋棋遂成為深藍可透過運算取勝的益智競賽。

　　因此，電腦只要能計算出最佳棋局便勝券在握。無論是計算速度還是結果，都更勝人類一籌。

西洋棋世界冠軍卡斯帕洛夫與 IBM 深藍電腦在紐約對戰，比賽進行到第六局的最終回合，觀眾個個目不轉睛。

參照條目　電腦擊敗圍棋棋王（西元2016年）。

掌上型電腦 PalmPilot
PalmPilot

傑夫‧霍金（Jeff Hawkins，生於西元 1957 年）

霍金為研發掌上型電腦 PalmPilot，特地裁切一塊襯衫口袋大小的木板，隨身攜帶數月，還常常刻意將它拿出來，測試自己是否習慣用類似大小的裝置查電話號碼、確認行程和建立待辦事項。這款掌上型電腦完全以使用者為中心，拋棄以生產技術為中心的傳統思維。

根據先前打造兩台可攜式電腦的經驗，以及開發前的測試，霍金意識到可攜式電腦毋需追求完全取代桌上型電腦，而應以彌補傳統電腦的不足為目標。最重要的是，可攜式電腦必須具備立即啟動的功能，讓使用者可隨時隨地查找資訊，例如聯絡人姓名、地址，抑或是日曆。此外，使用者對輸入資料的需求並不大，要緊的是可攜式電腦能快速同步傳統桌機與可攜式裝置的資料庫。

再者，由於可攜式電腦的功能並非鍵入資料，所以也無需配備鍵盤。裝置下方的矩形區域可供使用者手寫輸入字母，霍金將這項功能稱為「Graffiti 輸入法」。Graffiti 輸入法內建的字符與傳統的羅馬字類似，不過更容易識別。

霍金成立一個 27 人的團隊，用時僅 18 月便打造出 PalmPilot。不過因為沒有生產和行銷經費，霍金在 1995 年將 Palm Computing 公司賣給模組製造商美國機器人公司（U.S. Robotics Corporation，簡稱 USR）。1997 年，美國機器人公司推出 PalmPilot，定價為 299 元美金。這款掌上型電腦是業界一大突破，短短兩年內就賣出逾 200 萬台，至 2003 年更售出 2,000 萬台以上。

消費者可利用 PalmPilot 即時查閱重要資訊，如行事曆與聯絡人地址。

參照條目 觸控螢幕（西元1965年）；數位個人助理——蘋果牛頓（西元1993年）。

電子墨水 E Ink

J・D・阿爾伯特（**JD Albert**，生於西元 1975 年）
巴瑞特・科米斯奇（**Barrett Comiskey**，生於西元 1975 年）
約瑟・雅各布森（**Joseph Jacobson**，生於西元 1965 年）

電子紙顯示器（electronic paper display，以下簡稱 EPD）是一種薄如紙本的反射式顯示器（reflective display），不僅可在陽光下顯現字跡，而且相當省電。EPD 的構想最早可追溯至 1970 年代。1975 年，全錄公司帕羅奧圖中心的研究員研發出第一個 EPD。直到 1990 年代，在 MIT 教授雅各布森的指導下，還是大學生的阿爾伯特和科米斯奇便突破當時技術，開發出第二代 EPD ——電子墨水（E Ink）。隨後他們兩人成立同名公司販賣該裝置，開啟 EPD 市場。電子墨水（electronic ink，簡稱 E ink）也成為電子紙技術的統稱。

儘管液晶螢幕的視覺效果絕佳，但類紙本成像的技術仍有其市場。除了讀者不會因眩光和背光產生視覺疲勞外，電子紙裝置僅需少量電力，並且在惡劣環境中也能使用。電子墨水技術的應用廣泛，譬如如今的電子閱讀器和電子手錶等穿戴裝置，以及電子貨架標籤（Electronic Shelf Labels，簡稱 ESL），可用來隨時更換衣服與貨架的價格標籤。照這樣的發展趨勢來看，平板、標示牌甚至牆壁在短短幾年內也都會應用電子墨水技術。

電子墨水技術的正式名稱為**微膠囊結構電泳式顯示技術**（microencapsulated electrophoretic display），其運作原理如下：兩片極薄的玻璃或塑膠的基板間排滿可通電的微膠囊，膠囊中充滿油性物質，兩種電泳粒子懸浮其中。這兩種粒子分別為二氧化鈦的白色負電荷粒子與帶炭的黑色正電荷粒子。當電場接通後，該區塊對應的黑或白粒子會移動至微膠囊頂端，使用者在該區塊上就能看見白色或黑色的成像，如文本內容。唯有膠囊需改變狀態時才需要電力，如在電子閱讀器上「翻頁」時。

2013 年，聯合國（United Nations）在紐約總部外牆安裝世界上最大的電子墨水顯示器—— eWall。這塊 6 公尺寬的顯示器的解析度高達 26,400×3,360 畫素，播放新聞、顯示時程表及鄰近地區民眾需要的資訊。2016 年，阿爾伯特、柯米斯奇、雅各布森入選美國發明家名人堂。名人堂裡高手雲集，如湯瑪斯・愛迪生（Thomas Edison）、萊特兄弟（Wright Brothers）等大有來歷的發明家皆位列其中。

有賴電子墨水技術的各項優點，電子閱讀器不僅能大幅節省電力，還可避免讀者因眩光與背光導致眼睛疲勞。

參照條目 蘭德輸入板（西元1964年）；觸控螢幕（西元1965年）。

Rio PMP300 MP3 播放器
Diamond Rio MP3 Player

1998 年 9 月 15 日，帝盟多媒體（Diamond Multimedia）公司推出 Rio PMP300 MP3 播放器，售價為 200 美元。這款播放器與一副卡牌的大小相同，儲存容量為 32MB，裝入一顆 AA 電池便可使用長達 10 小時。此外，播放器提供切換、隨機播放與重複播放等功能，使用者可隨心所欲播放曲目。專用連接器與個人電腦的平行埠相連接後，便可將音樂匯入播放器中。最初的數位音樂生態由蘋果所主導，旗下的 iTunes 與 iPod 一直是市場寵兒。直到帝盟推出 Rio 才改變舊有的市場環境，為產業發展寫下重要的一頁，並真正讓這款播放器聲名大噪。

Rio 支援的是相對新穎的數位音訊壓縮音檔——MP3。由德國工程師研發的 MP3 格式不僅擴大音樂共享範圍，更催生出全新的 MP3 播放器產業。未經壓縮的音訊檔案體積較大，32MB 的空間只能儲存幾分鐘的音樂。MP3 格式可大幅縮小檔案體積，音樂品質也不會大打折扣，同樣是 32MB 可容納近一小時的音樂，著實解決儲存與分享音檔面臨的容量問題。不到一年內，市場上紛紛出現點對點音樂檔案分享服務，如音樂共享軟體 Napster。使用者只要透過網路便能輕鬆與其他同好分享免費的數位音樂。隨著音樂生態的轉變，當時的文化及智慧財產權也大受衝擊，音樂產業簡直危機四伏。

1999 年，美國唱片業協會（Recording Industry Association of America，以下簡稱 RIAA）以帝盟未實施版權管理系統為由，控告 Rio PMP300 MP3 播放器涉嫌違反《1992 年美國家用錄音法》（Audio

Home Recording Act of 1992）。RIAA 指出帝盟販賣播放器未依規定支付版稅，因此認定該裝置涉嫌助長音樂盜版歪風。美國第九巡迴上訴法院（US Court of Appeals for the Ninth Circuit）最終裁定帝盟媒體勝訴，理由是電腦使用者有權針對合法取得的音檔進行「空間平移」（space-shift），將其搬移至其他系統，好比大眾可利用「時間平移」（time-shifting）功能預錄影片以便事後觀賞。

Rio 播放器的銷售業績在這起官司落幕後突飛猛進。帝盟隨後推出的 RioPort 更成為首個線上音樂商店，供消費者合法購買音樂。

Rio PMP300 MP3 播放器具有許多新功能，如切換、隨機播放與重複播放，使用者可隨心所欲播放曲目。

參照條目 iTunes（西元2001年）。

Google

賴利・佩吉（**Larry Page**，生於西元 1973 年）
謝爾蓋・布林（**Sergey Brin**，生於西元 1973 年）

　　史丹佛大學研究生佩吉對全球資訊網的頁面編排方式相當好奇。這份好奇心進而催化了當代科技龍頭 Google 的誕生。通常網頁連結能帶使用者前往另個頁面，而佩吉則想反向操作。

　　佩吉開發出一款名為 BackRub 的網頁爬蟲掃描並整理網路上的所有連結，並製作出反向連結（backlink）的清單。他認為劃分連結的重要程度能大大減輕工作量。佩吉的同學布林隨後也加入計畫。他們很快便寫出一套演算法，不只能辨識並清點網頁的連結，還可以根據該連結原始頁面的品質為其排定重要次序。不久後，他們為這款演算法加上搜尋介面與一款頁面排名演算法——PageRank。1998年，兩人成立 Google 公司賺進大把鈔票。Google 的主要收入是廣告商，各個業者無不爭相把自家廣告放入 Google 的搜尋結果頁面。

　　後續數年間，Google 收購了各式各樣的公司，包括線上串流服務平台 YouTube、網路廣告龍頭 DoubleClick，以及手機製造商摩托羅拉。此外，Google 不僅提供電子郵件、導航工具、社交平台、視訊通話、照片管理等服務，還有智慧型手機專屬的硬體部門，幾乎包辦所有服務，自成一套完整的生態系統。2014 年，Google 收購英國的人工智慧公司深度思考（DeepMind），積極鑽研深度學習與人工智慧領域，期望開闢科技業下個戰場。揮別過去以速度定勝負的時代，接下來將看誰家的人工智慧更勝一籌。

　　2006 年，《美國韋氏字典》（*Merriam–Webster's Collegiate Dictionary*）與《牛津英語詞典》雙雙將「Google」作為動詞加入字典，意為利用 Google 搜尋引擎在網路上查找資訊。Google 還特地要求釐清該詞釋義，必須特指利用 Google 搜尋引擎，而非描述利用任何網路搜尋引擎的動作。

　　2015 年 10 月 2 日，Google 創建了 Alphabet Inc 母公司作為旗下各子公司的保護傘。現在，這家美國跨國企業集團的總部就位在加州的山景城（Mountain View），全球員工超過七萬人。

Google 公司自詡其願景為「匯整全球資訊，供大眾使用，使人人受惠。」

參照條目　首則橫幅廣告（西元1994年）。

協同軟體開發
Collaborative Software Development

　　儘管軟體研發工程師大多是出了名的孤僻內向，但他們也時常需要與專家同行花大把時間交流，共同解決問題或完成專案。1990 年代末，在多種因素作用下，協同運作開發環境（collaborative development environments，簡稱 CDEs）應運而生。各地工程師應工作需求，或單純想挑戰自我，因此在網路上與同行合作，利用各種功能共同開發開源專案並研發程式。

　　隨著網頁平台的軟體開發工作不斷增加，業界也必須提高生產力，加速創新應用發展，滿足開發開源軟體系統的需求，以符合不斷變化的標準。協同運作開發環境的演進就是為了達到上述需求，並協助編程人員實現網路效應，在自身社群之外發揮專業知識，帶動社會參與。1999 年，協同開發軟體管理系統 SourceForge 上線，免費提供使用者管理程式，引領協同運作開發環境的發展。不久後，市場上相繼出現不少協同管理平台。

　　有賴協同開發軟體的大小功能，開源專案才能快速發展。再者，若是沒有業內各種見解與資源，開源軟體的品質也不會如此之高。非營利組織 Apach 軟體基金會（Apache Software Foundation）的大數據軟體堆疊（software stack）便是一例。有賴基金會大力支援，不同企業、大學的程式設計師才能集思廣益研發出 Hadoop、Apache Spark 等優秀的開源軟體。整體而言，這些專案的成功與效能不僅取決於其應用規模，有多少活躍開發人員參與改良程式庫也至關重要。

　　隨時間進展，協同運作開發環境中也催生出許多附加功能，平台不僅有簡易的版本控管系統（version control system，簡稱 VCS），還有討論串論壇、行事曆與排程、電子化文件發送與工作流程、專案績效表（project dashboard）和共享工件的組態管理等功能。

SourceForge 與 GitHub 能讓許多開發人員同時使用同一套開發工具軟體，大大加速軟體的創新速度。

參照條目　GNU宣言（西元1985年）；維基百科（西元2001年）。

部落格 Blog Is Coined

喬・巴格（**Jorn Barger**，生於西元 **1953** 年）
彼得・梅霍爾茲（**Peter Merholz**，生卒年不詳）
伊凡・克拉克・威廉斯（**Evan Clark Williams**，生於西元 **1972** 年）

1997 年，網路空間逐漸成為唾手可得且吸引力十足的發洩管道。人類可在其中交流個人意見與想法、傳授自身專長、分享有趣的資訊來源——這些都是人們習以為常的活動。全球資訊網的使用者相當活躍，令線上資料的數量不斷增加，你能想到的主題應有盡有。

部落格（blog）的概念來自巴格，他是一位散文家兼 Usenet 新聞群組內容貢獻者，定期將自己有興趣的連結發布在個人網站 Robot Wisdom。他將「**web**」（網頁）加上「**log**」（紀錄）合成「**weblog**」（網誌）一詞，指的是利用網站紀錄數位內容。1999 年 4 月，設計師梅霍爾茲在個人網站 Peterme.com 的頁面側邊欄放了以下這則說明：「管他的，我決定把『weblog』當作『we』、『blog』來念。不然就簡單講『blog』也行。」之後，梅霍爾茲開始在貼文中使用自創的「blog」（部落格）一詞，其他人也漸漸跟風。

數月後，Pyra Labs 公司發布 Blogger 軟體供使用者撰寫網誌。這一次使用「blogger」（部落客）一詞的人則是公司共同創辦人威廉斯。Blogger 軟體在市場上博得滿堂彩後，2003 年，Google 便買下了 Blogger 與 Pyra Labs 公司。Blogger 的成功不僅推動「blog」成為約定俗成的詞彙，更提供大眾一種新的自出版工具，或者說撰寫部落格的工具。WordPress 和 Movable Type 這兩個熱門部落格平台也差不多在此時誕生。

那麼又是誰撰寫了第一則部落格文章呢？這取決於我們怎麼看撰寫部落格的目的。是發表個人化內容，還是按照年代時間排序貼文、借文寄寓，抑或是其他目的。不過早在部落格一詞出現以前，就有許多評論員和線上日記作者熱衷於創作網誌。有些人甚至在部落格問世前便開始使用這個字。

不管是誰有資格聲稱自己是正港的首個部落客，現下部落格如此流行、如此便利均有賴諸多因素。它的出現不僅鼓勵世上每個人勇敢表達自己的聲音，更成為大型全球知識庫。順帶一提，**部落格**可是獲得《韋式字典》（*Merriam–Webster*）欽點的 2004 年年度代表字。

部落格不僅是普羅大眾的發聲筒，更是全球知識庫。

參照條目 網路空間一詞的誕生與新義（西元1968年）；電子布告欄Usenet（西元1980年）；桌面出版（西元1985年）。

音樂共享軟體 Napster
Napster

尚恩·范寧（**Shawn Fanning**，生於西元 **1982** 年）
西恩·帕克（**Sean Parker**，生於西元 **1979** 年）

　　1999 年，音樂共享軟體 Napster 實現當初開發者對消費者的承諾，帶給大眾免費的數位音樂與使用者友善介面。1999 年以前，軟體能將音訊光碟的數位音樂壓縮為 MP3 格式；再加上高速網路，使用者不到一分鐘便可完成傳輸或接收音樂。自此以後，盜版數位音樂便成為音樂產業的心頭大患。

　　范寧開發的 Napster 音樂軟體更是將音樂產業的惡夢化為現實。著作權法長期將合理使用（fair use）劃為豁免管轄的範圍；亦有青少年協助朋友製作混音帶，法院對此也遲遲未有裁示。在這樣的背景環境下，范寧推出一種電子媒合服務供使用者在網路上分享音樂，分享對象幾乎是所有人。

　　范寧的朋友帕克是軟體天才，他在高中時期就成立多家成功的企業。帕克協助 Napster 籌募資金，讓軟體可以在大型的中央伺服器上運作。中央伺服器能建立所有 Napster 在線使用者的名冊，以及他們可以分享的音樂資源。使用者安裝免費的 Napster 軟體後，輸入歌曲名稱與創作者便能即時取得可供下載的音樂清單。這款軟體會直接將使用者的音樂傳輸給其他使用者，也就是**點對點分享技術**，運作方式類似於大量製作混音錄音帶。

　　因此，音樂產業將 Napster 視為嚴重侵犯著作權的頭號敵人。再者，歌曲提早外洩後可能會流往 Napster，並被無償複製上萬次。如此一來，歌曲還沒上架以合法方式販售，就先出現在 Napster 供免費分享。2000 年 4 月 13 日，美國重金屬樂團金屬製品（Metallica）向加州北區聯邦地方法院（Northern District of California）對 Napster 提出違反著作權及敲詐勒索告訴。這也是首起點對點檔案共享軟體開發者遭控告的案件。金屬製品就每首非法外流歌曲向 Napster 公司索賠 10 萬美元，以及總計逾 1,000 萬美元的損害賠償。2001 年 3 月 5 日，法院發布臨時禁制令，要求 Napster 移除系統中所有金屬製品的歌曲，這簡直比登天還難。起初 Napster 短暫嘗試出售公司但未果，後高層宣布破產，公司依法進行清算。

參議院共和黨高科技專案小組（Senate Republican High-Tech Task Force）舉辦辯論會，邀請 RIAA 的王牌說客米奇·格拉齊爾（Mitch Glazier）與 Napster 說客馬拿斯·庫尼（Manus Cooney）參加。

参照條目　音樂數位介面（西元1983年）；Rio PMP300 MP3播放器（西元1998年）。

USB 隨身碟
USB Flash Drive

　　USB 隨身碟（USB flash drive）內部一般包含兩塊積體電路晶片：快閃記憶體晶片與通用序列匯流排（Universal Serial Bus，簡稱 USB）控制器。1999 年 4 月，以色列 M － Systems 公司將這兩項先後問世的產品相結合，製造出 USB 隨身碟，取得美國專利，編號是 6,148,354 A。外界形容這款成人拇指大小的裝置為「個人電腦 USB 埠專用的隨身碟」。2000 年 11 月 14 日，專利正式生效。當時已有許多公司在販售隨身碟。

　　我們首先要了解快閃記憶體晶片與 USB 的背景，才能體會這兩項技術結合的重要性。USB 是連接電腦與裝置的通用連接介面產業標準，由多家領先技術公司在 1990 年代中葉共同研發而成。快閃記憶體於 1980 年問世，其運作原理屬於微電子學，僅需極少的電力即可運作，還能在無電力情況下儲存資料。

　　USB 結合快閃記憶體後有效提升資料可攜性（data portability），離線分享功能變得更強大，同時也增加裝置與個人電腦間可移動的資料量。在此之前，使用可移動式快閃儲存裝置需要專門的檢視器，但大部分電腦都不支援該功能。到 2000 年，幾乎市面上所有桌電與筆電都有多個 USB 連接器。USB 已成為連接鍵盤、滑鼠、印表機與其他週邊設備的主要標準。

　　一時間，所有電腦都擁有額外的儲存空間，操作便捷又可隨身攜帶，還不需要供應電力，對於消費者來說便利性大大提升。由於 USB 隨身碟可支援多項功能，因此馬上取代了軟碟機、可寫入光碟、Zip 碟與其他儲存裝置。

　　USB 隨身碟的發明者是誰，至今眾說紛紜。雖然 M － Systems 擁有首個專利，但 IBM 發想出這個點子的員工也向相關部門提出發明揭露（invention disclosure）。新加坡公司 Trek Technology 與中國朗科科技公司（DiskOnKey）也曾相互競爭此專利。同年，IBM 成為首個在美國販賣 USB 隨身碟的公司，產品名稱為 DiskOnKey，容量為 8 MB。今時今日，USB 隨身碟的儲存容量已超過 512 GB。

大部分隨身碟都是由快閃記憶體晶片與 USB 微控制器晶片組合而成。快閃記憶體可儲存資料，微控制器則可傳輸 USB 介面與快閃晶片中的資料。

參照條目 快閃記憶體（西元1980年）；通用序列匯流排（西元1996年）

維基百科 Wikipedia

吉米・威爾斯（**Jimmy Wales**，生於西元 **1966** 年）
拉里・桑格（**Larry Sanger**，生於西元 **1968** 年）

維基百科（Wikipedia）是一款線上百科全書，隸屬於非營利機構維基媒體基金會（Wikimedia Foundation）。其內容係由世界各地的志工撰寫，他們會添加自己有興趣的主題條目，或編輯現有條目，並能自行決定使用何種語言撰寫。目前維基百科涵蓋多達 287 種語言，逾三千萬篇目，以準確與事實為原則。所有內容都是時下資訊，並長期透過群眾外包（crowdsourcing）確保資訊無誤。這款線上百科全書是集眾人之力的成果，雖然有時會出現錯誤或偏見，但仍提供普羅大眾許多一般參考資料，內容也囊括各式常見與罕見主題，如今是網路上數一數二的人氣網站。

維基百科提供的條目都應註明出處與參考資源，讀者只需點擊頁面下方的連結即可參閱。此外，維基百科為開放系統的操作模式，因此也衍生出特殊的「編輯戰」（edit wars），也就是內容提供者對於爭議條目有不同見解，因而在同一篇目中展開攻防戰，一方編輯資訊的同時又遭另一方刪除。這種編輯戰最常出現在政治或宗教主題。

維基百科有許多贊助人與擁護者，同時卻也飽受非議。只要訊息取自可靠的二手消息來源，維基便視其為確實妥當的資訊，然而這樣的界定標準過於寬鬆，反而導致循環報導的窘境。因為許多記者會引用出處不明的維基條目作為參考資料，而維基百科又會根據記者的文章更新條目出處。如此一來一往便有可能導致假訊息在網路上流竄。

此外，維基百科也需要投入大量資源不斷重複編輯與修訂格式，確保拼字無誤且參考連結有效。為此，維基更啟用自動化機器人協助志工進行編撰。

有趣的是，機器人彼此也會大打編輯戰，對同一篇內容反覆變更或刪除更動。因此自從機器人加入後，編輯戰的次數更是直線上升。隨著人工智慧技術日新月異，現在也有越來越多條目都是由機器人所編撰。

維基百科是一款線上百科全書，藉助群眾外包技術，集合眾人之力共同編寫逾三千萬條篇目。

參照條目 GNU宣言（西元1985年）；協同軟體開發（西元1999年）。

iTunes

史蒂夫・賈伯斯（**Steve Jobs**，西元 1955 － 2011 年）
傑夫・羅賓（**Jeff Robbin**，生卒年不詳）
比爾・金凱德（**Bill Kincaid**，生於西元 1956 年）
戴夫・海勒（**Dave Heller**，生卒年不詳）

音樂實現數位化後，消費者只需使用 Napster 這樣的線上服務，即可無償收聽美妙音樂，自然使得 20 世紀末的音樂產業陷入一場盈利保衛戰。各家音樂公司更紛紛對服務供應商與消費者提出侵權告訴。

蘋果公司共同創辦人賈伯斯則預見了商機，因此在 2000 年收購 SoundJam MP 播放器。1998 年，兩位蘋果前軟體工程師金凱德與羅賓共同研發出音樂播放軟體 SoundJam MP，不僅是音樂管理系統，也可作為播放器。隨後海勒加入研發團隊，以蘋果公司為家，投入大量心血最終才設計出 iTunes 的原型。

2001 年 1 月 9 日，iTunes 在舊金山 Macworld Expo 大會上首次亮相。起初兩年，蘋果將 iTunes 定位為點唱機軟體，讓消費者能在簡易的操作介面管理 MP3 音樂，並將 CD 音樂壓縮為數位格式。2001 年 10 月，蘋果推出數位音樂播放器 iPod，使用者只需將 iPod 連接 iTunes 便可輕鬆同步裝置上的音樂庫。此外，iPod 也為蘋果後續提供的創新服務奠定基礎。2003 年，蘋果升級 iTunes 至第四版，並推出名為 iTunes Music Store 的線上音樂庫服務，同時提供大眾超過 20 萬首曲目。現在使用者能從蘋果裝置合法收聽高品質的數位音樂。

向電腦公司購買音樂是相當前瞻的概念，不僅翻轉了傳統商業模式，更加速音樂產業因應數位化帶來的改變，在法律規範下制定統一機制。如此產業既可透過線上音樂盈利，還能有效保護智慧財產權。

各大音樂唱片公司之所以願意採用 iTunes 模式，允許蘋果販賣旗下歌曲，一部分原因是賈伯斯同意遵守數位版權管理技術（Digital Rights Management，以下簡稱 DRM），保護歌曲不受侵權。2009 年，蘋果大幅放寬 DRM 的限制。而市場之所以買單也是因為消費者總算可以購買單曲，而無需為了一兩首歌買下整張專輯。

蘋果的 iTunes 服務範圍在隨後數年間逐漸擴大，將 Apple TV、iPhone 與 iPad 等新產品，結合旗下音樂影片、電影、電視劇集、有聲書、播客、電台與音樂串流等服務，搖身一變成為媒體巨頭。

2010 年 9 月 1 日，賈伯斯在加州舊金山出席記者發布會，宣布 iTunes 推出更新版本，並同場發表其他蘋果產品。

 參照條目　影音壓縮標準MPEG（西元1988年）；Rio PMP300 MP3播放器（西元1998年）。

進階加密標準
Advanced Encryption Standard

文森‧雷傑門（**Vincent Rijmen**，生於西元 **1970** 年）
尤安‧達門（**Joan Daemen**，生於西元 **1965** 年）

　　資料加密標準於 1977 年獲美國政府採用，隨後迅速成為普及全球的加密演算法。不過大眾自此開始擔心演算法的安全性。DES 的密鑰長度僅 56 位元，也就是說可能的金鑰僅有 72,057,594,037,927,936 把。專家因此擔心有心人士可能會打造一種專門電腦，用於破解 DES 加密訊息。

　　DES 的問題還不止如此。DES 原為硬體而設計，因此其軟體的實際操作上出乎意料地緩慢。學界許多譯電員遂於 80 及 90 年代提出新的加密演算法。雖然新的演算法受到廣泛應用，如用來加密網頁瀏覽器，但是沒有一套演算法能獲得政府的信任，通過官方的標準認定程序。

　　美國國家標準暨技術研究院（以下簡稱 NIST）遂於 1997 年舉辦競賽，挑選國家未來的加密標準，賽事長達數年。NIST 不僅邀請全國頂尖譯電員投稿其最佳演算法，更請參賽者提供建議來增強演算法。

　　1998 年，美國電子前哨基金會（簡稱 EFF）宣布打造出一台專門破解 DES 的神祕機器，花費僅 25 萬美元。DES 就這樣死在一家小規模的非營利機構手中。這個機器稱為 Deep Crack，一秒可以處理 900 億組 DES 密鑰，平均只要 4.6 天就能破解一條利用 DES 加密的訊息。

　　NIST 的賽事收到 15 則演算法投稿，來自 9 個不同國家。經過大量公開分析與三次公共研討會，贏家總算在 2001 年出爐。獲勝的演算法名為 Rijndael，係由比利時譯電員雷傑門與達蒙所設

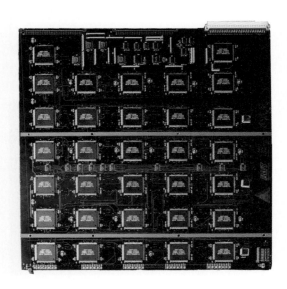

計。Rijndael 後更名為進階加密標準（Advanced Encryption Standard，以下簡稱 AES）。AES 金鑰有 128、192 與 256 位元三種長度，使加密訊息的安全性達到前所未有的程度。不止 8 位元的微控制器可以跑 AES，幾乎所有現代的微處理器現在都有特殊的 AES 指令，讓它們能飛快進行加密。

美國電子前哨基金會的破解機 Deep Crack 共有 29 塊電路板，圖為其中一塊。

參照
條目　資料加密標準（西元1974年）

量子電腦進行質因數分解
Quantum Computer Factors "15"

彼得・秀爾（**Peter Shor**，生於西元 1959 年）
伊薩克・莊（**Isaac Chuang**，生於西元 1968 年）

量子電腦是「快」的代名詞，運算速度遠不止「較快」，簡直快得超乎意料、顛覆想像。

速度對於網上傳送加密訊息的人至關重要。公開金鑰加密演算法以極大質數相乘的方法來保護網路上大多資訊，質數越大分解的難度越高，電腦進行因式分解的時間也更長。除此之外，目前已知的演算法均無法在傳統電腦上有效對極大整數進行因數分解，不過在 1994 年，數學家秀爾設計出一套演算法，利用量子電腦便可對極大整數進行分解。也就是說，擁有量子電腦的機構基本能解開網路上所有加密訊息。然而前提是量子電腦的算力足夠強大。

其中一個衡量量子電腦算力的辦法是測量其單次可進行處理的量子位元數目。2001 年，IBM 阿爾瑪登研究中心（Almaden Research Center）物理學家莊帶領科學團隊，成功利用 7 量子位元的量子電腦進行質因數分解，將數字 15 分解為 3 與 5 兩個質數。

雖然將「15」進行分解看似不是什麼難題，不過 IBM 研究員透過這項實驗證明量子電腦運算並非只在理論上具有可行性，而是可以實際執行計算。現在學界則是加緊腳步打造足夠算力的量子電腦，讓傳統電腦辦不到的事由量子電腦來實現。

自從 IBM 的研究出爐後，量子電腦的算力便大幅提升，利用演算法進行質因數分解的能力也有所進步。2012 年，科學家利用秀爾的演算法在 10 量子位元的電腦上對「21」進行分解。同年，中國科學團隊利用改良的演算法在 4 量子位元的電腦上分解整數「143」。令人驚訝的是，中國團隊發表研究後兩年，京都大學一組研究員指出，中國的實驗同時分解了「3,599」、「11,663」、「56,153」等三個整數，而發表人卻渾然不知。

目前美國國家標準暨技術研究院的譯電員競相開發「後量子密碼學（"post-quantum" encryption）」演算法。因其並非以質因數分解的方法來加密資料，所以能避免量子電腦的擁有者破解訊息。

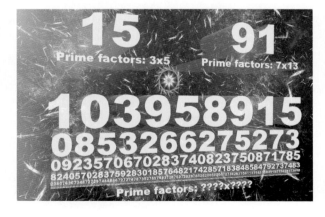

2001 年，一組科學家利用 7 量子位元的電腦對「15」進行質因數分解，結果為「3」與「5」。自此以後，量子電腦能分解的數字越來越大。

參照
條目　量子位元（西元1983年）。

居家掃地機器人 Home-Cleaning Robot

柯林・安格爾（**Colin Angle**，生卒年不詳）
海倫・葛雷娜（**Helen Greiner**，生於西元 **1967** 年）
羅尼・布魯克斯（**Rodney Brooks**，生於西元 **1954** 年）

　　掃地機器人 Roomba 於 2002 年問世。這款自主機器人（autonomous robot）吸塵器不僅能打掃主人的住宅，更實現過去科幻小說及流行文化中對於高科技產業的想像。例如《星際大戰》中的機器人 R2D2 每每幫助主角化險為夷，動畫片《傑森一家》中的機器人管家蘿西傑森包辦洗碗和掃地，如今都來到現實世界。

　　1990 年，MIT 的機器人專家安格爾、葛雷娜與布魯克斯共同創辦 iRobot 公司，並於 2002 年發明 Roomba。Roomba 問世前，iRobot 公司著重在研發軍事機器人（military robot）與搜索機器人（research robot），如 Genghis、Ariel、PackBot。iRobot 先於 1991 年開發 Genghis 專門進行太空探索，1996 年則研發出 Ariel 負責探測及移除衝浪區域的地雷。1998 年，iRobot 新開發的戰術移動機器人 PackBot 能在九一一事件中協尋受難者。次年美軍更部署 PackBot 參與阿富汗戰爭。

　　為開拓消費者市場，業界進行一系列商業化機器人的研究，其中最早且最知名的例子當屬 Roomba。畢竟有誰能預測到先進機器人研究竟能用於清潔髒污這等居家瑣事，還能將視覺成圖、智慧導航、感應器、3D 操控與人工智慧等技術應用在日常生活中，更別提小貓也能騎著掃地機器人在家中兜風了。

　　早期的 Roomba 透過隨機移動模式清潔家中地板，掃地範圍能覆蓋多數房間。此外，Roomba 的感應器並非用於量測房間布局，而是用以預防機器人掉下樓梯，並且偵測是否撞到物品，如此一來 Roomba 才能倒退再轉彎，朝其他方向前進。2015 年，iRobot 釋出一款可連接 WiFi 的 Roomba，結合機器視覺與機器人導航演算法，偵測房間的形狀再計算出 Roomba 的路徑，如此便能提升其清潔效率。

　　同時，Roomba 更將高科技研究與普羅大眾間的連結提升到更高層次，讓消費者有機會打造屬於自己的機器人。甚至還有一款客製化 Roomba。喜歡打理家務的人可視需求額外添加硬體、軟體與感應器。現在人人都可以命令機器人送早報或早餐到床上來了。

有了掃地機器人吸塵器 Roomba，消費者無需手持吸塵器家中也能清潔溜溜。

參照條目 機器人羅比（西元1956年）；首個量產機器人Unimate（西元1961年）。

CAPTCHA |

全自動電腦及人類圖形鑑別測試系統（Completely Automated Public Turing test to tell Computers and Humans Apart，以下簡稱 CAPTCHA）能區分使用者到底是人類、機器，還是**偽裝成人類的軟體**。這套系統主要由電腦管理，旨在預防**程式**（精準來說，應是**人類利用程式**）濫用線上服務，導致他人權益受到侵害。例如目前多數企業均提供免費電子信箱服務，而企業便會利用 CAPTCHA 預防詐騙犯在短短幾分鐘內註冊上千個電子信箱，濫用系統資源。CAPTCHA 還能用於防範垃圾信件，以及限制編輯網路社群媒體頁面。

卡內基美隆大學的電腦科學家於 2003 年創造 CAPTCHA 一詞。不過該技術的推手可追溯至 1990 年代的兩家公司：應用程式安全公司 Sanctum 率先於 1997 年提出 CAPTCHA 技術的概念，但並未使用 CAPTCHA 一詞，後來該公司由 IBM 收購。1998 年，另一家搜尋引擎公司 AltaVista 提出以 CAPTCHA 為名的專利，並加上技術細節。

CAPTCHA 除了用作識別測驗外，還有一項應用尤其令人稱道，能有效改良及加速舊書及其他紙本數位化的進程。由於光學字符識別（Optical Character Recognition，以下簡稱 OCR）可能會遇到無法判別的文字，ReCAPTCHA 技術便把這類文字作為題目，讓受測者輸入內容，協助書面文字數位化。2009 年，Google 收購 ReCAPTCHA，利用這項技術提升 Google 圖書數位化的準確度。如此一來，OCR 無法鑑別的模糊文字便能透過人類正確「判別」。Google 後續也可以利用圖像結合人類的識別結果作為訓練資料，以加強未來的自動化系統。

隨著人工智慧愈趨改良，機器解決 CAPTCHA 題目的能力也有所進步，致使產業出現類似軍備競賽的情況，各方無不爭相改良 CAPTCHA 技術。產業專家在數年來研發出各種不同方法，將題目設計得更有鑑別度難以讓電腦判別，卻能夠由人類解開。例如 Google 其中一項 CAPTCHA 測試便是要求受測者勾選「我不是機器人」一欄，同時 Google 伺服器會分析使用者的滑鼠移動、驗證網頁 cookies，甚至是檢視使用者瀏覽紀錄來確定使用的正當性。此外，試圖破解或繞過測驗的技術也不斷驅使 CAPTCHA 升級。其中一個土法煉鋼的例子就是「數位血汗工人（digital sweatshop workers）」，他們為詐騙犯輸入測驗解答，降低 CAPTCHA 的效用。

CAPTCHA 測試要求使用者輸入一串字符或按要求操作，以此證明他們並非機器人。

參照條目 圖靈測試（西元1951年）；首封網路垃圾郵件（西元1978年）。

產品追蹤 Product Tracking

桑賈伊·夏爾瑪（**Sanjay Sarma**，生於西元 **1968** 年）
凱文·阿什頓（**Kevin Ashton**，生於西元 **1968** 年）
大衛·布拉克（**David Brock**，生於西元 **1961** 年）

1970 至 1980 年代，通用產品代碼（Universal Product Code，以下簡稱 UPC）為零售業帶來革命性變化。消費者購買的各種商品都帶有這串 12 位數字組成的條碼，其中前六位是製造商代碼，後六位為產品代碼。當結帳櫃檯掃描商品條碼時，零售業者便可輕鬆調度存貨，不僅能減少錯誤發生，還能加快結帳速度。UPC 除了讓業者更方便管理庫存，還能降低產品成本。

透過掃描條碼自動調度存貨後，下一步便是將條碼的應用範圍擴大到供應鏈。上游廠商利用無線射頻辨識貨品上的電子產品碼（Electronic Product Code，以下簡稱 EPC），便可追蹤產品自製作、運送、派發及最後到消費者手中的過程。製藥公司的 EPC 標籤有助於杜絕仿冒產品。冷凍庫則可藉由識別標籤，提醒蔬果商食品即將到期，或者讓微波爐讀取標籤，遵循標籤上的調理步驟，甚至能夠用於剩食處理。倘若要擴大 EPC 的應用範圍，商品上的標籤不能過於昂貴，最好一組條碼不超過 5 美分。

這套 EPC 系統由 MIT 自動化辨識系統中心（Auto-ID Center）研發，並在 2004 年成為業界標準。系統使用類似室內無線網卡的技術，不過是在不同的無線電頻譜上運作。EPC 系統賦予每個標籤一串公司前置碼、項目產品電子碼與電子序列號。每組 EPC 都可以轉換為網路的統一資源標識符（Uniform Resource Identifier，簡稱 URI），為每個產品提供網址。先進的標籤不僅有讀寫記憶體（readwrite memory），更裝載感應器記錄溫度與壓力，消費者甚至可以下「封口令」徹底消除相關紀錄保護自身隱私。

各家公司現在紛紛為產品加裝 EPC 標籤，就像 1970 年代為產品包裝印製條碼一樣。據《RFID Journal》期刊，現在配有整合天線的被動式 96 位元 EPC 標籤成本從 7 到 15 美分不等，讀取機價格一般都落在 500 到 2,000 美金。

只需一掃無線電子產品碼，整箱庫存商品或整個貨架上的產品資訊便能一目了然。

參照
條目 智慧家居（西元2011年）。

Facebook

馬克 · 祖克柏（**Mark Zuckerberg**，生於西元 1984 年）

Facebook 僅是社交網路的巨頭，更是現代舉足輕重的通訊平台。雖然早在 Facebook 問世前就有其他線上平台供大眾交換個人資訊、推廣自己感興趣的事物，不過它是**第一個成功推向全球的社群媒體平台**，更提升世人對「社交網路」的理解，讓人們開始關注一個簡單的軟體如何賦予普通人發言權。無論使用者的經濟財力、地理位置、社群資源多寡或影響力如何，都能透過相同的平台發聲。在 Facebook 建構的世界中，你是誰或許不重要，重要的是你說了什麼。

Facebook 問世後，閱聽人從消費者變成內容製造者，傳統媒體這才如醍醐灌頂，意識到由來已久的商業模型該另闢蹊徑了。轉眼之間，每個人都開始利用平台說自己的故事，成了編輯、出版商、社群領袖，甚或是透過轉發世界各個角落的即時資訊，成為引領全球風潮或運動的先驅。

2004 年，祖克柏與哈佛其他同學一同創立 Facebook，並且由他的同學研發連結全校所有學生的單一網站（centralized website）。人們普遍認為 Facebook 的前身是祖克柏創建的惡作劇網站 FaceMash。這個網站的玩法是讓使用者從兩張女生照片中選擇比較吸引人的一張。其實 Facebook 一開始推出時稱為 TheFacebook，凸顯利用媒介與他人連結並從中學習的希冀，至少是與哈佛同學彼此連結。Facebook 的創建之路面臨許多法律問題，更有人指控祖克柏剽竊他人的創意。卡麥隆 · 沃克溫斯（Cameron Winklevoss）與泰勒 · 沃克溫斯（Tyler Winklevoss）這對兄弟檔就曾對祖克柏提起訴訟，不過案件最終以 6,500 萬美元和解。 2017 年 Facebook 市值逾 5,000 億美元，相形之下這筆和解金簡直是小巫見大巫。

Facebook 快速在哈佛成為風潮，進而開放其他大學使用，最終成為營利事業，開放給所有想使用的人加入。2017 年 3 月，該平台平均每月活躍用戶達 19.4 億。

2018 年 10 月 4 日，Facebook 執行長祖克伯出席位在國會山莊（Capitol Hill）的聯席聽證會，說明 2016 年美國總統大選期間 Facebook 的數據使用方式。該聽證會由美國國會商務委員會和司法委員會（Commerce and Judiciary Committees）共同舉辦。

 參照條目 部落格（西元1999年）；社群媒體點燃阿拉伯之春（西元2011年）。

首場國際合成生物學會議
First International Meeting on Synthetic Biology

亞當‧阿金（**Adam Arkin**，生卒年不詳）
德魯‧恩迪（**Drew Endy**，生於西元 **1970** 年）
湯姆‧奈特（**Tom Knight**，生於西元 **1948** 年）

過去半世紀以來，科學家持續運用先進電腦技術探索生物世界的基礎知識。許多生物學上的發現都仰賴資訊處理來分析大量數據，而數據可能來自某個生物學研究、某個電腦科學模擬生物系統，或尖端實驗室裡越來越多負責實驗的機器人。

或許是因為生物學家時常使用電腦做研究，他們開始思索細胞不只是代謝系統裡的分子，更可以是資訊處理系統的單元。這不禁讓我們思考：人類在製造電腦的過程中學到的技術是否能應用於建構與設計細胞？這關係到合成生物學這個新興領域中最基本的問題。

1990 年代，MIT 電腦科學家奈特在計算機科學實驗室建立生物研究室，以電腦技術打造細胞，設計出閃閃發光的螢光細菌，成為研究室的首個里程碑。1999 年，合成生物學家恩迪與阿金在白皮書中提議研擬「生物迴路系統的標準零件表（part list）」。隨後奈特在 2003 年創造出「生物零件（BioBrick）」標準，與人造生物元件結合。這份零件表總算從設想成為現實。

MIT 於 2004 年舉辦首場合成生物學國際會議（First International Meeting on Synthetic Biology）。隨後數年內，投入該領域的研究員人數倍增，緊接著合成生物學界更達成一項重要里程碑：科學家在細胞內建造振盪迴路，再與其他迴路結合，能用於計算數公分距離外的振盪次數與信號。

合成生物學的願景是工程師可以像在電腦上編碼一樣為細胞撰寫程式。

參照條目　儲存資料的新選擇——DNA（西元2012年）。

電玩遊戲推動傳染病研究
Video Game Enables Research into Real-World Pandemics

2005 年 9 月，熱門電玩《魔獸世界》（*World of Warcraft*）的程式設計師在遊戲中推出一種血腥病原體技能，僅限高階玩家在時代副本使用。由於遊戲的程式設計出現問題，這種疾病跳脫限定的副本進入主世界，感染並殺死了許多低階玩家。在遊戲中，玩家只要距離染病者噴發的血液太近，就會感染身亡。許多城市在轉眼間變成廢墟，玩家角色屍橫遍野，存活的玩家不是在混亂中鼠竄逃生，就是逃往鄉村地區，從此銷聲匿跡。

這起事件源自於遊戲中的一處程式錯誤，導致玩家的「戰鬥寵物」與「惡魔爪牙」能夠挾帶稱為「墮落之血」的疾病，再傳染到其他人類角色身上。再加上傳染病能隨角色進入其他副本，大規模的瘟疫就此在魔獸世界裡擴散開來。

遊戲隨後陷入一片混亂，也讓玩家驚愕不已，更引發許多意想不到的反應，玩家為捍衛角色的生死存亡，必須決定是否抓住機會大開殺戒。遊戲開發者暴雪娛樂（Blizzard Entertainment）發現事態嚴重後便打造自願隔離區，但多數玩家卻不屑一顧。有的玩家利用治癒法術幫助懨懨一息的感染者，但有些中鏢的玩家雖然免疫，卻故意帶著感染的寵物利用傳送門進入人多的副本散播病毒；最後共計上千名玩家角色死於這場瘟疫。

流行病學家在研究流行病爆發的狀況時，通常有賴於電腦來建構疾病擴散的模型，但這相當困難，也無法完全預測人類面臨類似情況時的行為反應。因此，他們認為這次事件中玩家的反應非常有價值。染病的雞隻散播病毒與懷恨在心的人類企圖利用生化武器是截然不同的兩件事。流行病學家從這起事件中了解到遊戲的傳送門就如現實中的空氣傳染，他們因此深入研究「墮落之血事件」，藉由探索數位世界的疾病來模擬可能的人畜共通疾病，譬如嚴重急性呼吸道症候群（SARS）與禽流感。

最後暴雪讓程式設計師創造「咒語」治癒染病玩家，疫情才終於受到控制。可惜在真實世界對抗流行疾病不可能如此輕而易舉。

《魔獸世界》出現程式錯誤，導致「墮落之血」像現實的傳染病一樣，在線上遊戲中蔓延開來。

參照條目　Morris電腦蠕蟲（西元1988年）。

Hadoop 實現大數據
Hadoop Makes Big Data Possible

道格·卡丁（**Doug Cutting**，生卒年不詳）

　　並行處理是運算巨量數據的關鍵，也就是將一個問題分成數個部分並且用不同的電腦同時處理。直到 20 世紀早期，大多數大規模平行系統都採用同一種科學計算模型，組成高效能叢集的元件非常穩定卻也十分昂貴。此外，這些模型很難進行編碼，系統大多應用定製軟體（custom software）解決問題，如模擬核武爆炸。

　　Hadoop 雲端平台技術則是反其道而行：與其設計專門的硬體，Hadoop 讓企業、學校甚至個人使用者利用一般電腦建立平行處理系統。各式各樣的資料副本儲存在不同電腦的不同硬碟中，倘若其中一個硬碟或系統無法運作，Hadoop 再複製另一個副本即可；與其把網路上大筆的資料搬到速度超快的中央處理器，Hadoop 反而是將資料處理程式複製後轉移到資料上。

　　Hadoop 的產生源自卡丁在網際網路檔案館（Internet Archive）研發的一款網路搜尋引擎。卡丁進行該計畫的期間意外從 Google 發現兩份學術報告，一份是關於 Google 創造的分散式檔案系統，用以儲存資料在大量電腦組成的大型叢集；另一份是描述 Google 的 MapReduce 檔案系統，用於寄送分散的程式到數據庫中。卡丁發現 Google 的作法更有效，因此他重寫程式配合 Google 的設計。

　　2006 年，卡丁意識到這套分散式檔案系統不僅限於搜尋引擎，所以他從系統中拉出 11,000 條程式，打造一個單獨系統，以兒子的填充大象玩偶命名其為「Hadoop」。

　　由於 Hadoop 採開放原始碼，其他公司與個人都能夠使用。隨著大數據應運而生，Hadoop 也成為該領域的新寵。程式碼經過改良後，該分散式檔案系統的能力亦更上一層樓。至 2015 年，Hadoop 開源軟體市值達 60 億美元，據估到 2020 年會成長到 200 億美元。

儘管大數據計畫 Hadoop 通常是運用高效能叢集操作，也有駭客等業餘愛好者會使用動力欠佳的小機器跑 Hadoop。

參照條目 連接機（西元1985年）；GNU宣言（西元1985年）。

西元 2006 年

差分隱私 Differentail Privacy

辛西亞・德沃克（**Cynthia Dwork**，生於西元 1958 年）
弗蘭克・麥克雪利（**Frank McSherry**，生於西元 1976 年）
柯比・尼西姆（**Kobbi Nissim**，生於西元 1965 年）
亞當・史密斯（**Adam Smith**，生於西元 1977 年）

　　2006 年，任職於微軟研究院的德沃克、麥克雪利與以色列本・古里安大學的尼西母與魏茨曼科學院的史密斯構想出差分隱私（differential privacy）的概念，以解決資訊時代所面臨的一個關鍵問題：如何在不違反個人隱私的前提下，使用和公開基於個人資訊的資料叢集？

　　差分隱私技術提供一套數理框架，能夠讓世人了解公布數據可能導致何種隱私外洩的情形。差分隱私根據數學領域對隱私的定義，提供資訊保管人一套公式，用於確定在預定公開日期前資訊所有人可能的隱私外洩數量。

　　發明者從這種運作定義出發，創造一套機制，由此資料庫的統計數據在公布的同時，也能保留隱私，保留多少隱私則取決於數據的精準程度，差分隱私等於是提供資料所有人一顆旋鈕，讓他們能夠利用這顆旋鈕拿捏數據的精準程度與資訊隱私間的平衡。

　　以一座假想的城鎮為例，政府可利用差分隱私公布的「隱私化」數據，整合成統計資料進行交通規畫。同時，當事人的隱私也已獲得數學計算方式的保障。

　　不過，差分隱私問世後數年曾發生一系列引人注目的案件，許多聲稱經過整合與去識別化處理的資料公布後，卻仍舊能被還原並判別出原先提供數據的個人。由於案件的數學證據確鑿，且均能從公開的整合資料中還原出個人資訊，因此引發企業與政府對差分隱私的關注。2017 年，美國普查局（US Census Bureau）宣布利用差分隱私公布 2020 年人口與家庭普查統計結果。

在使用且公開發布根據個人數據製作的統計資料時，能利用差分隱私來維護當事人的隱私。

參照條目 公開金鑰加密法（西元1976年）；零知識證明（西元1985年）。

iPhone

史蒂夫・賈伯斯（Steve Jobs，西元 1955 － 2011 年）

　　鮮少有消費者願意帶著睡袋和換洗衣物大排長龍兩天，只為能夠買到即將推出的商品。不過，這正是 2007 年 6 月 27 日蘋果 iPhone 手機發布前夕的盛況。

　　iPhone 的設計與功能大大顛覆智慧型手機的概念，集過去手機提供的種種功能於一身，包括通話、訊息、上網、音樂，支援動態圖像的彩色螢幕，以及直覺式的觸控介面。iPhone 拿掉當時其他智慧型手機常見的實體按鍵，多出更多空間展示資訊畫面。文字鍵盤只有在使用者需要時才會跳出，後台隱形的人工智慧更能根據使用者輸入的文字預測下個字串，並校正鍵入文字的感測區域。

　　2008 年，蘋果公司推出另一項重大設計：應用程式（簡稱 App）。能利用無線技術下載。最早的 iPhone 搭載網頁瀏覽器與少量應用程式。蘋果執行長賈伯斯原先設想會有第三方開發者寫出網頁應用程式供 iPhone 用戶使用。然而，早期 iPhone 用戶繞過蘋果公司的安全機制，「越獄」下載自己國家的應用軟體。賈伯斯意識到倘若使用者執意使用自己國家的應用軟體，蘋果公司也可以提供這些國家軟體內容來盈利。

　　蘋果的應用軟體平台 iTunes App Store 在 2008 年提供超過 500 個應用軟體。轉眼間大家口袋裡的智慧型手機已經不僅是打電話、收發郵件的電子裝置，而是搖身一變成為超級工具，可以玩遊戲、編輯照片、追蹤運動狀況，還有許多各式各樣的功能。2013 年 10 月，蘋果公司宣布數百萬應用軟體即將正式上線，當中有不少更實現嶄新的適地性服務（location-based services），如共乘、交友平台、當地餐廳評論等，你能想到的都應有盡有。

　　iPhone 自 2007 年上市以來，全球熱銷超過 10 億支，僅三個月就賣出一百萬隻手機的紀錄至今無人能敵。iPhone 受到眾人擁戴的同時也受到外界諸多指控，譴責 iPhone 將世人帶往「手機上癮」的時代。根據 2016 年的一項研究，平均每人每天拿起智慧型手機的次數達 2,617 次。

iPhone 自 2007 年推出以來在全球熱銷逾 10 萬支。

參照條目　觸控式螢幕（西元1965年）；擴增實境打進主流市場（西元2016年）。

比特幣 Bitcoin

中本聰（**Satoshi Nakamoto**，此為化名，生卒年不詳）

比特幣是首款躍升主流應用的數位貨幣，以紅遍全球的區塊鏈概念作為基礎技術發揮實際應用。2008 年，中本聰發明比特幣後立刻引起密碼龐克（cypherpunk）與譯電員的興趣，不過直到後來比特幣才獲得廣泛應用。

世界經濟體系中多數交易都並非實際交換現金，而是經由銀行電腦的訊息位元進行交易。比特幣的運作與當前的交易方式大同小異，只不過是利用電腦鑄造金錢，而非國家鑄幣廠。系統採用普遍公開的帳本（ledger），能夠記錄每筆比特幣的交易資訊。每位客戶的餘額都公開顯示。所有交易的集合稱為**區塊**（blocks），而帳本中的區塊串連則為**區塊鏈**（block chain）。

假設小珍要給小派五枚比特幣。小珍需要先發送訊息到比特幣網路。該網路由多個稱為**礦工**（miner）的電腦所架構，礦工利用雙方的數位簽章（digital signature）讀取整個區塊鏈，檢驗該筆交易的正當性，並確認小珍的帳本至少有五枚比特幣能進行該交易；接著所有礦工必須搶先破解一系列複雜的數學謎題，裡頭包括小珍的這筆交易和礦池裡所有其他交易的節點；第一個解開謎底的礦工向其他礦工寄送解答，同時確認該筆待核准的交易。這位拔得頭籌的礦工也將獲得新產生的 50 枚比特幣。待該礦工將完成的謎題加入比特幣區塊鏈後，便為所有礦工啟動下一個謎題。

2010 年 5 月 22 日首次有人以比特幣購買實體物品：當時程式設計師拉斯洛・豪涅茨（Laszlo Hanyecz）用時值 40 元美金的 10,000 枚比特幣購買兩片披薩，到了 2017 年 10,000 枚比特幣等值逾兩千萬美元。後來 5 月 22 日則成為**比特幣披薩日**（Bitcoin Pizza Day）。

比特幣屬於開源專案。歷年來也有許多其他數位貨幣改良原先的概念後推出。近年來各界致力於將區塊鏈概念從金融系統中分離出來，並將區塊鏈技術用作公開紀錄以記載合約、健保紀錄與其他資訊。

比特幣利用電腦「鑄造」金錢，逐漸成為熱門的支付方式。

參照條目 數位貨幣（西元1990年）

美軍用 PS3 打造超級電腦
Air Force Builds Supercomputer with Gaming Consoles

馬克・巴奈爾（**Mark Barnell**，生卒年不詳）
高瑞夫・肯納（**Gaurav Khanna**，生卒年不詳）

　　常言道：需要是發明之母。2010 年，美國空軍研究實驗室（Air Force Research Laboratory，簡稱 AFRL）在紐約州（New York）羅馬（Rome）建造一台「價格低廉」的超級電腦，名為**兀鷹叢集**（Condor Cluster）。這部超級電腦可是由 1,716 台現成的 PlayStation 3（以下簡稱 PS3）電玩遊戲主機組裝而成。高功率電腦運算部主任巴奈爾一方面想推進研究發展，一方面也想節省研發開支，因此採取一種非正統方式，讓 AFRL 能進行龐大運算，進而利用雷達數據描繪城市影像。

　　PS3 的「CELL」處理器係由多個專門核心處理器組成，提供遊戲主機所需的電腦功率。巴奈爾的團隊將所有 PS3 與 168 個圖像處理單元及 84 個協調伺服器以平行陣列串聯，如此一來，這部電腦每秒便可執行 500 兆次的浮點數運算，也就是說兀鷹比普通的筆記型電腦快五萬倍。雖然當時兀鷹叢集的運算速度不過介在世界第 35、36 名之間，造價成本卻僅有 200 萬美元，相較於一部普通的超級電腦成本近 5,000 萬到 8,000 萬美元，兀鷹卻只要其造價的 30 分之 1。

　　美軍串聯 PS3 自製超級電腦並非首例。2007 年，北卡羅萊納州立大學一位工程師連接八台 PS3，製造一部科學研究電腦叢集，成本只要五千美元。同年，麻薩諸塞大學物理學家肯納利用 16 台 PS3

建構一台超級計算機，名為**重力格網**（Gravity Grid），這部計算機能夠模擬黑洞碰撞，引起美軍研發團隊的注意。肯納博士接著在《並行與分布計算系統》（*Parallel and Distributed Computing and Systems*）期刊上發表這項研究，說明 PS3 處理器的科學運算速度較傳統處理器快 10 倍。

　　「適切」的超級電腦包含電源調節器與冷卻系統等其它硬體，因此當然要價不斐。不過，肯納博士的團隊發現一個現成的冷卻系統，而且成本低廉，就是把一部部 PS3 放置在專門運送牛奶的冷凍貨櫃中。

圖為美國空軍研究實驗室中以 PS3 遊戲機為主要部件的超級電腦。

 參照條目　連接機（西元1985年）；Hadoop實現大數據（西元2006年）。

網路武器
Cyber Weapons

2010 年 6 月，俄羅斯安全公司 VirusBlokAda 公開報告指出，一種極其複雜的電腦蠕蟲在微軟作業系統中擴散，最早受到感染的系統位在伊朗。

隨著安全專家深入研究該蠕蟲程式，外界的關注也日益加深。電腦病毒與蠕蟲通常會在使用者啟動程式時開始活動，而這款蠕蟲則會在使用者開啟 Windows 檔案夾受感染的檔案時開始散播，再進而感染 Windows 印表機子系統先前未發現的漏洞。一旦開啟檔案，蠕蟲便能安裝精密的軟體工具組（rootkit），讓防毒軟體偵測不到病毒。接著它會尋找專門的工業控制系統，像是發動機、油泵與壓縮機，一旦找到目標軟體，便會安裝一個經過精心設計的漏洞。

爾後經專家分析發現，此漏洞會攻擊兩家特定廠商的電腦控制變頻器，分別是芬蘭的亞薩（Vacon）與伊朗的法拉羅巴耶利公司（Fararo Paya），並且加大馬達及其相連裝置中的機械應變，且控制磁碟機的軟體全然偵測不到。

美國防毒軟體公司賽門鐵克（Symantec）根據此惡意軟體攜帶的文件，將其取名為「震網（Stuxnet）」。賽門鐵克與俄羅斯電腦安全公司卡巴斯基（Kaspersky）在後續數週內均公布關於震網的詳細分析。這款惡意程式抓住 Windows 系統過去未回報的四個漏洞，攻擊電腦控制變頻器，且主要感染地區在伊朗，令許多觀察家認為該軟體的背後有國家贊助。

世人普遍視震網為首個對世界造成實質傷害的網路武器，至少是第一個被抓到且經過公開分析的惡意軟體。震網是怎麼被抓到的呢？震網似乎有個程式錯誤導致軟體擴散得比預期還快，加上許多程式中的關鍵部分都沒有加密，讓專家輕而易舉便能分析這款軟體。

康乃爾大學教授斯萊頓（Rebecca Slayton）在刊登於《國際安全》（International Security）期刊的文章指出，根據統計，最終資助者大約花費 1,100 萬至 6,700 萬美元研發震網，對伊朗造成約為 400 萬美元的額外網路安全成本、500 萬美元的生產力損失以及 180 萬美元的汰換離心機成本，總計為 1,100 萬美元。

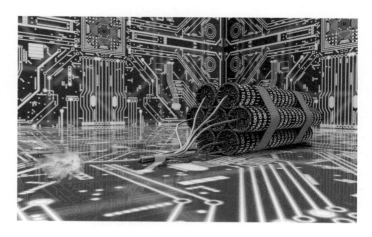

無論是邏輯炸彈還是現實炸彈，在電腦世界中造成的傷害都不容小覷。

參照
條目　Morris電腦蠕蟲（西元1988年）。

智慧家居 Smart Homes

1990 年，波士頓一間網路公司 FTP Software 在資訊科技商展 Interop 上推出「連網吐司機」。使用者可以透過網路啟動並控制這台吐司機，卻沒辦法讓機器執行放入吐司的動作。不過這不是問題！交給 FTP ！次年，FTP 展示改良後的連網吐司機，加上 LEGO 積木打造的機械手臂，可以夾起一片吐司放入機器。

1990 年代，連網裝置不過是科技怪胎胡鬧的把戲，沒人認為有一天真能應用在生活之中。

2011 年初登場的 Nest 智慧恆溫控制器（Nest Learning Thermostat）有力證明了傳統觀點大錯特錯，消費者的確需要連網裝置代他們完成特定工作。這款智慧恆溫控制器展現智慧住宅如何融入媒體新寵**物聯網**（Internet of Things ，簡稱 IoT）的共生系統，讓使用者無需身在家中就能發號施令。人類在充滿智慧裝置的環境中能如何「改善」自身生活，Nest 就是有力的證明。

與 FTP 的麵包機不同，Nest 是有史以來第一個學習裝置，也就是說它利用先進的機器學習演算法自我更新，最終達成使用者的需求。學習排程的演算法相當複雜，Nest 確定每個事件的時程後才會執行任務。由於恆溫器已連接網路，所以還能接收軟體更新，因此具備更高的人工智慧程度。

Nest 也像 FTP 麵包機一樣，能透過網路控制機器。不同於 1990 年，2011 年的「控制」有賴於智慧型手機。出發度假發現忘記將恆溫器調小嗎？別擔心，拿出手機便能一鍵解決，不管你在機場還是阿魯巴（Aruba）都不是問題。

早期使用者購買 Nest 是看中其簡潔俐落的外觀與高科技功能，不過後來 Nest 成為熱賣商品是因為大家發現安裝 Nest 還能夠省錢。這大概就是智慧恆溫器最有用的地方了。

人們能透過連網的電子裝置管理家居生活，Nest 智慧恆溫控制器便是其中一個範例。

參照條目 首個量產機器人 Unimate（西元1961年）；〈電腦使用風險〉（西元1991年）。

IBM 電腦 Watson 戰勝《危險邊緣》衛冕者
Watson Wins *Jeopardy*!

大衛・費魯奇（**David Ferrucci**，生於西元 **1962** 年）

　　儘管電腦在歷史上已達成許多數理成就，不過科幻小說與電腦科學家始終夢想有一天機器能夠與人類展開對話。這個夢想似乎在 2011 年向前邁進了一步，當年 IBM 超級電腦 Watson 在美國益智節目《危險邊緣》（*Jeopardy!*）上擊敗衛冕者肯・詹寧斯（Ken Jennings）與布萊德・路特（Brad Rutter）。詹寧斯認輸後引用辛普森家族中的一句台詞，不過稍做更動：「本人歡迎新統治者——電腦的到來。」（I, for one, welcome our new computer overlords.）

　　1996 年，IBM 的超級電腦深藍對上西洋棋冠軍卡斯帕洛夫，當時深藍一路主導戰局；然而益智賽有別於西洋棋賽，並無明確且客觀的規則，無法轉換為數理計算與統計模型。再者，決定益智賽勝負的關鍵是如何從問題描述中找出答案。我們作為人類，係憑藉生活中的語境、文化、推論，與衍生自感官經驗的龐大知識語料庫來理解語言，了解這一連串雜亂無章、曖昧不明的符號所傳遞的意思。正因如此，要設計一台能夠在益智賽中打敗人類的電腦可說是工程浩大。

　　Watson 問世有賴自然語言處理、競賽理論、機器學習、資訊檢索與電腦語言等 25 位跨領域專家組成團隊，花費數年設計而成。Watson 研發團隊的大多成果是在公用作戰室（common war room）產生，比起傳統的研究方法，各式各樣的想法與觀點激盪交流更能快速取得有效進展。據 Watson 首席設計師費魯奇所言，這項研發計畫的目的並非模擬人腦，而是「建構一部能有效理解自然語言的電腦，還能跟語言彼此互動，即便與人類使用語言的模式不盡相同」。

　　Watson 的成功並非一次性的科學突破，而是認知計算領域一次次的進展與其他因素相輔相成，包括 IBM 在計畫中使用超級運算能力與大量記憶體，團隊同時應用超過 100 條演算法來分析問題與答案。Watson 內建的語料庫更涵蓋數百萬份檔案，其中內容不乏字典、文學作品、新聞報導與維基百科。

詹寧斯與路特兩位參賽者在對戰 Watson 前夕出席「《危機邊緣》人機大戰」記者會，地點位在紐約州約克城高地的 IBM 華生研究中心（Thomas J. Watson Research Center）

參照條目 西洋棋世界冠軍——電腦（西元1997年）；維基百科（西元2001年）；電腦擊敗圍棋棋王（西元2016年）。

世界 IPv6 日 World IPv6 Day

　　網路上每台電腦都有一組網際網路協定位址，網路利用這組數字轉送網路封包到電腦。網路工程師自 1984 年開始採用網際網路協定第四版，當時他們認為以 32 位元二進位的陣列組成的 IP 位址就足夠，因為 2^{32} 個位址總數為 4,294,967,296，在當時確實可以滿足所有電腦的需求。

　　然而，事實證明 40 億個位址遠遠不夠。許多早期的網路使用者取得大塊位址空間，十分不合理，像是 MIT 就有 2^{24} 個位址，總數為 16,777,216。不過要想實現處處連網的社會，每一支手機甚至每個電燈泡，可能都需要專屬的位址。即使妥善分配所有位址，32 位元依舊不敷使用。

　　90 年代的網路工程師時不時便向世人警告網路位址會面臨枯竭。1998 年，網路工程任務小組（Internet Engineering Task Force，簡稱 IETF）正式公布網際網路協定第六版（IPv6）。新版協定利用 128 位元，最多達 2^{128} 個位址總數。試想，2^{128} 的總數遠超過地球砂石（約為 2^{63}）與天上恆星（約為 2^{76}）的數量，足見其數目之龐大。

　　IPv6 與 IPv4 相似，但基本上互不相容。這表示數千組程式語言都必須重寫，數百萬台電腦需要更新升級。

　　只可惜早期轉換位址的心血功虧一簣，當時系統大多發生組態配置錯誤，或不支援 IPv6 位址，導致使用者無法連線。

　　2011 年 1 月，IPv4 位址正式宣告用罄。

　　2011 年 1 月 12 日，超過 400 家公司首次在主要伺服器上啟用 IPv6，其中包括諸多大型網路服務供應商。IPv6 這次最終測試歷時 24 小時，大多獲得成功。這天遂成為**世界 IPv6 日**（World IPv6 Day）。數據經過分析後，試驗發起人宣布網路服務並未受到嚴重中斷，不過還有許多進步空間。IPv6 在次年確定可永久提供給網路使用者。

　　今時今日，IPv4 與 IPv6 並存於網際網路中，當你開啟如 Google 或 Facebook 等網頁，很有可能你使用的網路協定正是 IPv6。

IPv6 推出後，滿天繁星與遍地砂石都有足夠的網路位址可使用。

參照
條目　IPv4紀念日（西元1983年）。

社群媒體點燃阿拉伯之春
Social Media Enables the Arab Spring

穆罕默德・布瓦吉吉（**Mohamed Bouazizi**，西元 1984 － 2011 年）

2010 年 12 月 17 日，26 歲的突尼西亞街販布瓦吉吉拒絕行賄，因此遭到當地警察騷擾乃至當眾羞辱，遂以自焚表達抗議。這起事件隨後引發多起抗議事件，參與抗爭的民眾更用手機拍攝下整個過程。其實光憑集會民眾或布瓦吉吉家人發出的號召令並不足以讓這件事傳播千里，不過在當今世代，由於全球資訊系統無時無刻保持連網，這起悲劇方能透過網路傳播到千里之外。相關影片上傳 Facebook 後受到主流社群媒體平台的大量轉載，由此推動民眾展開大規模行動；倘若沒有社群媒體一再分享，這件事很可能就不了了之。

這起事件多被視為是突尼西亞人革命的催化劑。個人與團體借助電腦科技的數位傳播能力，包括利用 Facebook 與推特，在真實世界動員並組織示威活動，更將行動的成果貼上網路讓世界看見。數位平台加強事件的情緒渲染力，讓人想進一步將事件向外分享。各式各樣的抗議影片逐一點燃起義的火把。

其實突尼西亞人自 2010 年 11 月 28 日便開始醞釀這股反彈的力量，當時據傳美國政府電報遭洩，在網路上流傳，內容指出突尼西亞的政府高層貪污受賄。突尼西亞總統班阿里（Zine El Abidine Ben Ali）自 1987 年上任，直到在 2011 年 1 月 14 日遭推翻才垮台。班阿里下台事件隨後如星火燎原般在北非與中東引發一連串示威、政變與內戰，這便是廣為人知的**阿拉伯之春**（Arab Spring）。

因阿拉伯之春中箭落馬的政治人物包括埃及總統穆巴拉克（Hosni Mubarak），2011 年 2 月 11 日一場起義將他拉下總統大位。至於利比亞總統格達費（Muammar Mohammed Abu Minyar Gaddafi）從 1969 年執掌大權後，便開啟長達 30 年的獨裁統治，最終在 2011 年 10 月 20 日遭叛亂分子處決。

埃及開羅的解放廣場上滿是抗議民眾，各個都在為手機充電。對他們來說，手機比身家性命更重要。

 參照條目 Facebook（西元2004年）。

儲存資料的新選擇——DNA
DNA Data Storage

喬治・茄契（**George Church**，生於 1954 年）
高原（**Yuan Gao**，生卒年不詳），
斯理・克蘇里（**Sriram Kosuri**，生卒年不詳）
米哈伊爾・尼曼（**Mikhail Neiman**，西元 1905 － 1975 年）

　　2012 年，哈佛醫學院遺傳學系學者茄契、高原與克蘇里宣布成功將生物分子轉作儲存裝置，把 5.27 Mb 的數位化資訊存入原先承載遺傳訊息的去氧核醣核酸（DNA），當中包含一本 53,400 萬字的書籍、11 張 JPEG 圖檔與一套 JavaScript 程式碼。2013 年，歐洲生物資訊研究所（The European Molecular Biology Laboratory-European Bioinformatics Institute，簡稱 EMBL-EBI）的科學家將更大量的資料存入 DNA，並且成功將數據取出，包括 26 秒的馬丁・路德・金恩牧師（Martin Luther King）「我有一個夢」（I Have a Dream）演講影片、諾貝爾獎得主沃森與克里克的 DNA 雙股螺旋結構圖研究、一張 EMBL － EBI 總部的圖片，以及一份文件說明團隊完成實驗的方法。

　　雖然人們直到 2012 年才首次見證 DNA 作為儲存裝置，供使用者記錄與提取資料，但這個**概念**最早可追溯至 1964 年，當時一位名為尼曼的物理學家將 DNA 儲存技術的研究發表在蘇聯期刊《Radiotekhnika》上。

　　若要使用 DNA 儲存資料必須先將 1 與 0 位元組成的數位檔案轉為字母 A、C、G、T 才能存入 DNA 並可供提取。這些字母分別代表 DNA 的四個鹼基：腺嘌呤（Adenine）、胞嘧啶（Cytosine）、鳥嘌呤（Guanine）與胸腺嘧啶（Thymine），轉換後的字母序列能對應基因體序列的核酸，以此合成的 DNA 分子。反之，透過定序機器將字母序列翻譯為原先的 1 與 0 位元便能解碼 DNA，重建數位資料取回檔案。DNA 檔案與其他類型的檔案並無不同，可以在螢幕上展示、用喇叭播放，甚至在中央處理器中運行。

　　未來 DNA 將用於儲存不計其數的數位資訊，以此實現數位典藏：一公克的 DNA 儲存容量可達 2.15 億 GB，如此一來，幾個貨櫃的大小便能裝進全世界的資訊。

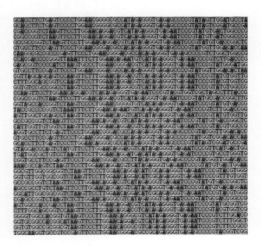

DNA 係由四個鹼基組成，只要將檔案的 1 與 0 位元序列轉換為代表鹼基的四個字母 A、C、G、T，便能將數位資訊儲存在 DNA 中。

參照條目 磁帶首度用於電腦（西元1951年）；DVD（西元1995年）。

演算法左右量刑
Algorithm Influences Prison Sentence

2013 年，路米斯（Eric Loomis）在威斯康辛州（Wisconsin）拉克羅斯郡（La Crosse）被控涉犯一起飛車槍擊案，他被判有罪後接受替代性懲處「受刑人管理剖析量表」（Correctional Offender Management Profiling for Alternative Sanctions，以下簡稱 COMPAS）測試。電腦化 COMPAS 風險評估系統計算出路米斯的分數過高，因此法官綜合各種考量後，駁回其認罪協商，判處路米斯六年有期徒刑與五年延長監督。

路米斯以此判決有違正當程序為由提出上訴，因為他本人完全不了解演算法如何得出他的分數。事實證明連法官也不懂。至於設計 COMPAS 的 Northpointe 公司則拒絕提供相關資訊，聲稱這些資料為公司專有。之後威斯康辛最高法院解釋 COMPAS 分數僅是法官判刑的眾多依據之一，因此決議維持下級法院對路米斯的裁決。2017 年 6 月，美國最高法院先是邀請當時的美國聯邦訟務總長提出一份法庭之友書狀，爾後便決議不就此案發表意見。

依數據預估未來相似行為發生的可能性並非新鮮事。問問那些幫青少年子女繳交汽車保險的父母，或是想申請貸款但是信用不佳的人，大概就能夠了解數據左右決策的機制。然而，相對新奇的是機器學習使用的統計模型愈來愈複雜，導致機器推導的過程越來越難以理解。研究顯示，潛藏的偏見在有意無意中便會被編入演算法。此外，資料模型揀選出的數據也可能會出現偏見，而這並不合法。路米斯的案件也衍生出另外一個疑問：性別是否為演算法統計的選項之一？倘若量刑納入性別作為考量則有違《憲法》。最後還有一件更麻煩的事：如今並沒有任何法規來約束盈利企業，他們也不會主動披露任何此類資訊。

路米斯案件一方面有助提升大眾認知，意識到司法體系的演算法可能存在「黑箱」運作的狀況。另一方面也推動「白箱」演算法的研究發展，加強演算法透明度，提升非技術人員對於犯罪預測模型的理解。

COMPAS 風險評估系統等電腦演算法會影響刑事案件中被告的量刑。

參照條目　樹枝狀演算法（西元1965年）；《震波騎士》（西元1975年）。

約期授權軟體
Subsciption Software

2013 年，Adobe 公司改以租賃方式販售旗下熱門軟體 Photoshop 和 Illustrator，微軟與其他企業亦紛紛跟進，由此宣告「約期授權軟體」的時代正式來臨。

儘管 Adobe 提出許多理由表示租賃方式對消費者更經濟實惠（企業的帳本也當然會比較好看），這項聲明卻引起諸多反彈與客訴，要求 Adobe 恢復原先的買斷方式。為什麼會引起消費者不滿呢？因為許多消費者並不是每年都會更新他們的軟體，這項政策迫使他們不得不每年定期繳費更新，否則就無法使用軟體。

數位服務以約期授權方式販售並非新鮮事，舉凡有線電視、串流影音與電信服務皆是如此。然而，自從微型電腦問世後，軟體的產品定位便出現轉變。儘管 Adobe 公司的 Photoshop 圖像編輯軟體與串流平台的電影本質上都是位元，也就是由一連串 1 與 0 組成的產品，但是消費者體驗的方式卻大有不同。同樣是看電影，以前的消費者需要去電影院，現在我們足不出戶也能享受服務。Photoshop 自 1988 年開賣便是以實體形式呈現在大眾眼前，不是軟式磁碟就是 CD 或 DVD，也就是說過去的軟體不僅看得見還摸得著，說白了就是一手交錢一手交貨。一旦把 CD 或 DVD 的包裝拿掉，透過網路就能獲得產品，發行商遲早會將產品加上使用期限。當時發行商這麼做不僅讓大眾滿腹疑問，更是火冒三丈。

不過隨著時間推移，消費者逐漸意識到約期授權軟體的好處：軟體更新的次數更加頻繁，也方便發行商以各式定價販售同款軟體的不同版本。約期授權的模式也賦予消費者更多彈性空間，消費者能以小額遞增的方式購買，而非一次性提前支付一大筆錢。如此一來，如果對專業影像編輯套件有興趣，但還不確定是否要一頭栽進去的話，可以嘗試以每個月 40 元美金的價格購入軟體，而不是先花數千元購買一套可能不符合自身需求或興趣的產品。約期授權提供一種全新的販售模式，加速推動軟體產品的演變與創新，進而驅動電子商務服務領域的競爭。

購買熱門的約期授權軟體逐漸成為消費潮流，一改先前買斷軟體服務的模式。

參照條目 OTA車用軟體升級（西元2014年）。

數據外洩
Data Breaches

2014 年，數據外洩的危機無處不在，對個人用戶造成前所未見的危害，遭竊資料的數量相當龐大，其中更不乏敏感內容。在當今世代的人們眼中，數位即生活，這些竊取資訊的事件猶如警鐘，敲醒每個人及各家企業的數據分析師。

關於數據外洩的新聞報導多聚焦在北美企業與政府機關的損失，但原因並非是這些系統特別不堪一擊，而是法律規定企業與公家機關須依法公示數據外洩情況。在多次高調的攻擊事件中，總計有上百萬個帳戶遭到入侵，其中 Target 於 2013 年 12 月受害，其他受災戶包括 JPMorgan Chase 與 eBay。2014 年中，美國人事管理局（United States Office of Personnel Management，簡稱 OPM）透露，局內高度敏感的人事資訊遭竊，共計 1,800 萬名前任、現職及準聯邦員工受害。此外，2013 年，Yahoo! 公司至少有五億筆使用者帳戶的相關資訊遭駭，不過 Yahoo! 拖到 2016 年才公布這項消息。

美國以外的組織並未就此逃過一劫，歐洲中央銀行、土耳其匯豐銀行（HSBC Turkey）與其他金融機構各個都在劫難逃。這群駭客入侵各大產業，波及銀行界、政府機關、娛樂公司、零售商與醫院的數百萬名受害者。部分產業及政府機構遭竊的數據集被放上網路兜售，流落到出價最高的地下犯罪組織手中；大眾都在討論其餘失蹤的數據集淪落何方、作於何用，外界輿論與臆測由此甚囂塵上。

2014 年的數據外洩事件讓大眾進一步了解遭竊資訊的種類之廣，遠遠不止信用卡號、姓名及地址等傳統的資訊類別。2014 年 12 月 24 日，索尼影業（Sony Pictures）遭駭客入侵，對方不單暫停全公司運作，更暴露員工個人電子郵件、危害創作智慧財產權，還威脅破壞集團自由言論。據傳該事件是一起報復行動，導火線是索尼參與一部批評某外國政府的好萊塢電影。

2014 年的數據外洩事件暴露出一系列重要問題，包括各國的軟體安全、最佳因應措施與專家的數位敏銳度仍有很大的進步空間。身處科技網路化的當今世代，我們尤其能感受到過去與現在並非無縫對接。兩個時代之間仍然橫亙著一道縫隙。

自 2014 年以來，備受關注的數據外洩事件已影響全球數十億人。

參照條目 Morris電腦蠕蟲（西元1988年）；網路武器（西元2010年）。

OTA 車用軟體升級
Over-the-Air Vehicle Software Updates

伊隆・馬斯克（**Elon Musk**，生於西元 1971 年）

2014 年 1 月，美國國家公路交通安全管理局（National Highway Traffic Safety Administration，以下簡稱 NHTSA）以安全為由發出兩項車輛召回公告，並表示兩種車款的內部組件過熱可能會導致車輛起火。第一項公告由通用汽車公司提出，要求車主將車輛牽回經銷商檢修；第二項則來自特斯拉汽車公司（Tesla Motors）的告示則是利用車輛內建的蜂巢式數據機（cellular modem）以無線方式進行推播。

NHTSA 提出補救辦法，要求特斯拉聯繫 2013 Model S 車主，透過空中下載（Over-the-Air, OTA）技術進行軟體更新。這項更新能夠修復車輛的車載充電系統，偵測任何意外的電流突波並自動降低充電率。對於安裝在四輪汽車上且重達 3,000 磅的電腦來說，利用 OTA 軟體升級方式來說的確再合理不過了，不過採用 OTA 技術來修復問題車輛是有沒有搞錯？公告一出便在汽車產業及社會大眾間引起軒然大波。

特斯拉利用 OTA 技術作為車輛維修的新途徑，實現 OTA 技術軟體更新，對業界而言是一件大事。此外，「召回」通知也清楚展現出智能、連網的世界將如何改變我們的生活方式，包括改變人類生活中不起眼的的日常用品。同時也讓我們得以一窺許多職業未來的趨勢，例如必須捲起袖子「身體力行」的修車業。NHTSA 當初使用**召回**（recall）二字的措辭也引發質疑，特斯拉執行長馬斯克認為，「召回」車輛這件事並未發生，更在推特上表示「『召回』該詞必須被『召回』」。

其實這並非特斯拉首次鼓勵車主對車輛進行軟體更新，不過這次更新事件最廣為人知，因為是由政府監理機關下令施行。這起事件更提醒大眾電腦安全的重要性，尤其是在這個萬事萬物皆敢於連網的世界。不過特斯拉向顧客保證汽車僅會執行經認證的軟體更新。

未來所有廠牌的汽車升級都很有可能採用 OTA 技術，最關鍵的原因不外乎當駭客相中這台安裝在四輪車上的 3,000 磅電腦時，及時的安全更新才是大眾最需要的解決之道。

別認為特斯拉是配備電腦的車輛，換個角度想，它其實是安裝在輪胎上的電腦。

參照條目 〈電腦使用風險〉（西元1991年）；智慧居家（西元2011年）；約期授權軟體（西元2013年）。

開源機器學習軟體庫 TensorFlow
Google Releases TensorFlow

小池誠（**Makoto Koike**，生卒年不詳）

　　小黃瓜是日本餐桌上的常客，然而種植小黃瓜的工作相當艱鉅，光是按照大小、形狀、顏色與突刺徒手篩選品質就相當繁瑣。小池誠家中經營小黃瓜農場，而他本人是一名嵌入式系統工程師，而且未來也將繼承父親的農場。某日，他突發奇想利用自己設計的分類機器人以及多項新穎的機器學習演算法（Machine Learning，簡稱 ML），將母親的九類小黃瓜品質分揀程序轉為自動化作業。隨 Google 推出開源機器學習軟體庫——TensorFlow，現在小池誠便可大展身手了。

　　2011 年，Google 推出第一代專有機器學習系統 DistBelief。搭載機器學習軟體的電腦不需要逐一檢視細節，便能發現資料關聯並建立分類。這類機器學習系統的應用極為廣泛。隨後 Google 推出第二代深度學習神經網路 TensorFlow。儘管 TensorFlow 並非機器學習領域首個開源軟體庫，但卻在科技產業中扮演至關重要的角色。首先，相較於其他線上軟體工具，TensorFlow 的程式碼更易於讀取與操作。再者，TensorFlow 由 Python 所撰寫；這款程式語言除易於上手之外，更能完成許多科學運算與機器學習任務，因而各大學校紛紛在教學中使用 TensorFlow。此外，無論從事研究還是生產，TensorFlow 都相當實用，不僅支援力強大，擁有完善的軟體文件（software documentation），還內建一款動態視覺化工具。硬體方面不管是進行高效能運算的超級電腦還是行動電話，TensorFlow 皆能適用。再者，科技巨擘 Google 更帶來一個無價之寶，也就是機器學習與 AI 源源不絕的養分——數據，這對 TensorFlow 來說可是有利無弊。

　　上述種種原因在在促使 TensorFlow 的人氣飆竄。越多人使用這款軟體，系統改良的速度就越快，也能為更多領域所用，整個 AI 產業皆樂見其成。無論是過去、現在或未來，機器學習要向前邁進就必須仰賴開放更多程式碼作為公開資源，並與各領域、各產業共享知識和數據。

　　TensorFlow 的普及性與可用性能推動 AI 與機器學習的建置與測試，讓技術更為親民。

　　AI 與機器學習不再是公司企業與研究機構的專利，現在就連一般消費者都能夠受惠，好比說小黃瓜農夫。

TensorFlow 生成的獵奇影像呈現出神經網路建構的不同數理結構，並能以此判別與分類影像。

參照條目 GNU宣言（西元1985年）；電腦擊敗圍棋棋王（西元2016年）；通用人工智慧（～2050年後）

擴增實境打進主流市場
Augmented Reality Goes Mainstream

約翰・漢克（**John Hanke**，生於西元 1967 年）
岩田聰（**Satoru Iwata**，西元 1959 － 2015 年）
石原恒和（**Tsunekazu Ishihara**，生於西元 1957 年）

　　2016 年，《精靈寶可夢 GO》（*Pokémon GO*）是電玩產業與擴增實境（Augmented Reality，以下簡稱 AR）發展歷程中的重大里程碑。該款遊戲推出頭兩個月的下載量已達五億人次，大約占全球人口數 7%，而且其中每七位使用者就有一位是使用手機。遊戲能連結智慧型手機的位置，並透過手機鏡頭將真實世界的影像與電腦成像相結合，推動手機鏡頭的 AR 應用成為主流。

　　《精靈寶可夢 GO》運用擴增實境技術將遊戲角色與鏡頭捕捉到的真實視訊影像相疊加，加上智慧型手機的全球定位系統與動作感測器（motion sensor），遊戲精靈將會隨玩家在現實世界移動抓寶而出現在不同地點。遊戲主要目標是讓玩家盡可能抓到越多精靈，獲得越多遊戲點數、寶物以及組隊抓寶的機會。把《精靈寶可夢 GO》看作是虛實結合的尋寶遊戲就對了！

　　在《精靈寶可夢 GO》推出以前，很難向不熟悉 AR 的人解釋擴增實境的概念。拜遊戲的設計、人氣與源源不絕的新聞報導所賜，普羅大眾才有機會一窺擴增實境技術，包括其潛在利益與危險。試想你要幫汽車水箱加水，只需站在車頭拿著手機，畫面顯示引擎室與疊加上去的指針標示，上面告訴你

汽車電腦早就直接幫你注滿水了。不過，美國密蘇里州也傳出利用寶可夢搶劫的事件，當時歹徒利用遊戲引誘玩家到人煙稀少的地方，隨後在該處埋伏趁機行搶。

　　《精靈寶可夢 GO》遊戲構想來自日本寶可夢公司（Pokémon Company）的岩田聰與石原恒和，Niantic 公司創辦人漢克也是幕後推手之一。該專案的設計師弗林特・迪爾（Flint Dille）使用 Niantic《虛擬入口》（*Ingress*）遊戲的群眾外包資料（crowdsourced data），結合編劇阿里（E. Daniel Arey）的奇思妙想，為玩家打造一個另類實境世界。

英國溫德米爾湖（Lake Windermere）旁一位玩家正在抓寶，試圖收服鯉魚王。

參照條目　頭戴式顯示裝置（西元1967年）；視覺程式語言研究機構（西元1984年）；全球定位系統上線（西元1990年）。

電腦擊敗圍棋棋王
Computer Beats Master at Go

中國古代對弈遊戲圍棋與西洋棋棋法截然不同，因此機器無法憑藉數理優勢戰勝人類棋士。

西洋棋棋盤為 8x8 網格，圍棋則是 19x19 規格。圓形棋子分黑白二色，兩位棋士分別執黑子或白子開局。每顆棋子在對弈中的價值都相同，反觀西洋棋則有階級大小之分。圍棋規則簡單明瞭：包圍對手棋子以取得對方地盤。不過由於圍棋網格之大以致棋路變化多不勝數，甚至超越宇宙中原子的數量。

由於圍棋變化龐雜，所以世人多將對弈獲勝的關鍵歸功於直覺。正因如此才使得電腦程式擊敗歷代棋王別具意義。棋手反制對方的棋路會隨棋子數量增加而呈指數式成長，因此若想利用暴力解題法窮舉所有可能棋局，那可能會算得沒完沒了，畢竟電腦能力有限，宇宙也有盡頭。

2016 年 3 月，人工智慧軟體阿爾法圍棋（AlphaGo）仿照人類思考模式，採用策略搜尋演算法，打敗南韓棋王李世乭（이세돌），以四比一的成績拿下勝利。阿爾法圍棋計畫係由 Google 深度思考（DeepMind）團隊打造，其前身是英國人工智慧科技公司深度思考（DeepMind Technologies），曾為機器打造神經網路，讓機器模仿人類打電玩，後由 Google 收於麾下，研發推出該計畫。

然而，當時電腦並非一路主導棋局，李世乭亦曾在比賽中拿下一勝。當時他在比賽的第四局發現阿爾法圍棋的弱點，執白子下第 78 手時徹底騙過軟體，導致阿爾法開始犯新手錯誤，最終亡羊補牢為時已晚。原來一開始是阿爾法將李世乭逼到無路可走，因此他才有第 78 手，諷刺的是這手最後竟成為壓倒機器的最後一根稻草。

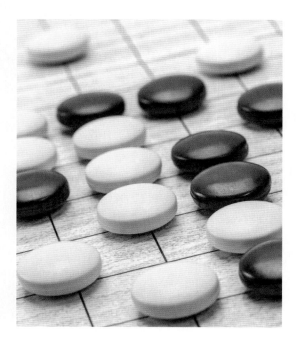

圍棋棋盤採 19x19 規格，對弈的兩位棋士分別執黑子或白子，每顆棋子在對弈中的價值都相同。

參照條目　西洋棋世界冠軍——電腦（西元1997年）。

通用人工智慧
Artificial General Intelligencee (AGI)

在人工智慧領域，尚沒有統一的定義與標準來衡量電腦是否已經擁有人類智慧。1950 年，圖靈提出著名的圖靈測試，判斷機器是否能表現出與人類相等的智慧。不過，現在單靠不具備智慧的程式就能通過圖靈測試。這足以顯見圖靈測試的可靠性已不復從前。

那麼我們要如何判斷機器智慧是否存在呢？有些人透過讓機器執行複雜的腦力工作來判定，像是讓機器動手術或寫一本暢銷小說。要完成這些任務必須充分掌握自然語言，或者能靈活運用雙手，但並不要求電腦具備知覺或體會智慧的能力。難道只有當電腦能與心煩的人類對話，釋出溫暖、同理心與愛，同時接收人類反饋而產生情感才算實現人類智慧嗎？電腦非得經歷情緒起伏，而不能單純模仿情緒體驗嗎？這個問題沒有正確答案，而且就連構成「智慧」的要素也眾說紛紜。

本條目年代是根據學界共識而定。專家普遍認為，從傳統生物化學角度來說，約莫在西元 2050 年以後，多數無需認知與自我意識的複雜工作將可交由人工智慧完成。緊接著登場的便是通用人工智慧（Artificial General Intelligence，簡稱 AGI）。通用人工智慧為專有名詞，說的是電腦能夠像人類一樣經由推論解決問題，適應並反思環境中的種種可能的選項和決定，大概就像人類仰賴常識與直覺一樣。

而「狹義人工智慧（Narrow AI）」或「弱人工智慧（Weak AI）」是指，機器執行特定任務時的速度、規模與優化表現皆可媲美甚或超越人類，像是挹注高額投資、指揮交通、診斷疾病與下棋，但機器本身沒有認知與情商。

專家預期軟、硬體能夠在西元 2050 年實現預期目標，完成密集運算任務，如測量通用人工智慧。但如何測量機器智慧的進展也受到人類智慧水平的限制，像是人類大腦如何運作、想法怎麼產生、身體與化學反饋迴圈對人腦輸出指令有何作用，這些問題都還是未解之謎。

通用人工智慧係指電腦模仿人類推論與解決問題的能力，就像人類仰賴常識與直覺解決問題一樣。

參照條目　土耳其行棋傀儡（西元1770年）；圖靈測試（西元1951年）。

~至西元 9999 年後

電腦運算的極限？
The Limits of Computation?

賽斯‧羅伊德（**Seth Lloyd**，生於西元 1960 年）

隨著歷代技術的演進，更快的電腦運算速度、更大的儲存容量系統以及改良的通訊寬頻接連登上歷史舞台。然而因外在物理世界的限制，運算系統仍舊面臨許多難以克服的障礙。其中最顯而易見的挑戰是光速：假設有一台位在紐約的電腦向位在倫敦的伺服器送出網頁請求，兩者相距 5,585 公里，資料載入的延遲速度永遠無法小於 0.01 秒。因為按照愛因斯坦的狹義相對論（Theory of Special Relativity），光朝任何方向前進 5,585 公里需要 0.0186 秒。不過近來有部分科學家主張，目前的技術可以透過量子糾纏傳播資訊，無需再透過光。想當年愛因斯坦對量子糾纏可是一副蔑視的態度，說它是鬼魅般的超距離作用。到了 2013 年，中國科學家透過測量發現，透過量子糾纏傳送資訊的速度至少較光速快 10,000 倍。

此外，MIT 機械工程與物理學教授羅伊德認為，電腦運算本身也有一項固有的極限。羅伊德在 2000 年指出，電腦的終極速度受運算耗能的限制。假設以個別原子規模進行電腦運算，質量為一公克且體積為一公升的中央處理裝置每秒最多可執行 5.4258×10^{50} 次操作（約為 10^{50} 次），也就是說比現在的筆記型電腦快萬千兆倍以上。

這樣的速度現在看來似乎難以理解，不過羅伊德提到，只要電腦處理速度每兩年提升兩倍，到達如此快的水準只需要 250 年，不過這樣的假設過於理想。但反過來說，距今 250 年前最快的運算機器也不是電腦，而是人腦。

如今網路應用日益頻繁，人工智慧正以指數式倍增的方式吸收大量資訊，因而在技術與科學領域中愈發能夠自我學習與更新，正因如此本篇標題更應以問號作結才恰如其分。

就人類目前對理論物理學的了解，現在的標準無法識別以最快速度運行的電腦。在視覺成像中頂多是一個質量與能量高度密合的球狀物。

參照條目 蘇美算盤（公元前2500年）；計算尺（西元1621年）；差分機（西元1822年）；ENIAC（西元1943年）；量子密碼學（西元1984年）。

科學人文 ⑦8
電腦之書
The Computer Book: From the Abacus to Artificial Intelligence, 250 Milestones in the History of Computer Science

作　　者——西姆森・加芬克爾（Simson L Garfinkel）、瑞秋・格隆斯潘（Rachel H. Grunspan）
譯　　者——戴榕儀、江威毅、孟修然、盧思綸
特約編輯——陳彥廷
資深編輯——張擎
責任企畫——林進韋
美術設計——江宜蔚
總 編 輯——胡金倫
董 事 長——趙政岷
出 版 者——時報文化出版企業股份有限公司
　　　　　　108019 臺北市和平西路三段240號7樓
　　　　　　發行專線—（02）2306-6842
　　　　　　讀者服務專線—0800-231-705、（02）2304-7103
　　　　　　讀者服務傳真—（02）2302-7844
　　　　　　郵撥—19344724 時報文化出版公司
　　　　　　信箱—10899 臺北華江橋郵政第99 信箱
時報悅讀網——www.readingtimes.com.tw
電子郵件信箱——ctliving@readingtimes.com.tw
人文科學線臉書——www.facebook.com/jinbunkagaku
法律顧問——理律法律事務所 陳長文律師、李念祖律師
印　　刷——和楹印刷有限公司
初版一刷——2021年3月19日
定　　價——新台幣680元
（缺頁或破損的書，請寄回更換）

時報文化出版公司成立於一九七五年，
並於一九九九年股票上櫃公開發行，於二〇〇八年脫離中時集團非屬旺中，
以「尊重智慧與創意的文化事業」為信念。

電腦之書 / 西姆森.加芬克爾(Simson L Garfinkel), 瑞秋.格隆斯潘(Rachel H. Grunspan)作；
戴榕儀,江威毅,孟修然,盧思綸譯. -- 初版. -- 臺北市：時報文化出版企業股份有限公司,
2021.03
面；　公分. -- (科學人文；78)

譯自：The computer book : from the abacus to artificial intelligence, 250 milestones in the history
of computer science.

ISBN 978-957-13-8632-4(平裝)

1.電腦 2.電腦科學 3.歷史 4.通俗作品

312.9　　　　　　　　　　　　　　　　　　　　　　　110001288